HELMUT SIEBER

Mathematische Tafeln

Vierstellige Funktionentafeln
Astronomische, chemische und physikalische Daten
mit
Formelsammlung

unter Mitarbeit von
H. BORBE und L. HUBER

ERNST KLETT VERLAG STUTTGART

3. Auflage 3 22 21 20 19 18 | 1983 82 81 80 79

Alle Drucke dieser Auflage können im Unterricht nebeneinander benutzt werden. Die letzte Zahl bezeichnet das Jahr dieses Druckes.

Druck: Ernst Klett, 7000 Stuttgart, Rotebühlstraße 77

Mit Formelsammlung A (Nr. 7124): ISBN 3-12-715000-8
Mit Formelsammlung B (Nr. 71611): ISBN 3-12-715100-4

INHALT

Beilagen: Interpolationslineal, Formelsammlung

Erläuterungen

1. Anordnung und Gestaltung

Die *Anordnung* der Tafeln entspricht dem allgemeinen Gang des mathematischen Unterrichts; der logarithmische Teil (gelbliches Papier) ist vom nichtlogarithmischen Teil scharf getrennt. Das *Daumenregister* gibt stets den Beginn einer Funktionstafel an. *Beispiele* stehen am Fuß der Tafelseiten.

Alle *Tafelwerte* sind mindestens vierstellig angegeben, oft werden mehr als vier Stellen geboten. So sind z. B. Kehrwerte durchgehend, Wurzeln weithin fünfstellig aufgeführt; die Tafel für x^2 ist sechsstellig angelegt und enthält damit das genaue Quadrat jeder dreiziffrigen Zahl. Die Tafeln höherer Genauigkeit gehen bis zu 15 Dezimalen.

2. Bedeutung der Buchstaben, Zeichen und Farben

E Einheit(en) der letzten Stelle
N Numerus
n natürliche Zahl
p Primzahl
φ Winkel (in Grad)
x Argument (reelle Zahl, Bogenmaß)

[ ] *Eckige Klammer* im Inhaltsverzeichnis enthält die Schrittlänge des Arguments (Differenz aufeinander folgender Eingangswerte)

· Tritt derselbe Tafelwert wiederholt hintereinander auf, so zeigt ein *hochgestellter Punkt* hinter der letzten Ziffer *den* Eingangswert an, für den der Funktionswert dem Tafelwert am nächsten kommt

* Bei einem Tafelwert mit *Stern* gilt die Vorzahl der nächsten Zeile

} *Wellenlinie* rechts neben Tafelwerten gibt an, daß hier nicht linear interpoliert werden soll (siehe Ziffer 4)

Das *Gleichheitszeichen* bedeutet beim numerischen Rechnen lediglich „gleich im Rahmen der Tafelgenauigkeit".

Der *Dezimalpunkt* wird nur bei Zehnerlogarithmen statt des Dezimalkommas verwendet.

Ist die *Kennzahl* eines Zehnerlogarithmus *kursiv und rot* gesetzt, so muß -10 addiert werden.

Eingangsspalten sind blau, bei den Kreisfunktionen und ihren Logarithmen für $45° \leqq \varphi \leqq 90°$ rot unterlegt; sie enthalten *genaue* Eingangswerte. *Rot unterlegte Tafelwerte* sind negativ zu nehmen.

3. Endziffer 5 und Runden

Bei *Tafelwerten mit Endziffer* 5 ist überall außer bei den vierstelligen Zehnerlogarithmen kenntlich gemacht, ob sie durch Auf- oder Abrunden entstanden sind.

$\bar{5}$ bedeutet *aufgerundete* Endziffer 5	*Beispiel:* $\sqrt{1{,}37}$	$= 1{,}170\bar{5}$ ist entstanden aus 1,17047
5 bedeutet *genaue* Endziffer 5	*Beispiel:* $1{,}45^2$	$= 2{,}1025$ ist der genaue Wert
$\dot{5}$ bedeutet *abgerundete* Endziffer 5	*Beispiel:* $4{,}72^3$	$= 105{,}1\dot{5}$ ist entstanden aus 105,154

Würde ein Tafelwert durch *Runden einer genauen* 5 der nächsten Stelle entstehen, so ist der Funktionswert mit Hilfe dieser zusätzlichen 5 genau aufgeführt, z. B. $2{,}50^3 = 15{,}625$ auf fünf statt auf vier Stellen; dadurch kann man den Tafelwert auf eine gerade Endziffer runden *oder* aufrunden, wie das in der Schule und bei Rechenautomaten meistens gemacht wird.

4. Interpolation

Für lineare Interpolation gilt:

$$f(x) = f(x_0 + \frac{t}{T}\Delta x) = f(x_0) + d$$

$$\frac{D}{d} = \frac{T}{t} \; ; \; d = \frac{t}{T} D \; ; \; t = \frac{d}{D} T$$

Schrittlänge Δx ; Tafeldifferenz D

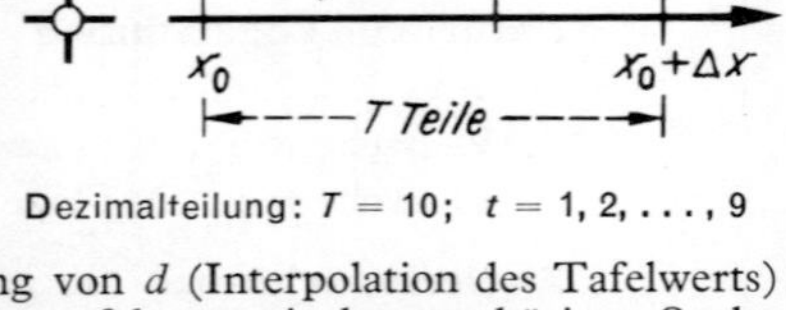

Dezimalteilung: $T = 10$; $t = 1, 2, \ldots, 9$

Der maximale Fehler von $f(x)$ ist ungefähr gleich dem 8. Teil der zweiten Tafeldifferenz. Die *Wellenlinie* (siehe Ziffer 2) ist überall dort angebracht, wo die zweiten Tafeldifferenzen größer als 4 E sind, der Fehler also größer als 0,5 E werden könnte.

Das *Interpolationslineal* gestattet eine bequeme Berechnung von d (Interpolation des Tafelwerts) oder t (Interpolation des Arguments). Wird es am Ausgangstafelwert mit der zugehörigen Spalte für D angelegt, so stehen die Proportionalteile „am Arbeitsplatz" zur Verfügung.
Die Proportionalteile d sind auf ganze Zahlen *auf*gerundet.

Beispiele:

Wurzel ziehen:	$\sqrt{1{,}163}$	
Tafel $\sqrt{x}$ gibt:	$\sqrt{1{,}160}$	$= 1{,}0770$
für $D = 47$ und	$t = 3$ ist: $d =$	14
also:	$\sqrt{1{,}163}$	$= 1{,}0784$

Winkel suchen:	$\sin x = 0{,}9346$	$\left(0 < x < \frac{\pi}{2}\right)$
Tafel $\sin x$ gibt:	zu 0,9320 gehört	$x = 1{,}200$
für $D = 36$ und	$d = 26$ ist:	$t = 7$
also:	zu 0,9346 gehört	$x = 1{,}207$

256 361 484 625 784 289 400 529 676 841 324 441 576 729 900

Primzahlen und Primfaktoren

der nicht durch 2 oder 3 oder 5 teilbaren Zahlen $n < 1200$

2	p	**203**	7 · 29	**401**	p	**601**	p	**803**	11 · 73	**1001**	7 · 11 · 13
3	p	209	11 · 19	403	13 · 31	607	p	809	p	1003	17 · 59
5	p	211	p	407	11 · 37	611	13 · 47	811	p	1007	19 · 53
7	p	217	7 · 31	409	p	613	p	817	19 · 43	1009	p
11	p	221	13 · 17	413	7 · 59	617	p	821	p	1013	p
13	p	223	p	419	p	619	p	823	p	1019	p
17	p	227	p	421	p	623	7 · 89	827	p	1021	p
19	p	229	p	427	7 · 61	629	17 · 37	829	p	1027	13 · 79
23	p	233	p	431	p	631	p	833	7^2 · 17	1031	p
29	p	239	p	433	p	637	7^2 · 13	839	p	1033	p
31	p	241	p	437	19 · 23	641	p	841	29^2	1037	17 · 61
37	p	247	13 · 19	439	p	643	p	847	7 · 11^2	1039	p
41	p	251	p	443	p	647	p	851	23 · 37	1043	7 · 149
43	p	253	11 · 23	449	p	649	11 · 59	853	p	1049	p
47	p	257	p	451	11 · 41	653	p	857	p	1051	p
49	7^2	259	7 · 37	457	p	659	p	859	p	1057	7 · 151
53	p	263	p	461	p	661	p	863	p	1061	p
59	p	269	p	463	p	667	23 · 29	869	11 · 79	1063	p
61	p	271	p	467	p	671	11 · 61	871	13 · 67	1067	11 · 97
67	p	277	p	469	7 · 67	673	p	877	p	1069	p
71	p	281	p	473	11 · 43	677	p	881	p	1073	29 · 37
73	p	283	p	479	p	679	7 · 97	883	p	1079	13 · 83
77	7 · 11	287	7 · 41	481	13 · 37	683	p	887	p	1081	23 · 47
79	p	289	17^2	487	p	689	13 · 53	889	7 · 127	1087	p
83	p	293	p	491	p	691	p	893	19 · 47	1091	p
89	p	299	13 · 23	493	17 · 29	697	17 · 41	899	29 · 31	1093	p
91	7 · 13			497	7 · 71					1097	p
97	p			499	p					1099	7 · 157
101	p	**301**	7 · 43	**503**	p	**701**	p	**901**	17 · 53	**1103**	p
103	p	307	p	509	p	703	19 · 37	907	p	1109	p
107	p	311	p	511	7 · 73	707	7 · 101	911	p	1111	11 · 101
109	p	313	p	517	11 · 47	709	p	913	11 · 83	1117	p
113	p	317	p	521	p	713	23 · 31	917	7 · 131	1121	19 · 59
119	7 · 17	319	11 · 29	523	p	719	p	919	p	1123	p
121	11^2	323	17 · 19	527	17 · 31	721	7 · 103	923	13 · 71	1127	7^2 · 23
127	p	329	7 · 47	529	23^2	727	p	929	p	1129	p
131	p	331	p	533	13 · 41	731	17 · 43	931	7^2 · 19	1133	11 · 103
133	7 · 19	337	p	539	7^2 · 11	733	p	937	p	1139	17 · 67
137	p	341	11 · 31	541	p	737	11 · 67	941	p	1141	7 · 163
139	p	343	7^3	547	p	739	p	943	23 · 41	1147	31 · 37
143	11 · 13	347	p	551	19 · 29	743	p	947	p	1151	p
149	p	349	p	553	7 · 79	749	7 · 107	949	13 · 73	1153	p
151	p	353	p	557	p	751	p	953	p	1157	13 · 89
157	p	359	p	559	13 · 43	757	p	959	7 · 137	1159	19 · 61
161	7 · 23	361	19^2	563	p	761	p	961	31^2	1163	p
163	p	367	p	569	p	763	7 · 109	967	p	1169	7 · 167
167	p	371	7 · 53	571	p	767	13 · 59	971	p	1171	p
169	13^2	373	p	577	p	769	p	973	7 · 139	1177	11 · 107
173	p	377	13 · 29	581	7 · 83	773	p	977	p	1181	p
179	p	379	p	583	11 · 53	779	19 · 41	979	11 · 89	1183	7 · 13^2
181	p	383	p	587	p	781	11 · 71	983	p	1187	p
187	11 · 17	389	p	589	19 · 31	787	p	989	23 · 43	1189	29 · 41
191	p	391	17 · 23	593	p	791	7 · 113	991	p	1193	p
193	p	397	p	599	p	793	13 · 61	997	p	1199	11 · 109
197	p					797	p				
199	p					799	17 · 47				

$1{,}00 \leqq x \leqq 1{,}49$

$\frac{1}{x}$	x^2	x	$\sqrt{x}$	$\sqrt{10x}$	x^3	$\sqrt[3]{x}$	$\sqrt[3]{10x}$	$\sqrt[3]{100x}$
1,00000	1,0000	**1,00**	1,0000	3,162	1,000	1,0000	2,154	4,642
0,99010	,0201	,01	,0050	,178	,030	,0033	,162	,657
,98039	,0404	,02	,0100	,194	,061	,0066	,169	,672
,97087	,0609	,03	,0149	,209	,093	,0099	,176	,688
,96154	,0816	,04	,0198	,225	,125	,0132	,183	,703
0,95238	1,1025	**1,05**	1,0247	3,240	1,158	1,0164	2,190	4,718
,94340	,1236	,06	,0296	,256	,191	,0196	,197	,733
,93458	,1449	,07	,0344	,271	,225	,0228	,204	,747
,92593	,1664	,08	,0392	,286	,260	,0260	,210	,762
,91743	,1881	,09	,0440	,302	,295	,0291	,217	,777
0,90909	1,2100	**1,10**	1,0488	3,317	1,331	1,0323	2,224	4,791
,90090	,2321	,11	,0536	,332	,368	,0354	,231	,806
,89286	,2544	,12	,0583	,347	,405	,0385	,237	,820
,88496	,2769	,13	,0630	,362	,443	,0416	,244	,835
,87719	,2996	,14	,0677	,376	,482	,0446	,251	,849
0,86957	1,3225	**1,15**	1,0724	3,391	1,521	1,0477	2,257	4,863
,86207	,3456	,16	,0770	,406	,561	,0507	,264	,877
,85470	,3689	,17	,0817	,421	,602	,0537	,270	,891
,84746	,3924	,18	,0863	,435	,643	,0567	,277	,905
,84034	,4161	,19	,0909	,450	,685	,0597	,283	,919
0,83333	1,4400	**1,20**	1,0954	3,464	1,728	1,0627	2,289	4,932
,82645	,4641	,21	,1000	,479	,772	,0656	,296	,946
,81967	,4884	,22	,1045	,493	,816	,0685	,302	,960
,81301	,5129	,23	,1091	,507	,861	,0714	,308	,973
,80645	,5376	,24	,1136	,521	,907	,0743	,315	4,987
0,80000	1,5625	**1,25**	1,1180	3,536	1,953	1,0772	2,321	5,000
,79365	,5876	,26	,1225	,550	2,000	,0801	,327	,013
,78740	,6129	,27	,1269	,564	,048	,0829	,333	,027
,78125	,6384	,28	,1314	,578	,097	,0858	,339	,040
,77519	,6641	,29	,1358	,592	,147	,0886	,345	,053
0,76923	1,6900	**1,30**	1,1402	3,606	2,197	1,0914	2,351	5,066
,76336	,7161	,31	,1446	,619	,248	,0942	,357	,079
,75758	,7424	,32	,1489	,633	,300	,0970	,363	,092
,75188	,7689	,33	,1533	,647	,353	,0997	,369	,104
,74627	,7956	,34	,1576	,661	,406	,1025	,375	,117
0,74074	1,8225	1,35	1,1619	3,674	2,460	1,1052	2,381	5,130
,73529	,8496	,36	,1662	,688	,515	,1079	,387	,143
,72993	,8769	,37	,1705	,701	,571	,1106	,393	,155
,72464	,9044	,38	,1747	,715	,628	,1133	,399	,168
,71942	,9321	,39	,1790	,728	,686	,1160	,404	,180
0,71429	1,9600	**1,40**	1,1832	3,742	2,744	1,1187	2,410	5,192
,70922	1,9881	,41	,1874	,755	,803	,1213	,416	,205
,70423	2,0164	,42	,1916	,768	,863	,1240	,422	,217
,69930	,0449	,43	,1958	,782	,924	,1266	,427	,229
,69444	,0736	,44	,2000	,795	2,986	,1292	,433	,241
0,68966	2,1025	1,45	1,2042	3,808	3,049	1,1319	2,438	5,254
,68493	,1316	,46	,2083	,821	,112	,1344	,444	,266
,68027	,1609	,47	,2124	,834	,177	,1370	,450	,278
,67568	,1904	,48	,2166	,847	,242	,1396	,455	,290
,67114	,2201	,49	,2207	,860	,308	,1422	,461	,301
$\frac{1}{x}$	x^2	x	$\sqrt{x}$	$\sqrt{10x}$	x^3	$\sqrt[3]{x}$	$\sqrt[3]{10x}$	$\sqrt[3]{100x}$

Beispiele: $1{,}21^2 = 1{,}4641$; $\sqrt{1{,}26} = 1{,}1225$; $\sqrt[3]{109} = 4{,}777$; $\frac{1}{1{,}47} = 0{,}6803$

X^m

$1{,}50 \leqq x \leqq 1{,}99$

$\frac{1}{x}$	x^2	x	$\sqrt{x}$	$\sqrt{10x}$	x^3	$\sqrt[3]{x}$	$\sqrt[3]{10x}$	$\sqrt[3]{100x}$
0,66667	2,2500	**1,50**	1,2247	3,873	3,375	1,1447	2,466	5,313
,66225	,2801	,51	,2288	,886	,443	,1473	,472	,325
,65789	,3104	,52	,2329	,899	,512	,1498	,477	,337
,65359	,3409	,53	,2369	,912	,582	,1523	,483	,348
,64935	,3716	,54	,2410	,924	,652	,1548	,488	,360
0,64516	2,4025	1,55	1,2450	3,937	3,724	1,1573	2,493	5,372
,64103	,4336	,56	,2490	,950	,796	,1598	,499	,383
,63694	,4649	,57	,2530	,962	,870	,1623	,504	,395
,63291	,4964	,58	,2570	,975	3,944	,1647	,509	,406
,62893	,5281	,59	,2610	3,987	4,020	,1672	,515	,418
0,62500	2,5600	**1,60**	1,2649	4,000	4,096	1,1696	2,520	5,429
,62112	,5921	,61	,2689	,012	,173	,1720	,525	,440
,61728	,6244	,62	,2728	,025	,252	,1745	,530	,451
,61350	,6569	,63	,2767	,037	,331	,1769	,535	,463
,60976	,6896	,64	,2806	,050	,411	,1793	,541	,474
0,60606	2,7225	1,65	1,2845	4,062	4,492	1,1817	2,546	5,485
,60241	,7556	,66	,2884	,074	,574	,1840	,551	,496
,59880	,7889	,67	,2923	,087	,657	,1864	,556	,507
,59524	,8224	,68	,2961	,099	,742	,1888	,561	,518
,59172	,8561	,69	,3000	,111	,827	,1911	,566	,529
0,58824	2,8900	**1,70**	1,3038	4,123	4,913	1,1935	2,571	5,540
,58480	,9241	,71	,3077	,135	5,000	,1958	,576	,550
,58140	,9584	,72	,3115	,147	,088	,1981	,581	,561
,57803	2,9929	,73	,3153	,159	,178	,2005	,586	,572
,57471	3,0276	,74	,3191	,171	,268	,2028	,591	,583
0,57143	3,0625	1,75	1,3229	4,183	5,359	1,2051	2,596	5,593
,56818	,0976	,76	,3266	,195	,452	,2074	,601	,604
,56497	,1329	,77	,3304	,207	,545	,2096	,606	,615
,56180	,1684	,78	,3342	,219	,640	,2119	,611	,625
,55866	,2041	,79	,3379	,231	,735	,2142	,616	,636
0,55556	3,2400	**1,80**	1,3416	4,243	5,832	1,2164	2,621	5,646
,55249	,2761	,81	,3454	,254	5,930	,2187	,626	,657
,54945	,3124	,82	,3491	,266	6,029	,2209	,630	,667
,54645	,3489	,83	,3528	,278	,128	,2232	,635	,677
,54348	,3856	,84	,3565	,290	,230	,2254	,640	,688
0,54054	3,4225	1,85	1,3601	4,301	6,332	1,2276	2,645	5,698
,53763	,4596	,86	,3638	,313	,435	,2298	,650	,708
,53476	,4969	,87	,3675	,324	,539	,2320	,654	,718
,53191	,5344	,88	,3711	,336	,645	,2342	,659	,729
,52910	,5721	,89	,3748	,347	,751	,2364	,664	,739
0,52632	3,6100	**1,90**	1,3784	4,359	6,859	1,2386	2,668	5,749
,52356	,6481	,91	,3820	,370	6,968	,2407	,673	,759
,52083	,6864	,92	,3856	,382	7,078	,2429	,678	,769
,51813	,7249	,93	,3892	,393	,189	,2450	,682	,779
,51546	,7636	,94	,3928	,405	,301	,2472	,687	,789
0,51282	3,8025	1,95	1,3964	4,416	7,415	1,2493	2,692	5,799
,51020	,8416	,96	,4000	,427	,530	,2515	,696	,809
,50761	,8809	,97	,4036	,438	,645	,2536	,701	,819
,50505	,9204	,98	,4071	,450	,762	,2557	,705	,828
,50251	3,9601	,99	,4107	,461	7,881	,2578	,710	,838
$\frac{1}{x}$	x^2	x	$\sqrt{x}$	$\sqrt{10x}$	x^3	$\sqrt[3]{x}$	$\sqrt[3]{10x}$	$\sqrt[3]{100x}$

Beispiele: $16{,}1^2 = 10^2 \cdot 1{,}61^2 = 259{,}21$ $\quad \sqrt[3]{0{,}194} = \frac{1}{10} \cdot \sqrt[3]{194} = 0{,}5789$

$\frac{1}{x}$	x^2	x	$\sqrt{x}$	$\sqrt{10x}$	x^3	$\sqrt[3]{x}$	$\sqrt[3]{10x}$	$\sqrt[3]{100x}$
0,50000	4,0000	**2,00**	1,4142	4,472	8,000	1,2599	2,714	5,848
,49751	,0401	,01	,4177	,483	,121	,2620	,719	,858
,49505	,0804	,02	,4213	,494	,242	,2641	,723	,867
,49261	,1209	,03	,4248	,506	,365	,2662	,728	,877
,49020	,1616	,04	,4283	,517	,490	,2683	,732	,887
0,48780	4,2025	2,05	1,4318	4,528	8,615	1,2703	2,737	5,896
,48544	,2436	,06	,4353	,539	,742	,2724	,741	,906
,48309	,2849	,07	,4387	,550	,870	,2745	,746	,915
,48077	,3264	,08	,4422	,561	8,999	,2765	,750	,925
,47847	,3681	,09	,4457	,572	9,129	,2785	,755	,934
0,47619	4,4100	**2,10**	1,4491	4,583	9,261	1,2806	2,759	5,944
,47393	,4521	,11	,4526	,593	,394	,2826	,763	,953
,47170	,4944	,12	,4560	,604	,528	,2846	,768	,963
,46948	,5369	,13	,4595	,615	,664	,2866	,772	,972
,46729	,5796	,14	,4629	,626	,800	,2887	,776	,981
0,46512	4,6225	2,15	1,4663	4,637	9,938	1,2907	2,781	5,991
,46296	,6656	,16	,4697	,648	10,08	,2927	,785	6,000
,46083	,7089	,17	,4731	,658	,22	,2947	,789	,009
,45872	,7524	,18	,4765	,669	,36	,2966	,794	,018
,45662	,7961	,19	,4799	,680	,50	,2986	,798	,028
0,45455	4,8400	**2,20**	1,4832	4,690	10,65	1,3006	2,802	6,037
,45249	,8841	,21	,4866	,701	,79	,3026	,806	,046
,45045	,9284	,22	,4900	,712	10,94	,3045	,811	,055
,44843	4,9729	,23	,4933	,722	11,09	,3065	,815	,064
,44643	5,0176	,24	,4967	,733	,24	,3084	,819	,073
0,44444	5,0625	2,25	1,5000	4,743	11,39	1,3104	2,823	6,082
,44248	,1076	,26	,5033	,754	,54	,3123	,827	,091
,44053	,1529	,27	,5067	,764	,70	,3142	,831	,100
,43860	,1984	,28	,5100	,775	11,85	,3162	,836	,109
,43668	,2441	,29	,5133	,785	12,01	,3181	,840	,118
0,43478	5,2900	**2,30**	1,5166	4,796	12,17	1,3200	2,844	6,127
,43290	,3361	,31	,5199	,806	,33	,3219	,848	,136
,43103	,3824	,32	,5232	,817	,49	,3238	,852	,145
,42918	,4289	,33	,5264	,827	,65	,3257	,856	,153
,42735	,4756	,34	,5297	,837	,81	,3276	,860	,162
0,42553	5,5225	2,35	1,5330	4,848	12,98	1,3295	2,864	6,171
,42373	,5696	,36	,5362	,858	13,14	,3314	,868	,180
,42194	,6169	,37	,5395	,868	,31	,3333	,872	,188
,42017	,6644	,38	,5427	,879	,48	,3351	,876	,197
,41841	,7121	,39	,5460	,889	,65	,3370	,880	,206
0,41667	5,7600	**2,40**	1,5492	4,899	13,82	1,3389	2,884	6,214
,41494	,8081	,41	,5524	,909	14,00	,3407	,888	,223
,41322	,8564	,42	,5556	,919	,17	,3426	,892	,232
,41152	,9049	,43	,5588	,930	,35	,3444	,896	,240
,40984	5,9536	,44	,5620	,940	,53	,3463	,900	,249
0,40816	6,0025	2,45	1,5652	4,950	14,71	1,3481	2,904	6,257
,40650	,0516	,46	,5684	,960	14,89	,3499	,908	,266
,40486	,1009	,47	,5716	,970	15,07	,3518	,912	,274
,40323	,1504	,48	,5748	,980	,25	,3536	,916	,283
,40161	,2001	,49	,5780	4,990	,44	,3554	,920	,291
$\frac{1}{x}$	x^2	x	$\sqrt{x}$	$\sqrt{10x}$	x^3	$\sqrt[3]{x}$	$\sqrt[3]{10x}$	$\sqrt[3]{100x}$

Beispiel (mit linearer Interpolation): $2{,}413^2 = 2{,}41^2 + 3 \cdot 48{,}3\,\mathrm{E} = 5{,}8081 + 145\,\mathrm{E} = 5{,}8226$

$\frac{1}{x}$	x^2	x	$\sqrt{x}$	$\sqrt{10x}$	x^3	$\sqrt[3]{x}$	$\sqrt[3]{10x}$	$\sqrt[3]{100x}$
0,40000	6,2500	**2,50**	1,5811	5,000	15,625	1,3572	2,924	6,300
,39841	,3001	**,51**	,5843	,010	15,81	,3590	,928	,308
,39683	,3504	**,52**	,5875	,020	16,00	,3608	,932	,316
,39526	,4009	**,53**	,5906	,030	,19	,3626	,936	,325
,39370	,4516	**,54**	,5937	,040	,39	,3644	,940	,333
0,39216	6,5025	**2,55**	1,5969	5,050	16,58	1,3662	2,943	6,341
,390625	,5536	**,56**	,6000	,060	,78	,3680	,947	,350
,38911	,6049	**,57**	,6031	,070	16,97	,3698	,951	,358
,38760	,6564	**,58**	,6062	,079	17,17	,3715	,955	,366
,38610	,7081	**,59**	,6093	,089	,37	,3733	,959	,374
0,38462	6,7600	**2,60**	1,6125	5,099	17,58	1,3751	2,962	6,383
,38314	,8121	**,61**	,6155	,109	,78	,3768	,966	,391
,38168	,8644	**,62**	,6186	,119	17,98	,3786	,970	,399
,38023	,9169	**,63**	,6217	,128	18,19	,3803	,974	,407
,37879	6,9696	**,64**	,6248	,138	,40	,3821	,978	,415
0,37736	7,0225	**2,65**	1,6279	5,148	18,61	1,3838	2,981	6,423
,37594	,0756	**,66**	,6310	,158	18,82	,3856	,985	,431
,37453	,1289	**,67**	,6340	,167	19,03	,3873	,989	,439
,37313	,1824	**,68**	,6371	,177	,25	,3890	,993	,447
,37175	,2361	**,69**	,6401	,187	,47	,3908	2,996	,455
0,37037	7,2900	**2,70**	1,6432	5,196	19,68	1,3925	3,000	6,463
,36900	,3441	**,71**	,6462	,206	19,90	,3942	,004	,471
,36765	,3984	**,72**	,6492	,215	20,12	,3959	,007	,479
,36630	,4529	**,73**	,6523	,225	,35	,3976	,011	,487
,36496	,5076	**,74**	,6553	,235	,57	,3993	,015	,495
0,36364	7,5625	**2,75**	1,6583	5,244	20,80	1,4010	3,018	6,503
,36232	,6176	**,76**	,6613	,254	21,02	,4027	,022	,511
,36101	,6729	**,77**	,6643	,263	,25	,4044	,026	,519
,35971	,7284	**,78**	,6673	,273	,48	,4061	,029	,527
,35842	,7841	**,79**	,6703	,282	,72	,4078	,033	,534
0,35714	7,8400	**2,80**	1,6733	5,292	21,95	1,4095	3,037	6,542
,35587	,8961	**,81**	,6763	,301	22,19	,4111	,040	,550
,35461	7,9524	**,82**	,6793	,310	,43	,4128	,044	,558
,35336	8,0089	**,83**	,6823	,320	,67	,4145	,047	,565
,35211	,0656	**,84**	,6852	,329	22,91	,4161	,051	,573
0,35088	8,1225	**2,85**	1,6882	5,339	23,15	1,4178	3,055	6,581
,34965	,1796	**,86**	,6912	,348	,39	,4195	,058	,589
,34843	,2369	**,87**	,6941	,357	,64	,4211	,062	,596
,34722	,2944	**,88**	,6971	,367	23,89	,4228	,065	,604
,34602	,3521	**,89**	,7000	,376	24,14	,4244	,069	,611
0,34483	8,4100	**2,90**	1,7029	5,385	24,39	1,4260	3,072	6,619
,34364	,4681	**,91**	,7059	,394	,64	,4277	,076	,627
,34247	,5264	**,92**	,7088	,404	24,90	,4293	,079	,634
,34130	,5849	**,93**	,7117	,413	25,15	,4309	,083	,642
,34014	,6436	**,94**	,7146	,422	,41	,4326	,086	,649
0,33898	8,7025	**2,95**	1,7176	5,431	25,67	1,4342	3,090	6,657
,33784	,7616	**,96**	,7205	,441	25,93	,4358	,093	,664
,33670	,8209	**,97**	,7234	,450	26,20	,4374	,097	,672
,33557	,8804	**,98**	,7263	,459	,46	,4390	,100	,679
,33445	8,9401	**,99**	,7292	,468	26,73	,4406	,104	,687

$\frac{1}{x}$ | x^2 | x | $\sqrt{x}$ | $\sqrt{10x}$ | x^3 | $\sqrt[3]{x}$ | $\sqrt[3]{10x}$ | $\sqrt[3]{100x}$

Beispiel: $\frac{1}{25{,}62} = \frac{1}{10} \cdot \frac{1}{2{,}56} - 2 \cdot 1{,}5\ \mathrm{E} = 0{,}03906 - 3\ \mathrm{E} = 0{,}03903$

$3,00 \leqq x \leqq 3,49$

X^m

$\frac{1}{x}$	x^2	x	$\sqrt{x}$	$\sqrt{10x}$	x^3	$\sqrt[3]{x}$	$\sqrt[3]{10x}$	$\sqrt[3]{100x}$
0,33333	9,0000	**3,00**	1,7321	5,477	27,00	1,4422	3,107	6,694
,33223	,0601	,01	,7349	,486	,27	,4439	,111	,702
,33113	,1204	,02	,7378	,49$\dot{5}$	,54	,4454	,114	,709
,33003	,1809	,03	,7407	,50$\bar{5}$	27,82	,4470	,118	,717
,3289$\bar{5}$	,2416	,04	,7436	,514	28,09	,4486	,121	,724
0,32787	9,3025	3,05	1,7464	5,523	28,37	1,4502	3,124	6,731
,32680	,3636	,06	,7493	,532	,6$\dot{5}$	,4518	,128	,739
,32573	,4249	,07	,7521	,541	28,93	,4534	,131	,746
,32468	,4864	,08	,75$\bar{5}$0	,$\bar{5}$50	29,22	,45$\bar{5}$0	,13$\bar{5}$	,753
,32362	,5481	,09	,7578	,559	,$\dot{5}$0	,456$\dot{5}$	,138	,761
0,32258	9,6100	**3,10**	1,7607	5,568	29,79	1,4581	3,141	6,768
,32154	,6721	,11	,763$\dot{5}$	,577	30,08	,4597	,14$\bar{5}$	,77$\dot{5}$
,32051	,7344	,12	,7664	,586	,37	,4612	,148	,782
,31949	,7969	,13	,7692	,59$\bar{5}$	,66	,4628	,151	,790
,31847	,8596	,14	,7720	,604	30,96	,4643	,15$\bar{5}$	,797
0,31746	9,9225	3,15	1,7748	5,612	31,26	1,4659	3,158	6,804
,31646	9,9856	,16	,7776	,621	,5$\dot{5}$	,4674	,162	,811
,31546	10,0489	,17	,7804	,630	31,86	,4690	,16$\bar{5}$	,818
,31447	,1124	,18	,7833	,639	32,16	,470$\dot{5}$	,168	,826
,31348	,1761	,19	,7861	,648	,46	,4721	,171	,833
0,31250	10,2400	**3,20**	1,7889	5,657	32,77	1,4736	3,17$\bar{5}$	6,840
,31153	,3041	,21	,7916	,666	33,08	,4751	,178	,847
,31056	,3684	,22	,7944	,67$\bar{5}$	,39	,4767	,181	,854
,30960	,4329	,23	,7972	,683	33,70	,4782	,18$\bar{5}$	,861
,30864	,4976	,24	,8000	,692	34,01	,4797	,188	,868
0,30769	10,5625	3,25	1,8028	5,701	34,33	1,4812	3,191	6,87$\dot{5}$
,3067$\bar{5}$	,6276	,26	,805$\dot{5}$	,710	,6$\bar{5}$	,4828	,19$\bar{5}$	,882
,30581	,6929	,27	,8083	,718	34,97	,4843	,198	,889
,30488	,7584	,28	,8111	,727	35,29	,4858	,201	,896
,3039$\dot{5}$	,8241	,29	,8138	,736	,61	,4873	,204	,903
0,30303	10,8900	**3,30**	1,8166	5,74$\bar{5}$	35,94	1,4888	3,208	6,910
,30211	10,9561	,31	,8193	,753	36,26	,4903	,211	,917
,30120	11,0224	,32	,8221	,762	,59	,4918	,214	,924
,30030	,0889	,33	,8248	,771	36,93	,4933	,217	,931
,29940	,1556	,34	,8276	,779	37,26	,4948	,220	,938
0,29851	11,2225	3,35	1,8303	5,788	37,60	1,4963	3,224	6,94$\dot{5}$
,29762	,2896	,36	,8330	,797	37,93	,4978	,227	,952
,29674	,3569	,37	,8358	,80$\dot{5}$	38,27	,4993	,230	,959
,29586	,4244	,38	,838$\bar{5}$	,814	,61	,5007	,233	,966
,29499	,4921	,39	,8412	,822	38,96	,5022	,236	,973
0,29412	11,5600	**3,40**	1,8439	5,831	39,30	1,5037	3,240	6,980
,29326	,6281	,41	,8466	,840	39,6$\dot{5}$	,5052	,243	,986
,29240	,6964	,42	,8493	,848	40,00	,5066	,246	6,993
,2915$\bar{5}$	,7649	,43	,8520	,857	,3$\dot{5}$	,5081	,249	7,000
,29070	,8336	,44	,8547	,86$\dot{5}$	40,71	,5096	,252	,007
0,28986	11,9025	3,45	1,8574	5,874	41,06	1,5110	3,25$\dot{5}$	7,014
,28902	11,9716	,46	,8601	,882	,42	,512$\bar{5}$	,259	,020
,28818	12,0409	,47	,8628	,891	41,78	,5139	,262	,027
,28736	,1104	,48	,865$\bar{5}$	,899	42,14	,5154	,26$\bar{5}$	,034
,28653	,1801	,49	,8682	,908	,51	,5168	,268	,041
$\frac{1}{x}$	x^2	x	$\sqrt{x}$	$\sqrt{10x}$	x^3	$\sqrt[3]{x}$	$\sqrt[3]{10x}$	$\sqrt[3]{100x}$

Beispiel: $\sqrt{0,3427} = \frac{1}{10} \cdot \sqrt{34,27} = \frac{1}{10} \cdot \sqrt{34,2} + 7 \cdot 0,9\,E = 0,5848 + 6\,E = 0,5854$

$\frac{1}{x}$	x^2	x	$\sqrt{x}$	$\sqrt{10x}$	x^3	$\sqrt[3]{x}$	$\sqrt[3]{10x}$	$\sqrt[3]{100x}$
0,28571	12,2500	**3,50**	1,8708	5,916	42,875	1,5183	3,271	7,047
,28490	,3201	,51	,8735	,925	43,24	,5197	,274	,054
,28409	,3904	,52	,8762	,933	,61	,5212	,277	,061
,28329	,4609	,53	,8788	,941	43,99	,5226	,280	,067
,28249	,5316	,54	,8815	,950	44,36	,5241	,283	,074
0,28169	12,6025	3,55	1,8841	5,958	44,74	1,5255	3,287	7,081
,28090	,6736	,56	,8868	,967	45,12	,5269	,290	,087
,28011	,7449	,57	,8894	,975	,50	,5283	,293	,094
,27933	,8164	,58	,8921	,983	45,88	,5298	,296	,101
,27855	,8881	,59	,8947	5,992	46,27	,5312	,299	,107
0,27778	12,9600	**3,60**	1,8974	6,000	46,66	1,5326	3,302	7,114
,27701	13,0321	,61	,9000	,008	47,05	,5340	,305	,120
,27624	,1044	,62	,9026	,017	,44	,5355	,308	,127
,27548	,1769	,63	,9053	,025	47,83	,5369	,311	,133
,27473	,2496	,64	,9079	,033	48,23	,5383	,314	,140
0,27397	13,3225	3,65	1,9105	6,042	48,63	1,5397	3,317	7,147
,27322	,3956	,66	,9131	,050	49,03	,5411	,320	,153
,27248	,4689	,67	,9157	,058	,43	,5425	,323	,160
,27174	,5424	,68	,9183	,066	49,84	,5439	,326	,166
,27100	,6161	,69	,9209	,075	50,24	,5453	,329	,173
0,27027	13,6900	**3,70**	1,9235	6,083	50,65	1,5467	3,332	7,179
,26954	,7641	,71	,9261	,091	51,06	,5481	,335	,186
,26882	,8384	,72	,9287	,099	,48	,5495	,338	,192
,26810	,9129	,73	,9313	,107	51,90	,5508	,341	,198
,26738	13,9876	,74	,9339	,116	52,31	,5522	,344	,205
0,26667	14,0625	3,75	1,9365	6,124	52,73	1,5536	3,347	7,211
,26596	,1376	,76	,9391	,132	53,16	,5550	,350	,218
,26525	,2129	,77	,9416	,140	53,58	,5564	,353	,224
,26455	,2884	,78	,9442	,148	54,01	,5577	,356	,230
,26385	,3641	,79	,9468	,156	,44	,5591	,359	,237
0,26316	14,4400	**3,80**	1,9494	6,164	54,87	1,5605	3,362	7,243
,26247	,5161	,81	,9519	,173	55,31	,5619	,365	,250
,26178	,5924	,82	,9545	,181	55,74	,5632	,368	,256
,26110	,6689	,83	,9570	,189	56,18	,5646	,371	,262
,26042	,7456	,84	,9596	,197	56,62	,5659	,374	,268
0,25974	14,8225	3,85	1,9621	6,205	57,07	1,5673	3,377	7,275
,25907	,8996	,86	,9647	,213	,51	,5687	,380	,281
,25840	14,9769	,87	,9672	,221	57,96	,5700	,382	,287
,25773	15,0544	,88	,9698	,229	58,41	,5714	,385	,294
,25707	,1321	,89	,9723	,237	58,86	,5727	,388	,300
0,25641	15,2100	**3,90**	1,9748	6,245	59,32	1,5741	3,391	7,306
,25575	,2881	,91	,9774	,253	59,78	,5754	,394	,312
,25510	,3664	,92	,9799	,261	60,24	,5767	,397	,319
,25445	,4449	,93	,9824	,269	60,70	,5781	,400	,325
,25381	,5236	,94	,9849	,277	61,16	,5794	,403	,331
0,25316	15,6025	3,95	1,9875	6,285	61,63	1,5808	3,406	7,337
,25253	,6816	,96	,9900	,293	62,10	,5821	,409	,343
,25189	,7609	,97	,9925	,301	62,57	,5834	,411	,350
,25126	,8404	,98	,9950	,309	63,04	,5848	,414	,356
,25063	15,9201	,99	1,9975	,317	63,52	,5861	,417	,362
$\frac{1}{x}$	x^2	x	$\sqrt{x}$	$\sqrt{10x}$	x^3	$\sqrt[3]{x}$	$\sqrt[3]{10x}$	$\sqrt[3]{100x}$

$4{,}00 \leqq x \leqq 4{,}49$

$\frac{1}{x}$	x^2	x	$\sqrt{x}$	$\sqrt{10x}$	x^3	$\sqrt[3]{x}$	$\sqrt[3]{10x}$	$\sqrt[3]{100x}$
0,25000	16,0000	**4,00**	2,0000	6,32$\bar{5}$	64,00	1,5874	3,420	7,368
,24938	,0801	,01	,002$\bar{5}$	,332	,48	,5887	,423	,374
,24876	,1604	,02	,00$\bar{5}$0	,340	64,96	,5900	,426	,380
,24814	,2409	,03	,007$\bar{5}$	,348	65,4$\dot{5}$	,5914	,428	,386
,24752	,3216	,04	,0100	,356	65,94	,5927	,431	,393
0,24691	16,4025	4,05	2,012$\bar{5}$	6,364	66,43	1,5940	3,434	7,399
,24631	,4836	,06	,0149	,372	66,92	,5953	,437	,40$\bar{5}$
,24570	,5649	,07	,0174	,380	67,42	,5966	,440	,411
,24510	,6464	,08	,0199	,38$\dot{7}$	67,92	,5979	,443	,417
,244$\bar{5}$0	,7281	,09	,0224	,39$\dot{5}$	68,42	,5992	,44$\dot{5}$	,423
0,24390	16,8100	**4,10**	2,0248	6,403	68,92	1,600$\dot{5}$	3,448	7,429
,24331	,8921	,11	,0273	,411	69,43	,6018	,451	,43$\bar{5}$
,24272	16,9744	,12	,0298	,419	69,93	,6031	,454	,441
,24213	17,0569	,13	,0322	,427	70,44	,6044	,457	,447
,2415$\bar{5}$	,1396	,14	,0347	,434	70,96	,6057	,459	,453
0,24096	17,2225	4,15	2,0372	6,442	71,47	1,6070	3,462	7,459
,24038	,3056	,16	,0396	,4$\bar{5}$0	71,99	,6083	,46$\bar{5}$	,46$\dot{5}$
,23981	,3889	,17	,0421	,458	72,51	,6096	,468	,471
,23923	,4724	,18	,044$\dot{5}$	,46$\dot{5}$	73,03	,6109	,471	,477
,23866	,5561	,19	,0469	,473	73,56	,6121	,473	,483
0,23810	17,6400	**4,20**	2,0494	6,481	74,09	1,6134	3,476	7,489
,23753	,7241	,21	,0518	,488	74,62	,6147	,479	,49$\bar{5}$
,23697	,8084	,22	,0543	,496	75,1$\dot{5}$	,6160	,482	,501
,23641	,8929	,23	,0567	,504	75,69	,6173	,484	,507
,2358$\bar{5}$	17,9776	,24	,0591	,512	76,23	,618$\dot{5}$	,487	,513
0,23529	18,0625	4,25	2,0616	6,519	76,77	1,6198	3,490	7,518
,23474	,1476	,26	,0640	,527	77,31	,6211	,493	,524
,23419	,2329	,27	,0664	,53$\bar{5}$	77,8$\dot{5}$	,6223	,49$\dot{5}$	,530
,23364	,3184	,28	,0688	,542	78,40	,6236	,498	,536
,23310	,4041	,29	,0712	,5$\bar{5}$0	78,9$\dot{5}$	,6249	,501	,542
0,23256	18,4900	**4,30**	2,0736	6,557	79,51	1,6261	3,503	7,548
,23202	,5761	,31	,0761	,56$\dot{5}$	80,06	,6274	,506	,554
,23148	,6624	,32	,078$\bar{5}$	,573	80,62	,6287	,509	,560
,2309$\bar{5}$	,7489	,33	,0809	,580	81,18	,6299	,512	,56$\dot{5}$
,23041	,8356	,34	,0833	,588	81,7$\bar{5}$	,6312	,514	,571
0,22989	18,9225	4,35	2,0857	6,59$\dot{5}$	82,31	1,6324	3,517	7,577
,22936	19,0096	,36	,0881	,603	82,88	,6337	,520	,583
,22883	,0969	,37	,090$\bar{5}$	,611	83,4$\dot{5}$	,6349	,522	,589
,22831	,1844	,38	,0928	,618	84,03	,6362	,52$\bar{5}$	,594
,22779	,2721	,39	,0952	,626	84,60	,6374	,528	,600
0,22727	19,3600	**4,40**	2,0976	6,633	85,18	1,6386	3,530	7,606
,22676	,4481	,41	,1000	,641	85,77	,6399	,533	,612
,22624	,5364	,42	,1024	,648	86,3$\dot{5}$	,6411	,536	,617
,22573	,6249	,43	,1048	,656	86,94	,6424	,538	,623
,22523	,7136	,44	,1071	,663	87,53	,6436	,541	,629
0,22472	19,8025	4,45	2,109$\dot{5}$	6,671	88,12	1,6448	3,544	7,63$\bar{5}$
,22422	,8916	,46	,1119	,678	88,72	,6461	,546	,640
,22371	19,9809	,47	,1142	,686	89,31	,6473	,549	,646
,22321	20,0704	,48	,1166	,693	89,92	,648$\dot{5}$	,552	,652
,22272	,1601	,49	,1190	,701	90,52	,6497	,554	,657
$\frac{1}{x}$	x^2	x	$\sqrt{x}$	$\sqrt{10x}$	x^3	$\sqrt[3]{x}$	$\sqrt[3]{10x}$	$\sqrt[3]{100x}$

x^m

$4{,}50 \leqq x \leqq 4{,}99$

$\frac{1}{x}$	x^2	x	$\sqrt{x}$	$\sqrt{10x}$	x^3	$\sqrt[3]{x}$	$\sqrt[3]{10x}$	$\sqrt[3]{100x}$
0,22222	20,2500	**4,50**	2,1213	6,708	91,125	1,6510	3,557	7,663
,22173	,3401	**,51**	,1237	,716	91,73	,6522	,560	,669
,22124	,4304	**,52**	,1260	,723	92,35	,6534	,562	,674
,22075	,5209	**,53**	,1284	,731	92,96	,6546	,565	,680
,22026	,6116	**,54**	,1307	,738	93,58	,6558	,567	,686
0,21978	20,7025	**4,55**	2,1331	6,745	94,20	1,6571	3,570	7,691
,21930	,7936	**,56**	,1354	,753	94,82	,6583	,573	,697
,21882	,8849	**,57**	,1378	,760	95,44	,6595	,575	,703
,21834	20,9764	**,58**	,1401	,768	96,07	,6607	,578	,708
,21786	21,0681	**,59**	,1424	,775	96,70	,6619	,580	,714
0,21739	21,1600	**4,60**	2,1448	6,782	97,34	1,6631	3,583	7,719
,21692	,2521	**,61**	,1471	,790	97,97	,6643	,586	,725
,21645	,3444	**,62**	,1494	,797	98,61	,6655	,588	,731
,21598	,4369	**,63**	,1517	,804	99,25	,6667	,591	,736
,21552	,5296	**,64**	,1541	,812	99,90	,6679	,593	,742
0,21505	21,6225	**4,65**	2,1564	6,819	100,54	1,6691	3,596	7,747
,21459	,7156	**,66**	,1587	,826	101,19	,6703	,599	,753
,21413	,8089	**,67**	,1610	,834	101,85	,6715	,601	,758
,21368	,9024	**,68**	,1633	,841	102,50	,6727	,604	,764
,21322	21,9961	**,69**	,1656	,848	103,16	,6739	,606	,769
0,21277	22,0900	**4,70**	2,1679	6,856	103,82	1,6751	3,609	7,775
,21231	,1841	**,71**	,1703	,863	104,49	,6763	,611	,780
,21186	,2784	**,72**	,1726	,870	105,15	,6774	,614	,786
,21142	,3729	**,73**	,1749	,877	105,82	,6786	,616	,791
,21097	,4676	**,74**	,1772	,885	106,50	,6798	,619	,797
0,21053	22,5625	**4,75**	2,1794	6,892	107,17	1,6810	3,622	7,802
,21008	,6576	**,76**	,1817	,899	107,85	,6822	,624	,808
,20964	,7529	**,77**	,1840	,907	108,53	,6833	,627	,813
,20921	,8484	**,78**	,1863	,914	109,22	,6845	,629	,819
,20877	22,9441	**,79**	,1886	,921	109,90	,6857	,632	,824
0,20833	23,0400	**4,80**	2,1909	6,928	110,59	1,6869	3,634	7,830
,20790	,1361	**,81**	,1932	,935	111,28	,6880	,637	,835
,20747	,2324	**,82**	,1954	,943	111,98	,6892	,639	,841
,20704	,3289	**,83**	,1977	,950	112,68	,6904	,642	,846
,20661	,4256	**,84**	,2000	,957	113,38	,6915	,644	,851
0,20619	23,5225	**4,85**	2,2023	6,964	114,08	1,6927	3,647	7,857
,20576	,6196	**,86**	,2045	,971	114,79	,6939	,649	,862
,20534	,7169	**,87**	,2068	,979	115,50	,6950	,652	,868
,20492	,8144	**,88**	,2091	,986	116,21	,6962	,654	,873
,20450	23,9121	**,89**	,2113	6,993	116,93	,6973	,657	,878
0,20408	24,0100	**4,90**	2,2136	7,000	117,65	1,6985	3,659	7,884
,20367	,1081	**,91**	,2159	,007	118,37	,6997	,662	,889
,20325	,2064	**,92**	,2181	,014	119,10	,7008	,664	,894
,20284	,3049	**,93**	,2204	,021	119,82	,7020	,667	,900
,20243	,4036	**,94**	,2226	,029	120,55	,7031	,669	,905
0,20202	24,5025	**4,95**	2,2249	7,036	121,29	1,7043	3,672	7,910
,20161	,6016	**,96**	,2271	,043	122,02	,7054	,674	,916
,20121	,7009	**,97**	,2293	,050	122,76	,7065	,677	,921
,20080	,8004	**,98**	,2316	,057	123,51	,7077	,679	,926
,20040	24,9001	**,99**	,2338	,064	124,25	,7088	,682	,932

$\frac{1}{x}$ | x^2 | x | $\sqrt{x}$ | $\sqrt{10x}$ | x^3 | $\sqrt[3]{x}$ | $\sqrt[3]{10x}$ | $\sqrt[3]{100x}$

$5{,}00 \leqq x \leqq 5{,}49$

$\frac{1}{x}$	x^2	x	$\sqrt{x}$	$\sqrt{10x}$	x^3	$\sqrt[3]{x}$	$\sqrt[3]{10x}$	$\sqrt[3]{100x}$
0,20000	25,0000	**5,00**	2,2361	7,071	125,00	1,7100	3,684	7,937
,19960	,1001	,01	,2383	,078	125,75	,7111	,686	,942
,19920	,2004	,02	,2405	,085	126,51	,7123	,689	,948
,19881	,3009	,03	,2428	,092	127,26	,7134	,691	,953
,19841	,4016	,04	,2450	,099	128,02	,7145	,694	,958
0,19802	25,5025	5,05	2,2472	7,106	128,79	1,7157	3,696	7,963
,19763	,6036	,06	,2494	,113	129,55	,7168	,699	,969
,19724	,7049	,07	,2517	,120	130,32	,7179	,701	,974
,19685	,8064	,08	,2539	,127	131,10	,7190	,704	,979
,19646	25,9081	,09	,2561	,134	131,87	,7202	,706	,984
0,19608	26,0100	**5,10**	2,2583	7,141	132,65	1,7213	3,708	7,990
,19569	,1121	,11	,2605	,148	133,43	,7224	,711	7,995
,19531	,2144	,12	,2627	,155	134,22	,7235	,713	8,000
,19493	,3169	,13	,2650	,162	135,01	,7247	,716	,005
,19455	,4196	,14	,2672	,169	135,80	,7258	,718	,010
0,19417	26,5225	5,15	2,2694	7,176	136,59	1,7269	3,721	8,016
,19380	,6256	,16	,2716	,183	137,39	,7280	,723	,021
,19342	,7289	,17	,2738	,190	138,19	,7291	,725	,026
,19305	,8324	,18	,2760	,197	138,99	,7303	,728	,031
,19268	26,9361	,19	,2782	,204	139,80	,7314	,730	,036
0,19231	27,0400	**5,20**	2,2804	7,211	140,61	1,7325	3,733	8,041
,19194	,1441	,21	,2825	,218	141,42	,7336	,735	,047
,19157	,2484	,22	,2847	,225	142,24	,7347	,737	,052
,19120	,3529	,23	,2869	,232	143,06	,7358	,740	,057
,19084	,4576	,24	,2891	,239	143,88	,7369	,742	,062
0,19048	27,5625	5,25	2,2913	7,246	144,70	1,7380	3,744	8,067
,19011	,6676	,26	,2935	,253	145,53	,7391	,747	,072
,18975	,7729	,27	,2956	,259	146,36	,7402	,749	,077
,18939	,8784	,28	,2978	,266	147,20	,7413	,752	,082
,18904	27,9841	,29	,3000	,273	148,04	,7424	,754	,088
0,18868	28,0900	**5,30**	2,3022	7,280	148,88	1,7435	3,756	8,093
,18832	,1961	,31	,3043	,287	149,72	,7446	,759	,098
,18797	,3024	,32	,3065	,294	150,57	,7457	,761	,103
,18762	,4089	,33	,3087	,301	151,42	,7468	,763	,108
,18727	,5156	,34	,3108	,308	152,27	,7479	,766	,113
0,18692	28,6225	5,35	2,3130	7,314	153,13	1,7490	3,768	8,118
,18657	,7296	,36	,3152	,321	153,99	,7501	,770	,123
,18622	,8369	,37	,3173	,328	154,85	,7512	,773	,128
,18587	28,9444	,38	,3195	,335	155,72	,7522	,775	,133
,18553	29,0521	,39	,3216	,342	156,59	,7533	,777	,138
0,18519	29,1600	**5,40**	2,3238	7,348	157,46	1,7544	3,780	8,143
,18484	,2681	,41	,3259	,355	158,34	,7555	,782	,148
,18450	,3764	,42	,3281	,362	159,22	,7566	,784	,153
,18416	,4849	,43	,3302	,369	160,10	,7577	,787	,158
,18382	,5936	,44	,3324	,376	160,99	,7587	,789	,163
0,18349	29,7025	5,45	2,3345	7,382	161,88	1,7598	3,791	8,168
,18315	,8116	,46	,3367	,389	162,77	,7609	,794	,173
,18282	29,9209	,47	,3388	,396	163,67	,7620	,796	,178
,18248	30,0304	,48	,3409	,403	164,57	,7630	,798	,183
,18215	,1401	,49	,3431	,409	165,47	,7641	,801	,188
$\frac{1}{x}$	x^2	x	$\sqrt{x}$	$\sqrt{10x}$	x^3	$\sqrt[3]{x}$	$\sqrt[3]{10x}$	$\sqrt[3]{100x}$

x^m

$5{,}50 \leqq x \leqq 5{,}99$

$\frac{1}{x}$	x^2	x	$\sqrt{x}$	$\sqrt{10x}$	x^3	$\sqrt[3]{x}$	$\sqrt[3]{10x}$	$\sqrt[3]{100x}$
0,18182	30,2500	**5,50**	2,3452	7,416	166,375	1,7652	3,803	8,193
,18149	,3601	,51	,3473	,423	167,28	,7662	,805	,198
,18116	,4704	,52	,3495	,430	168,20	,7673	,808	,203
,18083	,5809	,53	,3516	,436	169,11	,7684	,810	,208
,18051	,6916	,54	,3537	,443	170,03	,7694	,812	,213
0,18018	30,8025	5,55	2,3558	7,450	170,95	1,7705	3,814	8,218
,17986	30,9136	,56	,3580	,457	171,88	,7716	,817	,223
,17953	31,0249	,57	,3601	,463	172,81	,7726	,819	,228
,17921	,1364	,58	,3622	,470	173,74	,7737	,821	,233
,17889	,2481	,59	,3643	,477	174,68	,7748	,824	,238
0,17857	31,3600	**5,60**	2,3664	7,483	175,62	1,7758	3,826	8,243
,17825	,4721	,61	,3685	,490	176,56	,7769	,828	,247
,17794	,5844	,62	,3707	,497	177,50	,7779	,830	,252
,17762	,6969	,63	,3728	,503	178,45	,7790	,833	,257
,17730	,8096	,64	,3749	,510	179,41	,7800	,835	,262
0,17699	31,9225	5,65	2,3770	7,517	180,36	1,7811	3,837	8,267
,17668	32,0356	,66	,3791	,523	181,32	,7821	,839	,272
,17637	,1489	,67	,3812	,530	182,28	,7832	,842	,277
,17606	,2624	,68	,3833	,537	183,25	,7842	,844	,282
,17575	,3761	,69	,3854	,543	184,22	,7853	,846	,286
0,17544	32,4900	**5,70**	2,3875	7,550	185,19	1,7863	3,849	8,291
,17513	,6041	,71	,3896	,556	186,17	,7874	,851	,296
,17483	,7184	,72	,3917	,563	187,15	,7884	,853	,301
,17452	,8329	,73	,3937	,570	188,13	,7894	,855	,306
,17422	32,9476	,74	,3958	,576	189,12	,7905	,857	,311
0,17391	33,0625	5,75	2,3979	7,583	190,11	1,7915	3,860	8,316
,17361	,1776	,76	,4000	,589	191,10	,7926	,862	,320
,17331	,2929	,77	,4021	,596	192,10	,7936	,864	,325
,17301	,4084	,78	,4042	,603	193,10	,7946	,866	,330
,17271	,5241	,79	,4062	,609	194,10	,7957	,869	,335
0,17241	33,6400	**5,80**	2,4083	7,616	195,11	1,7967	3,871	8,340
,17212	,7561	,81	,4104	,622	196,12	,7977	,873	,344
,17182	,8724	,82	,4125	,629	197,14	,7988	,875	,349
,17153	33,9889	,83	,4145	,635	198,16	,7998	,878	,354
,17123	34,1056	,84	,4166	,642	199,18	,8008	,880	,359
0,17094	34,2225	5,85	2,4187	7,649	200,20	1,8018	3,882	8,363
,17065	,3396	,86	,4207	,655	201,23	,8029	,884	,368
,17036	,4569	,87	,4228	,662	202,26	,8039	,886	,373
,17007	,5744	,88	,4249	,668	203,30	,8049	,889	,378
,16978	,6921	,89	,4269	,675	204,34	,8059	,891	,382
0,16949	34,8100	**5,90**	2,4290	7,681	205,38	1,8070	3,893	8,387
,16920	34,9281	,91	,4310	,688	206,43	,8080	,895	,392
,16892	35,0464	,92	,4331	,694	207,47	,8090	,897	,397
,16863	,1649	,93	,4352	,701	208,53	,8100	,900	,401
,16835	,2836	,94	,4372	,707	209,58	,8110	,902	,406
0,16807	35,4025	5,95	2,4393	7,714	210,64	1,8121	3,904	8,411
,16779	,5216	,96	,4413	,720	211,71	,8131	,906	,416
,16750	,6409	,97	,4434	,727	212,78	,8141	,908	,420
,16722	,7604	,98	,4454	,733	213,85	,8151	,911	,425
,16694	35,8801	,99	,4474	,740	214,92	,8161	,913	,430
$\frac{1}{x}$	x^2	x	$\sqrt{x}$	$\sqrt{10x}$	x^3	$\sqrt[3]{x}$	$\sqrt[3]{10x}$	$\sqrt[3]{100x}$

6,00 ≦ x ≦ 6,49

$\frac{1}{x}$	x^2	x	$\sqrt{x}$	$\sqrt{10x}$	x^3	$\sqrt[3]{x}$	$\sqrt[3]{10x}$	$\sqrt[3]{100x}$
0,16667	36,0000	**6,00**	2,4495̄	7,746	216,00	1,8171	3,915̄	8,434
,16639	,1201	,01	,4515̇	,752	217,08	,8181	,917	,439
,16611	,2404	,02	,4536	,759	218,17	,8191	,919	,444
,16584	,3609	,03	,4556	,765̇	219,26	,8201	,921	,448
,16556	,4816	,04	,4576	,772	220,35̄	,8211	,924	,453
0,16529	36,6025	6,05	2,4597	7,778	221,45̄	1,8222	3,926	8,458
,16502	,7236	,06	,4617	,785̄	222,55̄	,8232	,928	,462
,16474	,8449	,07	,4637	,791	223,65̄	,8242	,930	,467
,16447	36,9664	,08	,4658	,797	224,76	,8252	,932	,472
,16420	37,0881	,09	,4678	,804	225,87	,8262	,934	,476
0,16393	37,2100	**6,10**	2,4698	7,810	226,98	1,8272	3,936	8,481
,16367	,3321	,11	,4718	,817	228,10	,8282	,939	,486
,16340	,4544	,12	,4739	,823	229,22	,8292	,941	,490
,16313	,5769	,13	,4759	,829	230,35̄	,8302	,943	,495̄
,16287	,6996	,14	,4779	,836	231,48	,8311	,945̇	,499
0,16260	37,8225	6,15	2,4799	7,842	232,61	1,8321	3,947	8,504
,16234	37,9456	,16	,4819	,849	233,74	,8331	,949	,509
,16207	38,0689	,17	,4839	,855̄	234,89	,8341	,951	,513
,16181	,1924	,18	,4860	,861	236,03	,8351	,954	,518
,16155̇	,3161	,19	,4880	,868	237,18	,8361	,956	,522
0,16129	38,4400	**6,20**	2,4900	7,874	238,33	1,8371	3,958	8,527
,16103	,5641	,21	,4920	,880	239,48	,8381	,960	,532
,16077	,6884	,22	,4940	,887	240,64	,8391	,962	,536
,16051	,8129	,23	,4960	,893	241,80	,8400	,964	,541
,16026	38,9376	,24	,4980	,899	242,97	,8410	,966	,545̇
0,16000	39,0625	6,25	2,5000	7,906	244,14	1,8420	3,969	8,55̄0
,15974	,1876	,26	,5020	,912	245,31	,8430	,971	,554
,15949	,3129	,27	,5040	,918	246,49	,8440	,973	,559
,15924	,4384	,28	,5060	,925̄	247,67	,845̄0	,975̄	,564
,15898	,5641	,29	,5080	,931	248,86	,8459	,977	,568
0,15873	39,6900	**6,30**	2,5100	7,937	250,05̄	1,8469	3,979	8,573
,15848	,8161	,31	,5120	,944	251,24	,8479	,981	,577
,15823	39,9424	,32	,5140	,95̄0	252,44	,8489	,983	,582
,15798	40,0689	,33	,5159	,956	253,64	,8498	,985̇	,586
,15773	,1956	,34	,5179	,962	254,84	,8508	,987	,591
0,15748	40,3225	6,35	2,5199	7,969	256,05̄	1,8518	3,990	8,595̇
,15723	,4496	,36	,5219	,975̄	257,26	,8528	,992	,600
,15699	,5769	,37	,5239	,981	258,47	,8537	,994	,604
,15674	,7044	,38	,5259	,987	259,69	,8547	,996	,609
,15649	,8321	,39	,5278	7,994	260,92	,8557	3,998	,613
0,15625	40,9600	**6,40**	2,5298	8,000	262,14	1,8566	4,000	8,618
,15601	41,0881	,41	,5318	,006	263,37	,8576	,002	,622
,15576	,2164	,42	,5338	,012	264,61	,8586	,004	,627
,15552	,3449	,43	,5357	,019	265,85̄	,8595̇	,006	,631
,15528	,4736	,44	,5377	,025̄	267,09	,8605̄	,008	,636
0,15504	41,6025	6,45	2,5397	8,031	268,34	1,8615̄	4,010	8,640
,15480	,7316	,46	,5417	,037	269,59	,8624	,012	,645̄
,15456	,8609	,47	,5436	,044	270,84	,8634	,015̄	,649
,15432	41,9904	,48	,5456	,05̄0	272,10	,8643	,017	,653
,15408	42,1201	,49	,5475̇	,056	273,36	,8653	,019	,658
$\frac{1}{x}$	x^2	x	$\sqrt{x}$	$\sqrt{10x}$	x^3	$\sqrt[3]{x}$	$\sqrt[3]{10x}$	$\sqrt[3]{100x}$

$\frac{1}{x}$	x^2	x	$\sqrt{x}$	$\sqrt{10x}$	x^3	$\sqrt[3]{x}$	$\sqrt[3]{10x}$	$\sqrt[3]{100x}$
0,15385	42,2500	**6,50**	2,5495	8,062	274,625	1,8663	4,021	8,662
,15361	,3801	,51	,5515	,068	275,89	,8672	,023	,667
,15337	,5104	,52	,5534	,075	277,17	,8682	,025	,671
,15314	,6409	,53	,5554	,081	278,45	,8691	,027	,676
,15291	,7716	,54	,5573	,087	279,73	,8701	,029	,680
0,15267	42,9025	6,55	2,5593	8,093	281,01	1,8710	4,031	8,685
,15244	43,0336	,56	,5612	,099	282,30	,8720	,033	,689
,15221	,1649	,57	,5632	,106	283,59	,8729	,035	,693
,15198	,2964	,58	,5652	,112	284,89	,8739	,037	,698
,15175	,4281	,59	,5671	,118	286,19	,8748	,039	,702
0,15152	43,5600	**6,60**	2,5690	8,124	287,50	1,8758	4,041	8,707
,15129	,6921	,61	,5710	,130	288,80	,8767	,043	,711
,15106	,8244	,62	,5729	,136	290,12	,8777	,045	,715
,15083	43,9569	,63	,5749	,142	291,43	,8786	,047	,720
,15060	44,0896	,64	,5768	,149	292,75	,8796	,049	,724
0,15038	44,2225	6,65	2,5788	8,155	294,08	1,8805	4,051	8,729
,15015	,3556	,66	,5807	,161	295,41	,8814	,053	,733
,14993	,4889	,67	,5826	,167	296,74	,8824	,055	,737
,14970	,6224	,68	,5846	,173	298,08	,8833	,058	,742
,14948	,7561	,69	,5865	,179	299,42	,8843	,060	,746
0,14925	44,8900	**6,70**	2,5884	8,185	300,76	1,8852	4,062	8,750
,14903	45,0241	,71	,5904	,191	302,11	,8861	,064	,755
,14881	,1584	,72	,5923	,198	303,46	,8871	,066	,759
,14859	,2929	,73	,5942	,204	304,82	,8880	,068	,763
,14837	,4276	,74	,5962	,210	306,18	,8889	,070	,768
0,14815	45,5625	6,75	2,5981	8,216	307,55	1,8899	4,072	8,772
,14793	,6976	,76	,6000	,222	308,92	,8908	,074	,776
,14771	,8329	,77	,6019	,228	310,29	,8917	,076	,781
,14749	45,9684	,78	,6038	,234	311,67	,8927	,078	,785
,14728	46,1041	,79	,6058	,240	313,05	,8936	,080	,789
0,14706	46,2400	**6,80**	2,6077	8,246	314,43	1,8945	4,082	8,794
,14684	,3761	,81	,6096	,252	315,82	,8955	,084	,798
,14663	,5124	,82	,6115	,258	317,21	,8964	,086	,802
,14641	,6489	,83	,6134	,264	318,61	,8973	,088	,807
,14620	,7856	,84	,6153	,270	320,01	,8982	,090	,811
0,14599	46,9225	6,85	2,6173	8,276	321,42	1,8992	4,092	8,815
,14577	47,0596	,86	,6192	,283	322,83	,9001	,094	,819
,14556	,1969	,87	,6211	,289	324,24	,9010	,096	,824
,14535	,3344	,88	,6230	,295	325,66	,9019	,098	,828
,14514	,4721	,89	,6249	,301	327,08	,9029	,100	,832
0,14493	47,6100	**6,90**	2,6268	8,307	328,51	1,9038	4,102	8,837
,14472	,7481	,91	,6287	,313	329,94	,9047	,104	,841
,14451	47,8864	,92	,6306	,319	331,37	,9056	,106	,845
,14430	48,0249	,93	,6325	,325	332,81	,9065	,108	,849
,14409	,1636	,94	,6344	,331	334,26	,9074	,109	,854
0,14388	48,3025	6,95	2,6363	8,337	335,70	1,9084	4,111	8,858
,14368	,4416	,96	,6382	,343	337,15	,9093	,113	,862
,14347	,5809	,97	,6401	,349	338,61	,9102	,115	,866
,14327	,7204	,98	,6420	,355	340,07	,9111	,117	,871
,14306	48,8601	,99	,6439	,361	341,53	,9120	,119	,875
$\frac{1}{x}$	x^2	x	$\sqrt{x}$	$\sqrt{10x}$	x^3	$\sqrt[3]{x}$	$\sqrt[3]{10x}$	$\sqrt[3]{100x}$

$7{,}00 \leqq x \leqq 7{,}49$

$\frac{1}{x}$	x^2	x	$\sqrt{x}$	$\sqrt{10x}$	x^3	$\sqrt[3]{x}$	$\sqrt[3]{10x}$	$\sqrt[3]{100x}$
0,14286	49,0000	**7,00**	2,6458	8,367	343,00	1,9129	4,121	8,879
,14265̇	,1401	,01	,6476	,373	344,47	,9138	,123	,883
,14245̇	,2804	,02	,6495̇	,379	345,95̄	,9148	,125̇	,887
,14225̄	,4209	,03	,6514	,385̄	347,43	,9157	,127	,892
,14205̄	,5616	,04	,6533	,390	348,91	,9166	,129	,896
0,14184	49,7025	7,05	2,6552	8,396	350,40	1,9175̄	4,131	8,900
,14164	,8436	,06	,6571	,402	351,90	,9184	,133	,904
,14144	49,9849	,07	,6589	,408	353,39	,9193	,135̄	,909
,14124	50,1264	,08	,6608	,414	354,89	,9202	,137	,913
,14104	,2681	,09	,6627	,420	356,40	,9211	,139	,917
0,14085̄	50,4100	**7,10**	2,6646	8,426	357,91	1,9220	4,141	8,921
,14065̄	,5521	,11	,6665̄	,432	359,43	,9229	,143	,925̇
,14045̄	,6944	,12	,6683	,438	360,94	,9238	,145̄	,929
,14025̇	,8369	,13	,6702	,444	362,47	,9247	,147	,934
,14006	50,9796	,14	,6721	,45̄0	363,99	,9256	,149	,938
0,13986	51,1225	7,15	2,6739	8,456	365,53	1,9265̄	4,151	8,942
,13966	,2656	,16	,6758	,462	367,06	,9274	,152	,946
,13947	,4089	,17	,6777	,468	368,60	,9283	,154	,95̇0
,13928	,5524	,18	,6796	,473	370,15̄	,9292	,156	,955̄
,13908	,6961	,19	,6814	,479	371,69	,9301	,158	,959
0,13889	51,8400	**7,20**	2,6833	8,485̇	373,25̄	1,9310	4,160	8,963
,13870	51,9841	,21	,6851	,491	374,81	,9319	,162	,967
,1385̇0	52,1284	,22	,6870	,497	376,37	,9328	,164	,971
,13831	,2729	,23	,6889	,503	377,93	,9337	,166	,975̇
,13812	,4176	,24	,6907	,509	379,5̇0	,9345̇	,168	,979
0,13793	52,5625	7,25	2,6926	8,515̄	381,08	1,9354	4,170	8,984
,13774	,7076	,26	,6944	,521	382,66	,9363	,172	,988
,13755̇	,8529	,27	,6963	,526	384,24	,9372	,174	,992
,13736	52,9984	,28	,6981	,532	385,83	,9381	,176	8,996
,13717	53,1441	,29	,7000	,538	387,42	,9390	,177	9,000
0,13699	53,2900	**7,30**	2,7019	8,544	389,02	1,9399	4,179	9,004
,13680	,4361	,31	,7037	,5̄50	390,62	,9408	,181	,008
,13661	,5824	,32	,7055̇	,556	392,22	,9416	,183	,012
,13643	,7289	,33	,7074	,562	393,83	,9425̇	,185̇	,016
,13624	53,8756	,34	,7092	,567	395,45̄	,9434	,187	,021
0,13605̇	54,0225	7,35	2,7111	8,573	397,07	1,9443	4,189	9,025̄
,13587	,1696	,36	,7129	,579	398,69	,9452	,191	,029
,13569	,3169	,37	,7148	,585̄	400,32	,9461	,193	,033
,1355̇0	,4644	,38	,7166	,591	401,95̄	,9469	,195̄	,037
,13532	,6121	,39	,7185̄	,597	403,58	,9478	,196	,041
0,13514	54,7600	**7,40**	2,7203	8,602	405,22	1,9487	4,198	9,045̇
,13495̇	54,9081	,41	,7221	,608	406,87	,9496	,200	,049
,13477	55,0564	,42	,7240	,614	408,52	,9504	,202	,053
,13459	,2049	,43	,7258	,620	410,17	,9513	,204	,057
,13441	,3536	,44	,7276	,626	411,83	,9522	,206	,061
0,13423	55,5025	7,45	2,7295̄	8,631	413,49	1,9531	4,208	9,065̇
,13405̄	,6516	,46	,7313	,637	415,16	,9539	,210	,069
,13387	,8009	,47	,7331	,643	416,83	,9548	,212	,073
,13369	55,9504	,48	,735̄0	,649	418,51	,9557	,213	,078
,13351	56,1001	,49	,7368	,654	420,19	,9566	,215̇	,082
$\frac{1}{x}$	x^2	x	$\sqrt{x}$	$\sqrt{10x}$	x^3	$\sqrt[3]{x}$	$\sqrt[3]{10x}$	$\sqrt[3]{100x}$

$\frac{1}{x}$	x^2	x	$\sqrt{x}$	$\sqrt{10x}$	x^3	$\sqrt[3]{x}$	$\sqrt[3]{10x}$	$\sqrt[3]{100x}$
0,13333	56,2500	**7,50**	2,7386	8,660	421,875	1,9574	4,217	9,086
,13316	,4001	,51	,7404	,666	423,56	,9583	,219	,090
,13298	,5504	,52	,7423	,672	425,26	,9592	,221	,094
,13280	,7009	,53	,7441	,678	426,96	,9600	,223	,098
,13263	56,8516	,54	,7459	,683	428,66	,9609	,225	,102
0,13245	57,0025	7,55	2,7477	8,689	430,37	1,9618	4,227	9,106
,13228	,1536	,56	,7495	,695	432,08	,9626	,228	,110
,13210	,3049	,57	,7514	,701	433,80	,9635	,230	,114
,13193	,4564	,58	,7532	,706	435,52	,9644	,232	,118
,13175	,6081	,59	,7550	,712	437,25	,9652	,234	,122
0,13158	57,7600	**7,60**	2,7568	8,718	438,98	1,9661	4,236	9,126
,13141	57,9121	,61	,7586	,724	440,71	,9670	,238	,130
,13123	58,0644	,62	,7604	,729	442,45	,9678	,240	,134
,13106	,2169	,63	,7622	,735	444,19	,9687	,241	,138
,13089	,3696	,64	,7641	,741	445,94	,9695	,243	,142
0,13072	58,5225	7,65	2,7659	8,746	447,70	1,9704	4,245	9,146
,13055	,6756	,66	,7677	,752	449,46	,9713	,247	,150
,13038	,8289	,67	,7695	,758	451,22	,9721	,249	,154
,13021	58,9824	,68	,7713	,764	452,98	,9730	,251	,158
,13004	59,1361	,69	,7731	,769	454,76	,9738	,252	,162
0,12987	59,2900	**7,70**	2,7749	8,775	456,53	1,9747	4,254	9,166
,12970	,4441	,71	,7767	,781	458,31	,9755	,256	,170
,12953	,5984	,72	,7785	,786	460,10	,9764	,258	,174
,12937	,7529	,73	,7803	,792	461,89	,9772	,260	,178
,12920	59,9076	,74	,7821	,798	463,68	,9781	,262	,182
0,12903	60,0625	7,75	2,7839	8,803	465,48	1,9789	4,264	9,185
,12887	,2176	,76	,7857	,809	467,29	,9798	,265	,189
,12870	,3729	,77	,7875	,815	469,10	,9806	,267	,193
,12853	,5284	,78	,7893	,820	470,91	,9815	,269	,197
,12837	,6841	,79	,7911	,826	472,73	,9823	,271	,201
0,12821	60,8400	**7,80**	2,7928	8,832	474,55	1,9832	4,273	9,205
,12804	60,9961	,81	,7946	,837	476,38	,9840	,274	,209
,12788	61,1524	,82	,7964	,843	478,21	,9849	,276	,213
,12771	,3089	,83	,7982	,849	480,05	,9857	,278	,217
,12755	,4656	,84	,8000	,854	481,89	,9866	,280	,221
0,12739	61,6225	7,85	2,8018	8,860	483,74	1,9874	4,282	9,225
,12723	,7796	,86	,8036	,866	485,59	,9883	,284	,229
,12706	61,9369	,87	,8054	,871	487,44	,9891	,285	,233
,12690	62,0944	,88	,8071	,877	489,30	,9899	,287	,237
,12674	,2521	,89	,8089	,883	491,17	,9908	,289	,240
0,12658	62,4100	**7,90**	2,8107	8,888	493,04	1,9916	4,291	9,244
,12642	,5681	,91	,8125	,894	494,91	,9925	,293	,248
,12626	,7264	,92	,8142	,899	496,79	,9933	,294	,252
,12610	62,8849	,93	,8160	,905	498,68	,9941	,296	,256
,12594	63,0436	,94	,8178	,911	500,57	,9950	,298	,260
0,12579	63,2025	7,95	2,8196	8,916	502,46	1,9958	4,300	9,264
,12563	,3616	,96	,8213	,922	504,36	,9967	,302	,268
,12547	,5209	,97	,8231	,927	506,26	,9975	,303	,272
,12531	,6804	,98	,8249	,933	508,17	,9983	,305	,275
,12516	63,8401	,99	,8267	,939	510,08	1,9992	,307	,279
$\frac{1}{x}$	x^2	x	$\sqrt{x}$	$\sqrt{10x}$	x^3	$\sqrt[3]{x}$	$\sqrt[3]{10x}$	$\sqrt[3]{100x}$

$8{,}00 \leqq x \leqq 8{,}49$

$\frac{1}{x}$	x^2	x	$\sqrt{x}$	$\sqrt{10x}$	x^3	$\sqrt[3]{x}$	$\sqrt[3]{10x}$	$\sqrt[3]{100x}$
0,12500	64,0000	**8,00**	2,8284	8,944	512,00	2,0000	4,309	9,283
,12484	,1601	,01	,8302	,950	513,92	,0008	,311	,287
,12469	,3204	,02	,8320	,955	515,85	,0017	,312	,291
,12453	,4809	,03	,8337	,961	517,78	,0025	,314	,295
,12438	,6416	,04	,8355	,967	519,72	,0033	,316	,299
0,12422	64,8025	8,05	2,8373	8,972	521,66	2,0042	4,318	9,302
,12407	64,9636	,06	,8390	,978	523,61	,0050	,320	,306
,12392	65,1249	,07	,8408	,983	525,56	,0058	,321	,310
,12376	,2864	,08	,8425	,989	527,51	,0066	,323	,314
,12361	,4481	,09	,8443	8,994	529,48	,0075	,325	,318
0,12346	65,6100	**8,10**	2,8460	9,000	531,44	2,0083	4,327	9,322
,12330	,7721	,11	,8478	,006	533,41	,0091	,329	,326
,12315	65,9344	,12	,8496	,011	535,39	,0100	,330	,329
,12300	66,0969	,13	,8513	,017	537,37	,0108	,332	,333
,12285	,2596	,14	,8531	,022	539,35	,0116	,334	,337
0,12270	66,4225	8,15	2,8548	9,028	541,34	2,0124	4,336	9,341
,12255	,5856	,16	,8566	,033	543,34	,0132	,337	,345
,12240	,7489	,17	,8583	,039	545,34	,0141	,339	,348
,12225	66,9124	,18	,8601	,044	547,34	,0149	,341	,352
,12210	67,0761	,19	,8618	,050	549,35	,0157	,343	,356
0,12195	67,2400	**8,20**	2,8636	9,055	551,37	2,0165	4,344	9,360
,12180	,4041	,21	,8653	,061	553,39	,0173	,346	,364
,12165	,5684	,22	,8671	,066	555,41	,0182	,348	,368
,12151	,7329	,23	,8688	,072	557,44	,0190	,350	,371
,12136	67,8976	,24	,8705	,077	559,48	,0198	,352	,375
0,12121	68,0625	8,25	2,8723	9,083	561,52	2,0206	4,353	9,379
,12107	,2276	,26	,8740	,088	563,56	,0214	,355	,383
,12092	,3929	,27	,8758	,094	565,61	,0223	,357	,386
,12077	,5584	,28	,8775	,099	567,66	,0231	,359	,390
,12063	,7241	,29	,8792	,105	569,72	,0239	,360	,394
0,12048	68,8900	**8,30**	2,8810	9,110	571,79	2,0247	4,362	9,398
,12034	69,0561	,31	,8827	,116	573,86	,0255	,364	,402
,12019	,2224	,32	,8844	,121	575,93	,0263	,366	,405
,12005	,3889	,33	,8862	,127	578,01	,0271	,367	,409
,11990	,5556	,34	,8879	,132	580,09	,0279	,369	,413
0,11976	69,7225	8,35	2,8896	9,138	582,18	2,0288	4,371	9,417
,11962	69,8896	,36	,8914	,143	584,28	,0296	,373	,420
,11947	70,0569	,37	,8931	,149	586,38	,0304	,374	,424
,11933	,2244	,38	,8948	,154	588,48	,0312	,376	,428
,11919	,3921	,39	,8965	,160	590,59	,0320	,378	,432
0,11905	70,5600	**8,40**	2,8983	9,165	592,70	2,0328	4,380	9,435
,11891	,7281	,41	,9000	,171	594,82	,0336	,381	,439
,11876	70,8964	,42	,9017	,176	596,95	,0344	,383	,443
,11862	71,0649	,43	,9034	,182	599,08	,0352	,385	,447
,11848	,2336	,44	,9052	,187	601,21	,0360	,386	,450
0,11834	71,4025	8,45	2,9069	9,192	603,35	2,0368	4,388	9,454
,11820	,5716	,46	,9086	,198	605,50	,0376	,390	,458
,11806	,7409	,47	,9103	,203	607,65	,0384	,392	,462
,11792	71,9104	,48	,9120	,209	609,80	,0392	,393	,465
,11779	72,0801	,49	,9138	,214	611,96	,0400	,395	,469
$\frac{1}{x}$	x^2	x	$\sqrt{x}$	$\sqrt{10x}$	x^3	$\sqrt[3]{x}$	$\sqrt[3]{10x}$	$\sqrt[3]{100x}$

x^m

8,50 ≦ x ≦ 8,99

$\frac{1}{x}$	x^2	x	$\sqrt{x}$	$\sqrt{10x}$	x^3	$\sqrt[3]{x}$	$\sqrt[3]{10x}$	$\sqrt[3]{100x}$
0,11765̄	72,2500	**8,50**	2,9155̄	9,220	614,125	2,0408	4,397	9,473
,11751	,4201	,51	,9172	,225̄	616,30	,0416	,399	,476
,11737	,5904	,52	,9189	,230	618,47	,0424	,400	,480
,11723	,7609	,53	,9206	,236	620,65̇	,0432	,402	,484
,11710	72,9316	,54	,9223	,241	622,84	,0440	,404	,488
0,11696	73,1025	8,55	2,9240	9,247	625,03	2,0448	4,405̇	9,491
,11682	,2736	,56	,9257	,252	627,22	,0456	,407	,495̄
,11669	,4449	,57	,9275̄	,257	629,42	,0464	,409	,499
,11655̇	,6164	,58	,9292	,263	631,63	0,472	,411	,502
,11641	,7881	,59	,9309	,268	633,84	,0480	,412	,506
0,11628	73,9600	**8,60**	2,9326	9,274	636,06	2,0488	4,414	9,510
,11614	74,1321	,61	,9343	,279	638,28	,0496	,416	,513
,11601	,3044	,62	,9360	,284	640,5̇0	,0504	,417	,517
,11587	,4769	,63	,9377	,290	642,74	,0512	,419	,521
,11574	,6496	,64	,9394	,295̇	644,97	,0520	,421	,524
0,11561	74,8225	8,65	2,9411	9,301	647,21	2,0528	4,423	9,528
,11547	74,9956	,66	,9428	,306	649,46	,0536	,424	,532
,11534	75,1689	,67	,9445̄	,311	651,71	,0543	,426	,535̇
,11521	,3424	,68	,9462	,317	653,97	,0551	,428	,539
,11507	,5161	,69	,9479	,322	656,23	,0559	,429	,543
0,11494	75,6900	**8,70**	2,9496	9,327	658,5̇0	2,0567	4,431	9,546
,11481	75,8641	,71	,9513	,333	660,78	,0575̄	,433	,5̇50
,11468	76,0384	,72	,9530	,338	663,05̇	,0583	,434	,554
,11455̄	,2129	,73	,9547	,343	665,34	,0591	,436	,557
,11442	,3876	,74	,9563	,349	667,63	,0599	,438	,561
0,11429	76,5625	8,75	2,9580	9,354	669,92	2,0606	4,440	9,565̄
,11416	,7376	,76	,9597	,359	672,22	,0614	,441	,568
,11403	76,9129	,77	,9614	,365̄	674,53	,0622	,443	,572
,11390	77,0884	,78	,9631	,370	676,84	,0630	,445̄	,576
,11377	,2641	,79	,9648	,375̇	679,15̇	,0638	,446	,579
0,11364	77,4400	**8,80**	2,9665̄	9,381	681,47	2,0646	4,448	9,583
,11351	,6161	,81	,9682	,386	683,80	,0653	,450	,586
,11338	,7924	,82	,9698	,391	686,13	,0661	,451	,590
,11325̇	77,9689	,83	,9715̇	,397	688,47	,0669	,453	,594
,11312	78,1456	,84	,9732	,402	690,81	,0677	,455̄	,597
0,11299	78,3225	8,85	2,9749	9,407	693,15̇	2,0685̄	4,456	9,601
,11287	,4996	,86	,9766	,413	695,51	,0692	,458	,605̄
,11274	,6769	,87	,9783	,418	697,86	,0700	,460	,608
,11261	78,8544	,88	,9799	,423	700,23	,0708	,461	,612
,11249	79,0321	,89	,9816	,429	702,60	,0716	,463	,615̇
0,11236	79,2100	**8,90**	2,9833	9,434	704,97	2,0724	4,465̄	9,619
,11223	,3881	,91	,9850	,439	707,35	,0731	,466	,623
,11211	,5664	,92	,9866	,445̄	709,73	,0739	,468	,626
,11198	,7449	,93	,9883	,450	712,12	,0747	,470	,630
,11186	79,9236	,94	,9900	,455̇	714,52	,0755̄	,471	,633
0,11173	80,1025	8,95	2,9917	9,460	716,92	2,0762	4,473	9,637
,11161	,2816	,96	,9933	,466	719,32	,0770	,475̄	,641
,11148	,4609	,97	,9950	,471	721,73	,0778	,476	,644
,11136	,6404	,98	,9967	,476	724,15̇	,0785̇	,478	,648
,11123	,8201	,99	2,9983	,482	726,57	,0793	,480	,651
$\frac{1}{x}$	x^2	x	$\sqrt{x}$	$\sqrt{10x}$	x^3	$\sqrt[3]{x}$	$\sqrt[3]{10x}$	$\sqrt[3]{100x}$

$9{,}00 \leqq x \leqq 9{,}49$

$\frac{1}{x}$	x^2	x	$\sqrt{x}$	$\sqrt{10x}$	x^3	$\sqrt[3]{x}$	$\sqrt[3]{10x}$	$\sqrt[3]{100x}$
0,11111	81,0000	**9,00**	3,0000	9,487	729,00	2,0801	4,481	9,655
,11099	,1801	,01	,0017	,492	731,43	,0809	,483	,658
,11086	,3604	,02	,0033	,497	733,87	,0816	,485	,662
,11074	,5409	,03	,0050	,503	736,31	,0824	,486	,666
,11062	,7216	,04	,0067	,508	738,76	,0832	,488	,669
0,11050	81,9025	9,05	3,0083	9,513	741,22	2,0839	4,490	9,673
,11038	82,0836	,06	,0100	,518	743,68	,0847	,491	,676
,11025	,2649	,07	,0116	,524	746,14	,0855	,493	,680
,11013	,4464	,08	,0133	,529	748,61	,0862	,495	,683
,11001	,6281	,09	,0150	,534	751,09	,0870	,496	,687
0,10989	82,8100	**9,10**	3,0166	9,539	753,57	2,0878	4,498	9,691
,10977	82,9921	,11	,0183	,545	756,06	,0885	,500	,694
,10965	83,1744	,12	,0199	,550	758,55	,0893	,501	,698
,10953	,3569	,13	,0216	,555	761,05	,0901	,503	,701
,10941	,5396	,14	,0232	,560	763,55	,0908	,505	,705
0,10929	83,7225	9,15	3,0249	9,566	766,06	2,0916	4,506	9,708
,10917	83,9056	,16	,0265	,571	768,58	,0923	,508	,712
,10905	84,0889	,17	,0282	,576	771,10	,0931	,509	,715
,10893	,2724	,18	,0299	,581	773,62	,0939	,511	,719
,10881	,4561	,19	,0315	,586	776,15	,0946	,513	,722
0,10870	84,6400	**9,20**	3,0332	9,592	778,69	2,0954	4,514	9,726
,10858	84,8241	,21	,0348	,597	781,23	,0961	,516	,729
,10846	85,0084	,22	,0364	,602	783,78	,0969	,518	,733
,10834	,1929	,23	,0381	,607	786,33	,0977	,519	,736
,10823	,3776	,24	,0397	,612	788,89	,0984	,521	,740
0,10811	85,5625	9,25	3,0414	9,618	791,45	2,0992	4,523	9,743
,10799	,7476	,26	,0430	,623	794,02	,0999	,524	,747
,10787	85,9329	,27	,0447	,628	796,60	,1007	,526	,750
,10776	86,1184	,28	,0463	,633	799,18	,1014	,527	,754
,10764	,3041	,29	,0480	,638	801,77	,1022	,529	,758
0,10753	86,4900	**9,30**	3,0496	9,644	804,36	2,1029	4,531	9,761
,10741	,6761	,31	,0512	,649	806,95	,1037	,532	,764
,10730	86,8624	,32	,0529	,654	809,56	,1045	,534	,768
,10718	87,0489	,33	,0545	,659	812,17	,1052	,536	,771
,10707	,2356	,34	,0561	,664	814,78	,1060	,537	,775
0,10695	87,4225	9,35	3,0578	9,670	817,40	2,1067	4,539	9,778
,10684	,6096	,36	,0594	,675	820,03	,1075	,540	,782
,10672	,7969	,37	,0610	,680	822,66	,1082	,542	,785
,10661	87,9844	,38	,0627	,685	825,29	,1090	,544	,789
,10650	88,1721	,39	,0643	,690	827,94	,1097	,545	,792
0,10638	88,3600	**9,40**	3,0659	9,695	830,58	2,1105	4,547	9,796
,10627	,5481	,41	,0676	,701	833,24	,1112	,548	,799
,10616	,7364	,42	,0692	,706	835,90	,1120	,550	,803
,10604	88,9249	,43	,0708	,711	838,56	,1127	,552	,806
,10593	89,1136	,44	,0725	,716	841,23	,1134	,553	,810
0,10582	89,3025	9,45	3,0741	9,721	843,91	2,1142	4,555	9,813
,10571	,4916	,46	,0757	,726	846,59	,1149	,556	,817
,10560	,6809	,47	,0773	,731	849,28	,1157	,558	,820
,10549	89,8704	,48	,0790	,737	851,97	,1164	,560	,824
,10537	90,0601	,49	,0806	,742	854,67	,1172	,561	,827
$\frac{1}{x}$	x^2	x	$\sqrt{x}$	$\sqrt{10x}$	x^3	$\sqrt[3]{x}$	$\sqrt[3]{10x}$	$\sqrt[3]{100x}$

$\frac{1}{x}$	x^2	x	$\sqrt{x}$	$\sqrt{10x}$	x^3	$\sqrt[3]{x}$	$\sqrt[3]{10x}$	$\sqrt[3]{100x}$
0,10526	90,2500	**9,50**	3,0822	9,747	857,375	2,1179	4,563	9,830
,10515	,4401	,51	,0838	,752	860,09	,1187	,565	,834
,10504	,6304	,52	,0854	,757	862,80	,1194	,566	,837
,10493	90,8209	,53	,0871	,762	865,52	,1201	,568	,841
,10482	91,0116	,54	,0887	,767	868,25	,1209	,569	,844
0,10471	91,2025	**9,55**	3,0903	9,772	870,98	2,1216	4,571	9,848
,10460	,3936	,56	,0919	,778	873,72	,1224	,572	,851
,10449	,5849	,57	,0935	,783	876,47	,1231	,574	,855
,10438	,7764	,58	,0952	,788	879,22	,1238	,576	,858
,10428	91,9681	,59	,0968	,793	881,97	,1246	,577	,861
0,10417	92,1600	**9,60**	3,0984	9,798	884,74	2,1253	4,579	9,865
,10406	,3521	,61	,1000	,803	887,50	,1261	,580	,868
,10395	,5444	,62	,1016	,808	890,28	,1268	,582	,872
,10384	,7369	,63	,1032	,813	893,06	,1275	,584	,875
,10373	92,9296	,64	,1048	,818	895,84	,1283	,585	,879
0,10363	93,1225	**9,65**	3,1064	9,823	898,63	2,1290	4,587	9,882
,10352	,3156	,66	,1081	,829	901,43	,1297	,588	,885
,10341	,5089	,67	,1097	,834	904,23	,1305	,590	,889
,10331	,7024	,68	,1113	,839	907,04	,1312	,592	,892
,10320	93,8961	,69	,1129	,844	909,85	,1319	,593	,896
0,10309	94,0900	**9,70**	3,1145	9,849	912,67	2,1327	4,595	9,899
,10299	,2841	,71	,1161	,854	915,50	,1334	,596	,902
,10288	,4784	,72	,1177	,859	918,33	,1341	,598	,906
,10277	,6729	,73	,1193	,864	921,17	,1349	,599	,909
,10267	94,8676	,74	,1209	,869	924,01	,1356	,601	,913
0,10256	95,0625	**9,75**	3,1225	9,874	926,86	2,1363	4,603	9,916
,10246	,2576	,76	,1241	,879	929,71	,1371	,604	,919
,10235	,4529	,77	,1257	,884	932,57	,1378	,606	,923
,10225	,6484	,78	,1273	,889	935,44	,1385	,607	,926
,10215	95,8441	,79	,1289	,894	938,31	,1392	,609	,930
0,10204	96,0400	**9,80**	3,1305	9,899	941,19	2,1400	4,610	9,933
,10194	,2361	,81	,1321	,905	944,08	,1407	,612	,936
,10183	,4324	,82	,1337	,910	946,97	,1414	,614	,940
,10173	,6289	,83	,1353	,915	949,86	,1422	,615	,943
,10163	96,8256	,84	,1369	,920	952,76	,1429	,617	,946
0,10152	97,0225	**9,85**	3,1385	9,925	955,67	2,1436	4,618	9,950
,10142	,2196	,86	,1401	,930	958,59	,1443	,620	,953
,10132	,4169	,87	,1417	,935	961,50	,1451	,621	,956
,10121	,6144	,88	,1432	,940	964,43	,1458	,623	,960
,10111	97,8121	,89	,1448	,945	967,36	,1465	,625	,963
0,10101	98,0100	**9,90**	3,1464	9,950	970,30	2,1472	4,626	9,967
,10091	,2081	,91	,1480	,955	973,24	,1480	,628	,970
,10081	,4064	,92	,1496	,960	976,19	,1487	,629	,973
,10070	,6049	,93	,1512	,965	979,15	,1494	,631	,977
,10060	98,8036	,94	,1528	,970	982,11	,1501	,632	,980
0,10050	99,0025	**9,95**	3,1544	9,975	985,07	2,1508	4,634	9,983
,10040	,2016	,96	,1559	,980	988,05	,1516	,635	,987
,10030	,4009	,97	,1575	,985	991,03	,1523	,637	,990
,10020	,6004	,98	,1591	,990	994,01	,1530	,638	,993
0,10010	99,8001	9,99	3,1607	9,995	997,00	2,1537	4,640	9,997

$\frac{1}{x}$	x^2	x	$\sqrt{x}$	$\sqrt{10x}$	x^3	$\sqrt[3]{x}$	$\sqrt[3]{10x}$	$\sqrt[3]{100x}$

Potenzen $n^2 \ldots n^9$

n	n^2	n^3	n^4	n^5	n^6	n^7	n^8	n^9
1	1	1	1	1	1	1	1	1
2	4	8	16	32	64	128	256	512
3	9	27	81	243	729	2 187	6 561	19 683
4	16	64	256	1 024	4 096	16 384	65 536	262 144
5	25	125	625	3 125	15 625	78 125	390 625	1 953 125
6	36	216	1 296	7 776	46 656	279 936	1 679 616	10 077 696
7	49	343	2 401	16 807	117 649	823 543	5 764 801	40 353 607
8	64	512	4 096	32 768	262 144	2 097 152	16 777 216	134 217 728
9	81	729	6 561	59 049	531 441	4 782 969	43 046 721	387 420 489
10	100	1 000	10 000	100 000	1 000 000	10 000 000	100 000 000	1 000 000 000
11	121	1 331	14 641	161 051	1 771 561	19 487 171	214 358 881	2 357 947 691
12	144	1 728	20 736	248 832	2 985 984	35 831 808	429 981 696	5 159 780 352

Beispiel: $4^7 = 16\,384$

Siehe auch Tafel der Exponentialfunktionen S. 56

Binomialkoeffizienten

n	$\binom{n}{0}$	$\binom{n}{1}$	$\binom{n}{2}$	$\binom{n}{3}$	$\binom{n}{4}$	$\binom{n}{5}$	$\binom{n}{6}$	$\binom{n}{7}$	$\binom{n}{8}$	$\binom{n}{9}$	$\binom{n}{10}$	$\binom{n}{11}$	$\binom{n}{12}$
1	1	1											
2	1	2	1										
3	1	3	3	1									
4	1	4	6	4	1								
5	1	5	10	10	5	1							
6	1	6	15	20	15	6	1						
7	1	7	21	35	35	21	7	1					
8	1	8	28	56	70	56	28	8	1				
9	1	9	36	84	126	126	84	36	9	1			
10	1	10	45	120	210	252	210	120	45	10	1		
11	1	11	55	165	330	462	462	330	165	55	11	1	
12	1	12	66	220	495	792	924	792	495	220	66	12	1

Beispiel: $\binom{9}{7} = \dfrac{9 \cdot 8 \cdot 7 \cdot 6 \cdot 5 \cdot 4 \cdot 3}{1 \cdot 2 \cdot 3 \cdot 4 \cdot 5 \cdot 6 \cdot 7} = 36$

Fakultäten und ihre Kehrwerte

n	$n!$	$\frac{1}{n!}$
1	1	1
2	2	0, 5
3	6	, 166 666 666 666 667
4	24	, 041 666 666 666 667
5	120	0, 008 333 333 333 333
6	720	, 001 388 888 888 889
7	5 040	, 000 198 412 698 413
8	40 320	, 000 024 801 587 302
9	362 880	0, 000 002 755 731 922
10	3 628 800	, 000 000 275 573 192
11	39 916 800	, 000 000 025 052 108
12	479 001 600	, 000 000 002 087 676

n	$n!$
15	$1{,}3077 \cdot 10^{12}$
20	$2{,}4329 \cdot 10^{18}$
25	$1{,}5511 \cdot 10^{25}$
30	$2{,}6525 \cdot 10^{32}$
35	$1{,}0333 \cdot 10^{40}$
40	$8{,}1592 \cdot 10^{47}$
50	$3{,}0414 \cdot 10^{64}$
60	$8{,}3210 \cdot 10^{81}$
70	$1{,}1979 \cdot 10^{100}$
80	$7{,}1569 \cdot 10^{118}$
90	$1{,}4857 \cdot 10^{138}$
100	$9{,}3326 \cdot 10^{157}$

Beispiele: $7! = 1 \cdot 2 \cdot 3 \cdot 4 \cdot 5 \cdot 6 \cdot 7 = 5040$; $\dfrac{1}{10!} = 0{,}000\,000\,275\,573\,192$; $70! = 1{,}1979 \cdot 10^{100}$

Hinweis: Zehnerlogarithmen der Fakultäten siehe Seite 84

Winkel

Grad (°), Minuten (′), Sekunden (″)	Radiant (rad)	Gon (gon)
360°	6,28319 rad	400 gon
1° = 60′ = 3600″	0,01745 rad	1,1111 gon
57° 17′ 44,8″ = 57,29578°	1 rad	63,6620 gon
54′ = 0,9°	0,01571 rad	1 gon
3′ 22,5″ = 0,05625°	0,9817 mrad	0,0625 gon

(Genaue Werte sind blau unterlegt)

$n^2 \ldots n^9$

$\binom{n}{k}$, n!

∢

Radiant (gesetzliche SI-Einheit des Winkels)

Der Winkel eines Winkelfeldes ist die abgeleitete Größe

$$\frac{\text{Länge eines zum Winkelfeld gehörenden Kreisbogens}}{\text{Länge des zu diesem Bogen gehörenden Radius}}.$$

Die *gesetzliche SI-Einheit des ebenen Winkels* („Gesetz über Einheiten im Meßwesen" vom 2. 7. 1969) ist dementsprechend 1 Meterdurchmeter, genannt 1 Radiant (rad):

$$1\ \text{rad} = 1\,\frac{\text{m}}{\text{m}} = 1$$

Es ist: $180° = \pi$ rad; $1° = \frac{\pi}{180}$ rad $= 0{,}0174\,5329$ rad; 1 rad $= 57{,}2957\,7951°$

Umrechnungen siehe auch S. I, S. 25 (linke Spalte) und S. 48 . . . 54

Dezimalteile des Grades → Minuten, Sekunden

(°)	(′)	(°)	(′) (″)	(°)	(″)	(°)	(″)
0,1°	6′	0,01°	36″	0,001°	3,6″	0,0001°	0,4″
,2°	12′	,02°	1′ 12″	,002°	7,2″	,0002°	0,7″
,3°	18′	,03°	1′ 48″	,003°	10,8″	,0003°	1,1″
,4°	24′	,04°	2′ 24″	,004°	14,4″	,0004°	1,4″
0,5°	30′	0,05°	3′	0,005°	18″	0,0005°	1,8″
,6°	36′	,06°	3′ 36″	,006°	21,6″	,0006°	2,2″
,7°	42′	,07°	4′ 12″	,007°	25,2″	,0007°	2,5″
,8°	48′	,08°	4′ 48″	,008°	28,8″	,0008°	2,9″
,9°	54′	,09°	5′ 24″	,009°	32,4″	,0009°	3,2″

Beispiel:

	0,5678°	
=	0,5°	= 30′
	+0,06°	= 3′ 36″
	+0,007°	= 25,2″
	+0,0008°	= 2,9″
	0,5678°	= 34′ 4,1″

Minuten → Dezimalteile des Grades

(′)	(°)	(′)	(°)	(′)	(°)
0′	0,00000°	20′	0,33333°	40′	0,66667°
1′	,01667°	21′	,35000°	41′	,68333°
2′	,03333°	22′	,36667°	42′	,70000°
3′	,05000°	23′	,38333°	43′	,71667°
4′	,06667°	24′	,40000°	44′	,73333°
5′	0,08333°	25′	0,41667°	45′	0,75000°
6′	,10000°	26′	,43333°	46′	,76667°
7′	,11667°	27′	,45000°	47′	,78333°
8′	,13333°	28′	,46667°	48′	,80000°
9′	,15000°	29′	,48333°	49′	,81667°
10′	0,16667°	30′	0,50000°	50′	0,83333°
11′	,18333°	31′	,51667°	51′	,85000°
12′	,20000°	32′	,53333°	52′	,86667°
13′	,21667°	33′	,55000°	53′	,88333°
14′	,23333°	34′	,56667°	54′	,90000°
15′	0,25000°	35′	0,58333°	55′	0,91667°
16′	,26667°	36′	,60000°	56′	,93333°
17′	,28333°	37′	,61667°	57′	,95000°
18′	,30000°	38′	,63333°	58′	,96667°
19′	,31667°	39′	,65000°	59′	,98333°

Beispiel: 47′ = 0,7833°

Sekunden → Dezimalteile des Grades

(″)	(°)	(″)	(°)	(″)	(°)
0″	0,00000°	20″	0,00556°	40″	0,01111°
1″	,00028°	21″	,00583°	41″	,01139°
2″	,00056°	22″	,00611°	42″	,01167°
3″	,00083°	23″	,00639°	43″	,01194°
4″	,00111°	24″	,00667°	44″	,01222°
5″	0,00139°	25″	0,00694°	45″	0,01250°
6″	,00167°	26″	,00722°	46″	,01278°
7″	,00194°	27″	,00750°	47″	,01306°
8″	,00222°	28″	,00778°	48″	,01333°
9″	,00250°	29″	,00806°	49″	,01361°
10″	0,00278°	30″	0,00833°	50″	0,01389°
11″	,00306°	31″	,00861°	51″	,01417°
12″	,00333°	32″	,00889°	52″	,01444°
13″	,00361°	33″	,00917°	53″	,01472°
14″	,00389°	34″	,00944°	54″	,01500°
15″	0,00417°	35″	0,00972°	55″	0,01528°
16″	,00444°	36″	,01000°	56″	,01556°
17″	,00472°	37″	,01028°	57″	,01583°
18″	,00500°	38″	,01056°	58″	,01611°
19″	,00528°	39″	,01083°	59″	,01639°

Beispiel: 34″ = 0,00944°

Grad → Radiant (rad) = Bogenmaß

(°)	rad	(°)	rad	(°)	rad	(°)	rad
0°	0,00000	45°	0,78540	**90°**	1,57080	135°	2,35619
1°	,01745̇	46°	,80285̇	91°	,58825̄	136°	,37365̄
2°	,03491	47°	,82030	92°	,60570	137°	,39110
3°	,05236	48°	,83776	93°	,62316	138°	,40855̇
4°	,06981	49°	,85521	94°	,64061	139°	,42601
5°	0,08727	**50°**	0,87266	95°	1,65806	**140°**	2,44346
6°	,10472	51°	,89012	96°	,67552	141°	,46091
7°	,12217	52°	,90757	97°	,69297	142°	,47837
8°	,13963	53°	,92502	98°	,71042	143°	,49582
9°	,15708	54°	,94248	99°	,72788	144°	,51327
10°	0,17453	55°	0,95993	**100°**	1,74533	145°	2,53073
11°	,19199	56°	,97738	101°	,76278	146°	,54818
12°	,20944	57°	0,99484	102°	,78024	147°	,56563
13°	,22689	58°	1,01229	103°	,79769	148°	,58309
14°	,24435̄	59°	,02974	104°	,81514	149°	,60054
15°	0,26180	**60°**	1,04720	105°	1,83260	**150°**	2,61799
16°	,27925̇	61°	,06465̇	106°	,85005̄	151°	,63545̄
17°	,29671	62°	,08210	107°	,8675̇0	152°	,65290
18°	,31416	63°	,09956	108°	,88496	153°	,67035̇
19°	,33161	64°	,11701	109°	,90241	154°	,68781
20°	0,34907	65°	1,13446	**110°**	1,91986	155°	2,70526
21°	,36652	66°	,15192	111°	,93732	156°	,72271
22°	,38397	67°	,16937	112°	,95477	157°	,74017
23°	,40143	68°	,18682	113°	,97222	158°	,75762
24°	,41888	69°	,20428	114°	,98968	159°	,77507
25°	0,43633	**70°**	1,22173	115°	2,00713	**160°**	2,79253
26°	,45379	71°	,23918	116°	,02458	161°	,80998
27°	,47124	72°	,25664	117°	,04204	162°	,82743
28°	,48869	73°	,27409	118°	,05949	163°	,84489
29°	,50615̄	74°	,29154	119°	,07694	164°	,86234
30°	0,52360	75°	1,30900	**120°**	2,09440	165°	2,87979
31°	,54105̇	76°	,32645̇	121°	,11185̄	166°	,89725̄
32°	,55851	77°	,34390	122°	,12930	167°	,91470
33°	,57596	78°	,36136	123°	,14675̇	168°	,93215̇
34°	,59341	79°	,37881	124°	,16421	169°	,94961
35°	0,61087	**80°**	1,39626	125°	2,18166	**170°**	2,96706
36°	,62832	81°	,41372	126°	,19911	171°	,98451
37°	,64577	82°	,43117	127°	,21657	172°	3,00197
38°	,66323	83°	,44862	128°	,23402	173°	,01942
39°	,68068	84°	,46608	129°	,25147	174°	,03687
40°	0,69813	85°	1,48353	**130°**	2,26893	175°	3,05433
41°	,71558	86°	,50098	131°	,28638	176°	,07178
42°	,73304	87°	,51844	132°	,30383	177°	,08923
43°	,75049	88°	,53589	133°	,32129	178°	,10669
44°	,76794	89°	,55334	134°	,33874	179°	,12414
45°	0,78540	**90°**	1,57080	135°	2,35619	**180°**	3,14159

200°	3,49066	**300°**	5,23599	**400°**	6,98132	**500°**	8,72665̄

Beispiel: 329° 9′ 10″

= 300°	=	5,23599 rad
+ 29°	=	0,50615̄ rad
+ 9′	=	0,00262 rad
+ 10″	=	0,00005̄ rad
329° 9′ 10″	=	5,74481 rad (± 2 E)
	=	5,7448 rad

Min. → rad

(′)	rad
0′	0,00000
1′	,00029
2′	,00058
3′	,00087
4′	,00116
5′	0,00145̇
6′	,00175̄
7′	,00204
8′	,00233
9′	,00262
10′	0,00291
11′	,00320
12′	,00349
13′	,00378
14′	,00407
15′	0,00436
16′	,00465̇
17′	,00495̄
18′	,00524
19′	,00553
20′	0,00582
21′	,00611
22′	,00640
23′	,00669
24′	,00698
25′	0,00727
26′	,00756
27′	,00785̇
28′	,00814
29′	,00844
30′	0,00873
31′	,00902
32′	,00931
33′	,00960
34′	,00989
35′	0,01018
36′	,01047
37′	,01076
38′	,01105̇
39′	,01134
40′	0,01164
41′	,01193
42′	,01222
43′	,01251
44′	,01280
45′	0,01309
46′	,01338
47′	,01367
48′	,01396
49′	,01425̇
50′	0,01454
51′	,01484
52′	,01513
53′	,01542
54′	,01571
55′	0,01600
56′	,01629
57′	,01658
58′	,01687
59′	,01716

Sek. → rad

(″)	rad
0″	0,00000
1″	,00000
2″	,00001
3″	,00001
4″	,00002
5″	0,00002
6″	,00003
7″	,00003
8″	,00004
9″	,00004
10″	0,00005̄
11″	,00005̇
12″	,00006
13″	,00006
14″	,00007
15″	0,00007
16″	,00008
17″	,00008
18″	,00009
19″	,00009
20″	0,00010
21″	,00010
22″	,00011
23″	,00011
24″	,00012
25″	0,00012
26″	,00013
27″	,00013
28″	,00014
29″	,00014
30″	0,00015̄
31″	,00015̇
32″	,00016
33″	,00016
34″	,00016
35″	0,00017
36″	,00017
37″	,00018
38″	,00018
39″	,00019
40″	0,00019
41″	,00020
42″	,00020
43″	,00021
44″	,00021
45″	0,00022
46″	,00022
47″	,00023
48″	,00023
49″	,00024
50″	0,00024
51″	,00025̄
52″	,00025̇
53″	,00026
54″	,00026
55″	0,00027
56″	,00027
57″	,00028
58″	,00028
59″	,00029

Höh. Genauigkeit s. S. 25 linke Spalte

Radiant → Grad, Minuten, Sekunden siehe S. I und S. 48 bis 54

0° 0′

0°	sin φ, x, tan φ	cot φ	
0″	0,000 000 000	∞	60″
1″	,000 004 848	206 265̄	59″
2″	,000 009 696	103 132	58″
3″	,000 014 544	68 755̄	57″
4″	,000 019 393	51 566	56″
5″	0,000 024 241	41 253	55″
6″	,000 029 089	34 377	54″
7″	,000 033 937	29 466	53″
8″	,000 038 785̇	25 783	52″
9″	,000 043 633	22 918	51″
10″	0,000 048 481	20 626	50″
11″	,000 053 330	18 751	49″
12″	,000 058 178	17 189	48″
13″	,000 063 026	15 867	47″
14″	,000 067 874	14 733	46″
15″	0,000 072 722	13 751	45″
16″	,000 077 570	12 892	44″
17″	,000 082 418	12 133	43″
18″	,000 087 266	11 459	42″
19″	,000 092 115̄	10 856	41″
20″	0,000 096 963	10 313	40″
21″	,000 101 811	9 822	39″
22″	,000 106 659	9 376	38″
23″	,000 111 507	8 968	37″
24″	,000 116 355̇	8 594	36″
25″	0,000 121 203	8 251	35″
26″	,000 126 052	7 933	34″
27″	,000 130 900	7 639	33″
28″	,000 135 748	7 367	32″
29″	,000 140 596	7 113	31″
30″	0,000 145 444	6 875̇	30″
31″	,000 150 292	6 654	29″
32″	,000 155 140	6 446	28″
33″	,000 159 989	6 25̇0	27″
34″	,000 164 837	6 067	26″
35″	0,000 169 685̄	5 893	25″
36″	,000 174 533	5 730	24″
37″	,000 179 381	5 575̄	23″
38″	,000 184 229	5 428	22″
39″	,000 189 077	5 289	21″
40″	0,000 193 925̇	5 157	20″
41″	,000 198 774	5 031	19″
42″	,000 203 622	4 911	18″
43″	,000 208 470	4 797	17″
44″	,000 213 318	4 688	16″
45″	0,000 218 166	4 584	15″
46″	,000 223 014	4 484	14″
47″	,000 227 862	4 389	13″
48″	,000 232 711	4 297	12″
49″	,000 237 559	4 209	11″
50″	0,000 242 407	4 125̇	10″
51″	,000 247 255̄	4 044	9″
52″	,000 252 103	3 967	8″
53″	,000 256 951	3 892	7″
54″	,000 261 799	3 820	6″
55″	0,000 266 648	3 75̇0	5″
56″	,000 271 496	3 683	4″
57″	,000 276 344	3 619	3″
58″	,000 281 192	3 556	2″
59″	,000 286 040	3 496	1″
60″	0,000 290 888	3 438	0″
	cos φ, cot φ	tan φ	89°
		59′	

0°

0°	sin φ, tan φ		cot φ	cos φ	
0′	0,000000		∞	1,0000·	60′
1′	,000291		3437,7	,0000	59′
2′	,000582		1718,9	,0000	58′
3′	,000873		1145,9	,0000	57′
4′	,001164		859,44	,0000	56′
5′	0,001454		687,55̄	1,0000	55′
6′	,001745̇		572,96	,0000	54′
7′	,002036		491,11	,0000	53′
8′	,002327		429,72	,0000	52′
9′	,002618		381,97	,0000	51′
10′	0,002909		343,77	1,0000	50′
11′	,003200		312,52	,0000	49′
12′	,003491		286,48	,0000	48′
13′	,003782		264,44	,0000	47′
14′	,004072		245,55̇	,0000	46′
15′	0,004363		229,18	1,0000	45′
16′	,004654		214,86	,0000	44′
17′	,004945̇		202,22	,0000	43′
18′	,005236		190,98	,0000	42′
19′	,005527		180,93	,0000	41′
20′	0,005818		171,89	1,0000	40′
21′	,006109		163,70	,0000	39′
22′	,00640		156,26	,0000	38′
23′	,00669		149,47	,0000	37′
24′	,00698		143,24	,0000	36′
25′	0,00727		137,51	1,0000	35′
26′	,00756		132,22	,0000	34′
27′	0,00785̇		127,32	,0000	33′
28′	0,00814	0,00815̄	122,77	,0000	32′
29′	,00844	,00844	118,54	,0000	31′
30′	0,00873	0,00873	114,59	1,0000	30′
31′	,00902	,00902	110,89	,0000	29′
32′	,00931	,00931	107,43	,0000	28′
33′	,00960	,00960	104,17	,0000	27′
34′	,00989	,00989	101,11	1,0000	26′
35′	0,01018	0,01018	98,22	0,9999	25′
36′	,01047	,01047	95,49	,9999	24′
37′	,01076	,01076	92,91	,9999	23′
38′	,01105̇	,01105̇	90,46	,9999	22′
39′	,01134	,01135̄	88,14	,9999	21′
40′	0,01164	0,01164	85,94	0,9999	20′
41′	,01193	,01193	83,84	,9999	19′
42′	,01222	,01222	81,85̄	,9999	18′
43′	,01251	,01251	79,94	,9999	17′
44′	,01280	,01280	78,13	,9999	16′
45′	0,01309	0,01309	76,39	0,9999	15′
46′	,01338	,01338	74,73	,9999	14′
47′	,01367	,01367	73,14	,9999	13′
48′	,01396	,01396	71,62	,9999	12′
49′	,01425̇	,01425̇	70,15̇	,9999·	11′
50′	0,01454	0,01455̄	68,75̇	0,9999	10′
51′	,01483	,01484	67,40	,9999	9′
52′	,01513	,01513	66,11	,9999	8′
53′	,01542	,01542	64,86	,9999	7′
54′	,01571	,01571	63,66	,9999	6′
55′	0,01600	0,01600	62,5̄0	0,9999	5′
56′	,01629	,01629	61,38	,9999	4′
57′	,01658	,01658	60,31	,9999	3′
58′	,01687	,01687	59,27	,9999	2′
59′	,01716	,01716	58,26	,9999	1′
60′	0,01745̇	0,01746	57,29	0,9998	0′
	cos φ	cot φ	tan φ	sin φ	89°

Bogenmaß $x = \varphi \cdot \frac{\pi}{180°}$ (früher arc φ)

1°	sin φ	tan φ	cot φ	cos φ	
0′	0,0175	0,0175	57,29	0,9998	60′
1′	,0177	,0177	56,35	,9998	59′
2′	,0180	,0180	55,44	,9998	58′
3′	,0183	,0183	54,56	,9998	57′
4′	,0186	,0186	53,71	,9998	56′
5′	0,0189	0,0189	52,88	0,9998	55′
6′	,0192	,0192	52,08	,9998	54′
7′	,0195	,0195	51,30	,9998	53′
8′	,0198	,0198	50,55	,9998	52′
9′	,0201	,0201	49,82	,9998	51′
10′	0,0204	0,0204	49,10	0,9998	50′
11′	,0207	,0207	48,41	,9998	49′
12′	,0209	,0209	47,74	,9998	48′
13′	,0212	,0212	47,09	,9998	47′
14′	,0215	,0215	46,45	,9998	46′
15′	0,0218	0,0218	45,83	0,9998	45′
16′	,0221	,0221	45,23	,9998	44′
17′	,0224	,0224	44,64	,9997	43′
18′	,0227	,0227	44,07	,9997	42′
19′	,0230	,0230	43,51	,9997	41′
20′	0,0233	0,0233	42,96	0,9997	40′
21′	,0236	,0236	42,43	,9997	39′
22′	,0239	,0239	41,92	,9997	38′
23′	,0241	,0241	41,41	,9997	37′
24′	,0244	,0244	40,92	,9997	36′
25′	0,0247	0,0247	40,44	0,9997	35′
26′	,0250	,0250	39,97	,9997	34′
27′	,0253	,0253	,51	,9997	33′
28′	,0256	,0256	39,06	,9997	32′
29′	,0259	,0259	38,62	,9997	31′
30′	0,0262	0,0262	38,19	0,9997	30′
31′	,0265	,0265	37,77	,9996	29′
32′	,0268	,0268	37,36	,9996	28′
33′	,0270	,0271	36,96	,9996	27′
34′	,0273	,0274	,56	,9996	26′
35′	0,0276	0,0276	36,18	0,9996	25′
36′	,0279	,0279	35,80	,9996	24′
37′	,0282	,0282	,43	,9996	23′
38′	,0285	,0285	35,07	,9996	22′
39′	,0288	,0288	34,72	,9996	21′
40′	0,0291	0,0291	34,37	0,9996	20′
41′	,0294	,0294	34,03	,9996	19′
42′	,0297	,0297	33,69	,9996	18′
43′	,0300	,0300	,37	,9996	17′
44′	,0302	,0303	33,05	,9995	16′
45′	0,0305	0,0306	32,73	0,9995	15′
46′	,0308	,0308	,42	,9995	14′
47′	,0311	,0311	32,12	,9995	13′
48′	,0314	,0314	31,82	,9995	12′
49′	,0317	,0317	,53	,9995	11′
50′	0,0320	0,0320	31,24	0,9995	10′
51′	,0323	,0323	30,96	,9995	9′
52′	,0326	,0326	,68	,9995	8′
53′	,0329	,0329	,41	,9995	7′
54′	,0332	,0332	30,14	,9995	6′
55′	0,0334	0,0335	29,88	0,9994	5′
56′	,0337	,0338	,62	,9994	4′
57′	,0340	,0340	,37	,9994	3′
58′	,0343	,0343	29,12	,9994	2′
59′	,0346	,0346	28,88	,9994	1′
60′	0,0349	0,0349	28,64	0,9994	0′
	cos φ	cot φ	tan φ	sin φ	88°

2°	sin φ	tan φ	cot φ	cos φ	
0′	0,0349	0,0349	28,636	0,9994	60′
1′	,0352	,0352	,399	,9994	59′
2′	,0355	,0355	28,166	,9994	58′
3′	,0358	,0358	27,937	,9994	57′
4′	,0361	,0361	,712	,9993	56′
5′	0,0364	0,0364	27,490	0,9993	55′
6′	,0366	,0367	,271	,9993	54′
7′	,0369	,0370	27,057	,9993	53′
8′	,0372	,0373	26,845	,9993	52′
9′	,0375	,0375	,637	,9993	51′
10′	0,0378	0,0378	26,432	0,9993	50′
11′	,0381	,0381	,230	,9993	49′
12′	,0384	,0384	26,031	,9993	48′
13′	,0387	,0387	25,835	,9993	47′
14′	,0390	,0390	,642	,9992	46′
15′	0,0393	0,0393	25,452	0,9992	45′
16′	,0396	,0396	,264	,9992	44′
17′	,0398	,0399	25,080	,9992	43′
18′	,0401	,0402	24,898	,9992	42′
19′	,0404	,0405	,719	,9992	41′
20′	0,0407	0,0407	24,542	0,9992	40′
21′	,0410	,0410	,368	,9992	39′
22′	,0413	,0413	,196	,9991	38′
23′	,0416	,0416	24,026	,9991	37′
24′	,0419	,0419	23,859	,9991	36′
25′	0,0422	0,0422	23,695	0,9991	35′
26′	,0425	,0425	,532	,9991	34′
27′	,0427	,0428	,372	,9991	33′
28′	,0430	,0431	,214	,9991	32′
29′	,0433	,0434	23,058	,9991	31′
30′	0,0436	0,0437	22,904	0,9990	30′
31′	,0439	,0440	,752	,9990	29′
32′	,0442	,0442	,602	,9990	28′
33′	,0445	,0445	,454	,9990	27′
34′	,0448	,0448	,308	,9990	26′
35′	0,0451	0,0451	22,164	0,9990	25′
36′	,0454	,0454	22,022	,9990	24′
37′	,0457	,0457	21,881	,9990	23′
38′	,0459	,0460	,743	,9989	22′
39′	,0462	,0463	,606	,9989	21′
40′	0,0465	0,0466	21,470	0,9989	20′
41′	,0468	,0469	,337	,9989	19′
42′	,0471	,0472	,205	,9989	18′
43′	,0474	,0475	21,075	,9989	17′
44′	,0477	,0477	20,946	,9989	16′
45′	0,0480	0,0480	20,819	0,9988	15′
46′	,0483	,0483	,693	,9988	14′
47′	,0486	,0486	,569	,9988	13′
48′	,0488	,0489	,446	,9988	12′
49′	,0491	,0492	,325	,9988	11′
50′	0,0494	0,0495	20,206	0,9988	10′
51′	,0497	,0498	20,087	,9988	9′
52′	,0500	,0501	19,970	,9987	8′
53′	,0503	,0504	,855	,9987	7′
54′	,0506	,0507	,740	,9987	6′
55′	0,0509	0,0509	19,627	0,9987	5′
56′	,0512	,0512	,516	,9987	4′
57′	,0515	,0515	,405	,9987	3′
58′	,0518	,0518	,296	,9987	2′
59′	,0520	,0521	,188	,9986	1′
60′	0,0523	0,0524	19,081	0,9986	0′
	cos φ	cot φ	tan φ	sin φ	87°

3°	sin φ	tan φ	cot φ	cos φ	
0′	0,0523	0,0524	19,081	0,9986	60′
1′	,0526	,0527	18,976	,9986	59′
2′	,0529	,0530	,871	,9986·	58′
3′	,0532	,0533	,768	,9986	57′
4′	,0535̄	,0536	,666	,9986	56′
5′	0,0538	0,0539	18,564	0,9986	55′
6′	,0541	,0542	,464	,9985̇	54′
7′	,0544	,0544	,366	,9985̇	53′
8′	,0547	,0547	,268	,9985̇·	52′
9′	,05̄50	,05̇50	,171	,9985̄	51′
10′	0,0552	0,0553	18,075̄	0,9985̄	50′
11′	,0555̇	,0556	17,980	,9985̄	49′
12′	,0558	,0559	,886	,9984	48′
13′	,0561	,0562	,793	,9984	47′
14′	,0564	,0565̄	,702	,9984·	46′
15′	0,0567	0,0568	17,611	0,9984	45′
16′	,0570	,0571	,521	,9984	44′
17′	,0573	,0574	,431	,9984	43′
18′	,0576	,0577	,343	,9983	42′
19′	,0579	,0580	,256	,9983	41′
20′	0,0581	0,0582	17,169	0,9983·	40′
21′	,0584	,0585̇	17,084	,9983	39′
22′	,0587	,0588	16,999	,9983	38′
23′	,0590	,0591	,915̇	,9983	37′
24′	,0593	,0594	,832	,9982	36′
25′	0,0596	0,0597	16,75̄0	0,9982	35′
26′	,0599	,0600	,668	,9982·	34′
27′	,0602	,0603	,587	,9982	33′
28′	,0605̄	,0606	,507	,9982	32′
29′	,0608	,0609	,428	,9982	31′
30′	0,0610	0,0612	16,35̄0	0,9981	30′
31′	,0613	,0615̄	,272	,9981	29′
32′	,0616	,0617	,195̇	,9981·	28′
33′	,0619	,0620	,119	,9981	27′
34′	,0622	,0623	16,043	,9981	26′
35′	0,0625̇	0,0626	15,969	0,9980	25′
36′	,0628	,0629	,895̄	,9980	24′
37′	,0631	,0632	,821	,9980·	23′
38′	,0634	,0635̄	,748	,9980	22′
39′	,0637	,0638	,676	,9980	21′
40′	0,0640	0,0641	15,605̄	0,9980	20′
41′	,0642	,0644	,534	,9979	19′
42′	,0645̇	,0647	,464	,9979	18′
43′	,0648	,065̄0	,394	,9979·	17′
44′	,0651	,0653	,325̇	,9979	16′
45′	0,0654	0,0655̇	15,257	0,9979	15′
46′	,0657	,0658	,189	,9978	14′
47′	,0660	,0661	,122	,9978	13′
48′	,0663	,0664	15,056	,9978·	12′
49′	,0666	,0667	14,990	,9978	11′
50′	0,0669	0,0670	14,924	0,9978	10′
51′	,0671	,0673	,860	,9977	9′
52′	,0674	,0676	,795̇	,9977	8′
53′	,0677	,0679	,732	,9977·	7′
54′	,0680	,0682	,669	,9977	6′
55′	0,0683	0,0685̄	14,606	0,9977	5′
56′	,0686	,0688	,544	,9976	4′
57′	,0689	,0690	,482	,9976	3′
58′	,0692	,0693	,421	,9976·	2′
59′	,0695̄	,0696	,361	,9976	1′
60′	0,0698	0,0699	14,301	0,9976	0′
	cos φ	cot φ	tan φ	sin φ	86°

4°	sin φ	tan φ	cot φ	cos φ	
0′	0,0698	0,0699	14,301	0,9976	60′
1′	,0700	,0702	,241	,9975̇	59′
2′	,0703	,0705̇	,182	,9975̇	58′
3′	,0706	,0708	,124	,9975̇·	57′
4′	,0709	,0711	,065̇	,9975̄	56′
5′	0,0712	0,0714	14,008	0,9975̄	55′
6′	,0715̄	,0717	13,951	,9974	54′
7′	,0718	,0720	,894	,9974	53′
8′	,0721	,0723	,838	,9974·	52′
9′	,0724	,0726	,782	,9974	51′
10′	0,0727	0,0729	13,727	0,9974	50′
11′	,0729	,0731	,672	,9973	49′
12′	,0732	,0734	,617	,9973	48′
13′	,0735̇	,0737	,563	,9973·	47′
14′	,0738	,0740	,510	,9973	46′
15′	0,0741	0,0743	13,457	0,9973	45′
16′	,0744	,0746	,404	,9972	44′
17′	,0747	,0749	,352	,9972·	43′
18′	,075̄0	,0752	,300	,9972	42′
19′	,0753	,0755̄	,248	,9972	41′
20′	0,0756	0,0758	13,197	0,9971	40′
21′	,0758	,0761	,146	,9971	39′
22′	,0761	,0764	,096	,9971·	38′
23′	,0764	,0767	13,046	,9971	37′
24′	,0767	,0769	12,996	,9971	36′
25′	0,0770	0,0772	12,947	0,9970	35′
26′	,0773	,0775̇	,898	,9970·	34′
27′	,0776	,0778	,85̄0	,9970	33′
28′	,0779	,0781	,801	,9970	32′
29′	,0782	,0784	,754	,9969	31′
30′	0,0785̄	0,0787	12,706	0,9969	30′
31′	,0787	,0790	,659	,9969·	29′
32′	,0790	,0793	,612	,9969	28′
33′	,0793	,0796	,566	,9968	27′
34′	,0796	,0799	,520	,9968	26′
35′	0,0799	0,0802	12,474	0,9968·	25′
36′	,0802	,0805̄	,429	,9968	24′
37′	,0805̄	,0808	,384	,9968	23′
38′	,0808	,0810	,339	,9967	22′
39′	,0811	,0813	,295̄	,9967·	21′
40′	0,0814	0,0816	12,251	0,9967	20′
41′	,0816	,0819	,207	,9967	19′
42′	,0819	,0822	,163	,9966	18′
43′	,0822	,0825̇	,120	,9966	17′
44′	,0825̇	,0828	,077	,9966·	16′
45′	0,0828	0,0831	12,035̄	0,9966	15′
46′	,0831	,0834	11,992	,9965̇	14′
47′	,0834	,0837	,95̄0	,9965̇	13′
48′	,0837	,0840	,909	,9965̄·	12′
49′	,0840	,0843	,867	,9965̄	11′
50′	0,0843	0,0846	11,826	0,9964	10′
51′	,0845̇	,0849	,785̇	,9964	9′
52′	,0848	,0851	,745̄	,9964·	8′
53′	,0851	,0854	,705̄	,9964	7′
54′	,0854	,0857	,664	,9963	6′
55′	0,0857	0,0860	11,625̄	0,9963	5′
56′	,0860	,0863	,585̇	,9963·	4′
57′	,0863	,0866	,546	,9963	3′
58′	,0866	,0869	,507	,9962	2′
59′	,0869	,0872	,468	,9962	1′
60′	0,0872	0,0875̄	11,430	0,9962·	0′
	cos φ	cot φ	tan φ	sin φ	85°

5°

	sin φ	tan φ	cot φ	cos φ	
0′	0,0872	0,0875	11,430	0,9962·	60′
1′	,0874	,0878	,392	,9962	59′
2′	,0877	,0881	,354	,9961	58′
3′	,0880	,0884	,316	,9961	57′
4′	,0883	,0887	,279	,9961·	56′
5′	0,0886	0,0890	11,242	0,9961	55′
6′	,0889	,0892	,205	,9960	54′
7′	,0892	,0895	,168	,9960	53′
8′	,0895	,0898	,132	,9960·	52′
9′	,0898	,0901	,095	,9960	51′
10′	0,0901	0,0904	11,059	0,9959	50′
11′	,0903	,0907	11,024	,9959·	49′
12′	,0906	,0910	10,988	,9959	48′
13′	,0909	,0913	,953	,9959	47′
14′	,0912	,0916	,918	,9958	46′
15′	0,0915	0,0919	10,883	0,9958·	45′
16′	,0918	,0922	,848	,9958	44′
17′	,0921	,0925	,814	,9958	43′
18′	,0924	,0928	,780	,9957	42′
19′	,0927	,0931	,746	,9957·	41′
20′	0,0929	0,0934	10,712	0,9957	40′
21′	,0932	,0936	,678	,9956	39′
22′	,0935	,0939	,645	,9956	38′
23′	,0938	,0942	,612	,9956·	37′
24′	,0941	,0945	,579	,9956	36′
25′	0,0944	0,0948	10,546	0,9955	35′
26′	,0947	,0951	,514	,9955·	34′
27′	,0950	,0954	,481	,9955	33′
28′	,0953	,0957	,449	,9955	32′
29′	,0956	,0960	,417	,9954	31′
30′	0,0958	0,0963	10,385	0,9954·	30′
31′	,0961	,0966	,354	,9954	29′
32′	,0964	,0969	,322	,9953	28′
33′	,0967	,0972	,291	,9953·	27′
34′	,0970	,0975	,260	,9953	26′
35′	0,0973	0,0978	10,229	0,9953	25′
36′	,0976	,0981	,199	,9952	24′
37′	,0979	,0983	,168	,9952·	23′
38′	,0982	,0986	,138	,9952	22′
39′	,0985	,0989	,108	,9951	21′
40′	0,0987	0,0992	10,078	0,9951·	20′
41′	,0990	,0995	10,048	,9951	19′
42′	,0993	,0998	10,019	,9951	18′
43′	,0996	,1001	9,989	,9950	17′
44′	,0999	,1004	,960	,9950·	16′
45′	0,1002	0,1007	9,931	0,9950	15′
46′	,1005	,1010	,902	,9949	14′
47′	,1008	,1013	,873	,9949·	13′
48′	,1011	,1016	,845	,9949	12′
49′	,1013	,1019	,816	,9949	11′
50′	0,1016	0,1022	9,788	0,9948	10′
51′	,1019	,1025	,760	,9948·	9′
52′	,1022	,1028	,732	,9948	8′
53′	,1025	,1030	,704	,9947	7′
54′	,1028	,1033	,677	,9947·	6′
55′	0,1031	0,1036	9,649	0,9947	5′
56′	,1034	,1039	,622	,9946	4′
57′	,1037	,1042	,595	,9946·	3′
58′	,1039	,1045	,568	,9946	2′
59′	,1042	,1048	,541	,9946	1′
60′	0,1045	0,1051	9,514	0,9945	0′
	cos φ	cot φ	tan φ	sin φ	84°

6°

	sin φ	tan φ	cot φ	cos φ	
0′	0,1045	0,1051	9,514	0,9945	60′
1′	,1048	,1054	,488	,9945·	59′
2′	,1051	,1057	,461	,9945	58′
3′	,1054	,1060	,435	,9944	57′
4′	,1057	,1063	,409	,9944·	56′
5′	0,1060	0,1066	9,383	0,9944	55′
6′	,1063	,1069	,357	,9943	54′
7′	,1066	,1072	,332	,9943·	53′
8′	,1068	,1075	,306	,9943	52′
9′	,1071	,1078	,281	,9942	51′
10′	0,1074	0,1080	9,255	0,9942·	50′
11′	,1077	,1083	,230	,9942	49′
12′	,1080	,1086	,205	,9942	48′
13′	,1083	,1089	,180	,9941	47′
14′	,1086	,1092	,156	,9941·	46′
15′	0,1089	0,1095	9,131	0,9941	45′
16′	,1092	,1098	,106	,9940	44′
17′	,1094	,1101	,082	,9940·	43′
18′	,1097	,1104	,058	,9940	42′
19′	,1100	,1107	,034	,9939	41′
20′	0,1103	0,1110	9,010	0,9939·	40′
21′	,1106	,1113	8,986	,9939	39′
22′	,1109	,1116	,962	,9938	38′
23′	,1112	,1119	,939	,9938·	37′
24′	,1115	,1122	,915	,9938	36′
25′	0,1118	0,1125	8,892	0,9937	35′
26′	,1120	,1128	,869	,9937·	34′
27′	,1123	,1131	,846	,9937	33′
28′	,1126	,1133	,823	,9936	32′
29′	,1129	,1136	,800	,9936·	31′
30′	0,1132	0,1139	8,777	0,9936	30′
31′	,1135	,1142	,754	,9935	29′
32′	,1138	,1145	,732	,9935·	28′
33′	,1141	,1148	,709	,9935	27′
34′	,1144	,1151	,687	,9934	26′
35′	0,1146	0,1154	8,665	0,9934·	25′
36′	,1149	,1157	,643	,9934	24′
37′	,1152	,1160	,621	,9933	23′
38′	,1155	,1163	,599	,9933·	22′
39′	,1158	,1166	,577	,9933	21′
40′	0,1161	0,1169	8,556	0,9932	20′
41′	,1164	,1172	,534	,9932·	19′
42′	,1167	,1175	,513	,9932	18′
43′	,1170	,1178	,491	,9931	17′
44′	,1172	,1181	,470	,9931·	16′
45′	0,1175	0,1184	8,449	0,9931	15′
46′	,1178	,1187	,428	,9930	14′
47′	,1181	,1189	,407	,9930·	13′
48′	,1184	,1192	,386	,9930	12′
49′	,1187	,1195	,366	,9929	11′
50′	0,1190	0,1198	8,345	0,9929·	10′
51′	,1193	,1201	,324	,9929	9′
52′	,1196	,1204	,304	,9928	8′
53′	,1198	,1207	,284	,9928·	7′
54′	,1201	,1210	,264	,9928	6′
55′	0,1204	0,1213	8,243	0,9927	5′
56′	,1207	,1216	,223	,9927·	4′
57′	,1210	,1219	,204	,9927	3′
58′	,1213	,1222	,184	,9926·	2′
59′	,1216	,1225	,164	,9926	1′
60′	0,1219	0,1228	8,144	0,9925	0′
	cos φ	cot φ	tan φ	sin φ	83°

7°

	sin φ	tan φ	cot φ	cos φ	
0′	0,1219	0,1228	8,144	0,9925̇	60′
1′	,1222	,1231	,125̄	,9925̇·	59′
2′	,1224	,1234	,105̇	,9925̄	58′
3′	,1227	,1237	,086	,9924	57′
4′	,1230	,1240	,067	,9924·	56′
5′	0,1233	0,1243	8,048	0,9924	55′
6′	,1236	,1246	,028	,9923	54′
7′	,1239	,1249	8,009	,9923·	53′
8′	,1242	,1251	7,991	,9923	52′
9′	,1245̄	,1254	7,972	,9922	51′
10′	0,1248	0,1257	7,953	0,9922·	50′
11′	,1250	,1260	,934	,9922	49′
12′	,1253	,1263	,916	,9921·	48′
13′	,1256	,1266	,897	,9921	47′
14′	,1259	,1269	,879	,9920	46′
15′	0,1262	0,1272	7,861	0,9920·	45′
16′	,1265̄	,1275̇	,842	,9920	44′
17′	,1268	,1278	,824	,9919	43′
18′	,1271	,1281	,806	,9919·	42′
19′	,1274	,1284	,788	,9919	41′
20′	0,1276	0,1287	7,770	0,9918	40′
21′	,1279	,1290	,753	,9918·	39′
22′	,1282	,1293	,735̄	,9917	38′
23′	,1285̇	,1296	,717	,9917·	37′
24′	,1288	,1299	,700	,9917	36′
25′	0,1291	0,1302	7,682	0,9916	35′
26′	,1294	,1305̄	,665̄	,9916·	34′
27′	,1297	,1308	,647	,9916	33′
28′	,1299	,1311	,630	,9915̇	32′
29′	,1302	,1314	,613	,9915̄·	31′
30′	0,1305̇	0,1317	7,596	0,9914	30′
31′	,1308	,1319	,579	,9914·	29′
32′	,1311	,1322	,562	,9914	28′
33′	,1314	,1325̇	,545̄	,9913	27′
34′	,1317	,1328	,528	,9913·	26′
35′	0,1320	0,1331	7,511	0,9913	25′
36′	,1323	,1334	,495̄	,9912·	24′
37′	,1325̇	,1337	,478	,9912	23′
38′	,1328	,1340	,462	,9911	22′
39′	,1331	,1343	,445̇	,9911·	21′
40′	0,1334	0,1346	7,429	0,9911	20′
41′	,1337	,1349	,412	,9910	19′
42′	,1340	,1352	,396	,9910·	18′
43′	,1343	,1355̇	,380	,9909	17′
44′	,1346	,1358	,364	,9909·	16′
45′	0,1349	0,1361	7,348	0,9909	15′
46′	,1351	,1364	,332	,9908	14′
47′	,1354	,1367	,316	,9908·	13′
48′	,1357	,1370	,300	,9907	12′
49′	,1360	,1373	,284	,9907·	11′
50′	0,1363	0,1376	7,269	0,9907	10′
51′	,1366	,1379	,253	,9906	9′
52′	,1369	,1382	,238	,9906·	8′
53′	,1372	,1385̄	,222	,9905̇	7′
54′	,1374	,1388	,207	,9905̇·	6′
55′	0,1377	0,1391	7,191	0,9905̄	5′
56′	,1380	,1394	,176	,9904	4′
57′	,1383	,1397	,161	,9904·	3′
58′	,1386	,1399	,146	,9903	2′
59′	,1389	,1402	,130	,9903·	1′
60′	0,1392	0,1405̇	7,115̇	0,9903	0′
	cos φ	cot φ	tan φ	sin φ	82°

8°

	sin φ	tan φ	cot φ	cos φ	
0′	0,1392	0,1405̇	7,1154	0,9903	60′
1′	,1395̄	,1408	,1004	,9902	59′
2′	,1397	,1411	,0855̄	,9902·	58′
3′	,1400	,1414	,0706	,9901	57′
4′	,1403	,1417	,0558	,9901·	56′
5′	0,1406	0,1420	7,0410	0,9901	55′
6′	,1409	,1423	,0264	,9900	54′
7′	,1412	,1426	7,0117	,9900·	53′
8′	,1415̄	,1429	6,9972	,9899	52′
9′	,1418	,1432	6,9827	,9899·	51′
10′	0,1421	0,1435̇	6,9682	0,9899	50′
11′	,1423	,1438	,9538	,9898·	49′
12′	,1426	,1441	,9395̇	,9898	48′
13′	,1429	,1444	,9252	,9897	47′
14′	,1432	,1447	,9110	,9897·	46′
15′	0,1435̄	0,1450	6,8969	0,9897	45′
16′	,1438	,1453	,8828	,9896·	44′
17′	,1441	,1456	,8687	,9896	43′
18′	,1444	,1459	,8548	,9895̇	42′
19′	,1446	,1462	,8408	,9895̄·	41′
20′	0,1449	0,1465̄	6,8269	0,9894	40′
21′	,1452	,1468	,8131	,9894·	39′
22′	,1455̇	,1471	,7994	,9894	38′
23′	,1458	,1474	,7856	,9893·	37′
24′	,1461	,1477	,7720	,9893	36′
25′	0,1464	0,1480	6,7584	0,9892	35′
26′	,1467	,1483	,7448	,9892·	34′
27′	,1469	,1486	,7313	,9891	33′
28′	,1472	,1489	,7179	,9891·	32′
29′	,1475̇	,1492	,7045̄	,9891	31′
30′	0,1478	0,1495̄	6,6912	0,9890·	30′
31′	,1481	,1497	,6779	,9890	29′
32′	,1484	,1500	,6646	,9889	28′
33′	,1487	,1503	,6514	,9889·	27′
34′	,1490	,1506	,6383	,9888	26′
35′	0,1492	0,1509	6,6252	0,9888·	25′
36′	,1495̇	,1512	,6122	,9888	24′
37′	,1498	,1515̇	,5992	,9887·	23′
38′	,1501	,1518	,5863	,9887	22′
39′	,1504	,1521	,5734	,9886	21′
40′	0,1507	0,1524	6,5606	0,9886·	20′
41′	,1510	,1527	,5478	,9885̇	19′
42′	,1513	,1530	,5350	,9885̄·	18′
43′	,1515̇	,1533	,5223	,9884	17′
44′	,1518	,1536	,5097	,9884·	16′
45′	0,1521	0,1539	6,4971	0,9884	15′
46′	,1524	,1542	,4846	,9883·	14′
47′	,1527	,1545̇	,4721	,9883	13′
48′	,1530	,1548	,4596	,9882	12′
49′	,1533	,1551	,4472	,9882·	11′
50′	0,1536	0,1554	6,4348	0,9881	10′
51′	,1538	,1557	,4225̇	,9881·	9′
52′	,1541	,1560	,4103	,9880	8′
53′	,1544	,1563	,3980	,9880·	7′
54′	,1547	,1566	,3859	,9880	6′
55′	0,1550	0,1569	6,3737	0,9879·	5′
56′	,1553	,1572	,3617	,9879	4′
57′	,1556	,1575̄	,3496	,9878	3′
58′	,1559	,1578	,3376	,9878·	2′
59′	,1561	,1581	,3257	,9877	1′
60′	0,1564	0,1584	6,3138	0,9877·	0′
	cos φ	cot φ	tan φ	sin φ	81°

9°

	sin φ	tan φ	cot φ	cos φ	
0′	0,1564	0,1584	6,3138	0,9877	60′
1′	,1567	,1587	,3019	,9876	59′
2′	,1570	,1590	,2901	,9876·	58′
3′	,1573	,1593	,2783	,9876	57′
4′	,1576	,1596	,2666	,9875·	56′
5′	0,1579	0,1599	6,2549	0,9875	55′
6′	,1582	,1602	,2432	,9874·	54′
7′	,1584	,1605	,2316	,9874	53′
8′	,1587	,1608	,2200	,9873·	52′
9′	,1590	,1611	,2085	,9873	51′
10′	0,1593	0,1614	6,1970	0,9872	50′
11′	,1596	,1617	,1856	,9872·	49′
12′	,1599	,1620	,1742	,9871	48′
13′	,1602	,1623	,1628	,9871·	47′
14′	,1605	,1626	,1515	,9870	46′
15′	0,1607	0,1629	6,1402	0,9870·	45′
16′	,1610	,1632	,1290	,9869	44′
17′	,1613	,1635	,1178	,9869·	43′
18′	,1616	,1638	,1066	,9869	42′
19′	,1619	,1641	,0955	,9868·	41′
20′	0,1622	0,1644	6,0844	0,9868	40′
21′	,1625	,1647	,0734	,9867·	39′
22′	,1628	,1650	,0624	,9867	38′
23′	,1630	,1653	,0514	,9866·	37′
24′	,1633	,1655	,0405	,9866	36′
25′	0,1636	0,1658	6,0296	0,9865	35′
26′	,1639	,1661	,0188	,9865·	34′
27′	,1642	,1664	6,0080	,9864	33′
28′	,1645	,1667	5,9972	,9864·	32′
29′	,1648	,1670	5,9865	,9863	31′
30′	0,1650	0,1673	5,9758	0,9863·	30′
31′	,1653	,1676	,9651	,9862	29′
32′	,1656	,1679	,9545	,9862·	28′
33′	,1659	,1682	,9439	,9861	27′
34′	,1662	,1685	,9333	,9861·	26′
35′	0,1665	0,1688	5,9228	0,9860	25′
36′	,1668	,1691	,9124	,9860·	24′
37′	,1671	,1694	,9019	,9859	23′
38′	,1673	,1697	,8915	,9859·	22′
39′	,1676	,1700	,8811	,9859	21′
40′	0,1679	0,1703	5,8708	0,9858·	20′
41′	,1682	,1706	,8605	,9858	19′
42′	,1685	,1709	,8502	,9857·	18′
43′	,1688	,1712	,8400	,9857	17′
44′	,1691	,1715	,8298	,9856·	16′
45′	0,1693	0,1718	5,8197	0,9856	15′
46′	,1696	,1721	,8095	,9855·	14′
47′	,1699	,1724	,7994	,9855	13′
48′	,1702	,1727	,7894	,9854·	12′
49′	,1705	,1730	,7794	,9854	11′
50′	0,1708	0,1733	5,7694	0,9853·	10′
51′	,1711	,1736	,7594	,9853	9′
52′	,1714	,1739	,7495	,9852·	8′
53′	,1716	,1742	,7396	,9852	7′
54′	,1719	,1745	,7297	,9851·	6′
55′	0,1722	0,1748	5,7199	0,9851	5′
56′	,1725	,1751	,7101	,9850·	4′
57′	,1728	,1754	,7004	,9850	3′
58′	,1731	,1757	,6906	,9849·	2′
59′	,1734	,1760	,6809	,9849	1′
60′	0,1736	0,1763	5,6713	0,9848·	0′
	cos φ	cot φ	tan φ	sin φ	80°

10°

	sin φ	tan φ	cot φ	cos φ	
0′	0,1736	0,1763	5,6713	0,9848·	60′
1′	,1739	,1766	,6617	,9848	59′
2′	,1742	,1769	,6521	,9847·	58′
3′	,1745	,1772	,6425	,9847	57′
4′	,1748	,1775	,6329	,9846·	56′
5′	0,1751	0,1778	5,6234	0,9846	55′
6′	,1754	,1781	,6140	,9845·	54′
7′	,1757	,1784	,6045	,9845	53′
8′	,1759	,1787	,5951	,9844	52′
9′	,1762	,1790	,5857	,9843	51′
10′	0,1765	0,1793	5,5764	0,9843·	50′
11′	,1768	,1796	,5671	,9842	49′
12′	,1771	,1799	,5578	,9842·	48′
13′	,1774	,1802	,5485	,9841	47′
14′	,1777	,1805	,5393	,9841·	46′
15′	0,1779	0,1808	5,5301	0,9840	45′
16′	,1782	,1811	,5209	,9840·	44′
17′	,1785	,1814	,5118	,9839	43′
18′	,1788	,1817	,5026	,9839·	42′
19′	,1791	,1820	,4936	,9838	41′
20′	0,1794	0,1823	5,4845	0,9838·	40′
21′	,1797	,1826	,4755	,9837	39′
22′	,1799	,1829	,4665	,9837·	38′
23′	,1802	,1832	,4575	,9836·	37′
24′	,1805	,1835	,4486	,9836	36′
25′	0,1808	0,1838	5,4397	0,9835·	35′
26′	,1811	,1841	,4308	,9835	34′
27′	,1814	,1844	,4219	,9834·	33′
28′	,1817	,1847	,4131	,9834	32′
29′	,1819	,1850	,4043	,9833·	31′
30′	0,1822	0,1853	5,3955	0,9833	30′
31′	,1825	,1856	,3868	,9832	29′
32′	,1828	,1859	,3781	,9831	28′
33′	,1831	,1862	,3694	,9831·	27′
34′	,1834	,1865	,3607	,9830	26′
35′	0,1837	0,1868	5,3521	0,9830·	25′
36′	,1840	,1871	,3435	,9829	24′
37′	,1842	,1874	,3349	,9829·	23′
38′	,1845	,1877	,3263	,9828	22′
39′	,1848	,1880	,3178	,9828·	21′
40′	0,1851	0,1883	5,3093	0,9827·	20′
41′	,1854	,1887	,3008	,9827	19′
42′	,1857	,1890	,2924	,9826·	18′
43′	,1860	,1893	,2839	,9826	17′
44′	,1862	,1896	,2755	,9825·	16′
45′	0,1865	0,1899	5,2672	0,9825	15′
46′	,1868	,1902	,2588	,9824	14′
47′	,1871	,1905	,2505	,9823	13′
48′	,1874	,1908	,2422	,9823·	12′
49′	,1877	,1911	,2339	,9822	11′
50′	0,1880	0,1914	5,2257	0,9822·	10′
51′	,1882	,1917	,2174	,9821·	9′
52′	,1885	,1920	,2092	,9821	8′
53′	,1888	,1923	,2011	,9820·	7′
54′	,1891	,1926	,1929	,9820	6′
55′	0,1894	0,1929	5,1848	0,9819	5′
56′	,1897	,1932	,1767	,9818	4′
57′	,1900	,1935	,1686	,9818·	3′
58′	,1902	,1938	,1606	,9817	2′
59′	,1905	,1941	,1526	,9817·	1′
60′	0,1908	0,1944	5,1446	0,9816	0′
	cos φ	cot φ	tan φ	sin φ	79°

11°	sin φ	tan φ	cot φ	cos φ	
0′	0,1908	0,1944	5,1446	0,9816·	60′
1′	,1911	,1947	,1366	,9816	59′
2′	,1914	,1950	,1286	,9815·	58′
3′	,1917	,1953	,1207	,9815	57′
4′	,1920	,1956	,1128	,9814	56′
5′	0,1922	0,1959	5,1049	0,9813	55′
6′	,1925	,1962	,0970	,9813·	54′
7′	,1928	,1965	,0892	,9812	53′
8′	,1931	,1968	,0814	,9812·	52′
9′	,1934	,1971	,0736	,9811·	51′
10′	0,1937	0,1974	5,0658	0,9811	50′
11′	,1939	,1977	,0581	,9810·	49′
12′	,1942	,1980	,0504	,9810	48′
13′	,1945	,1983	,0427	,9809	47′
14′	,1948	,1986	,0350	,9808	46′
15′	0,1951	0,1989	5,0273	0,9808·	45′
16′	,1954	,1992	,0197	,9807	44′
17′	,1957	,1995	,0121	,9807·	43′
18′	,1959	,1998	5,0045	,9806·	42′
19′	,1962	,2001	4,9969	,9806	41′
20′	0,1965	0,2004	4,9894	0,9805	40′
21′	,1968	,2007	,9819	,9804	39′
22′	,1971	,2010	,9744	,9804·	38′
23′	,1974	,2013	,9669	,9803·	37′
24′	,1977	,2016	,9594	,9803	36′
25′	0,1979	0,2019	4,9520	0,9802·	35′
26′	,1982	,2022	,9446	,9802	34′
27′	,1985	,2025	,9372	,9801	33′
28′	,1988	,2028	,9298	,9800	32′
29′	,1991	,2031	,9225	,9800·	31′
30′	0,1994	0,2035	4,9152	0,9799·	30′
31′	,1997	,2038	,9078	,9799	29′
32′	,1999	,2041	,9006	,9798·	28′
33′	,2002	,2044	,8933	,9798	27′
34′	,2005	,2047	,8860	,9797	26′
35′	0,2008	0,2050	4,8788	0,9796	25′
36′	,2011	,2053	,8716	,9796·	24′
37′	,2014	,2056	,8644	,9795·	23′
38′	,2016	,2059	,8573	,9795	22′
39′	,2019	,2062	,8501	,9794	21′
40′	0,2022	0,2065	4,8430	0,9793	20′
41′	,2025	,2068	,8359	,9793·	19′
42′	,2028	,2071	,8288	,9792·	18′
43′	,2031	,2074	,8218	,9792	17′
44′	,2034	,2077	,8147	,9791	16′
45′	0,2036	0,2080	4,8077	0,9790	15′
46′	,2039	,2083	,8007	,9790·	14′
47′	,2042	,2086	,7937	,9789·	13′
48′	,2045	,2089	,7867	,9789	12′
49′	,2048	,2092	,7798	,9788	11′
50′	0,2051	0,2095	4,7729	0,9787	10′
51′	,2054	,2098	,7659	,9787·	9′
52′	,2056	,2101	,7591	,9786·	8′
53′	,2059	,2104	,7522	,9786	7′
54′	,2062	,2107	,7453	,9785	6′
55′	0,2065	0,2110	4,7385	0,9784	5′
56′	,2068	,2113	,7317	,9784·	4′
57′	,2071	,2116	,7249	,9783·	3′
58′	,2073	,2119	,7181	,9783	2′
59′	,2076	,2123	,7114	,9782	1′
60′	0,2079	0,2126	4,7046	0,9781	0′
	cos φ	cot φ	tan φ	sin φ	78°

12°	sin φ	tan φ	cot φ	cos φ	
0′	0,2079	0,2126	4,7046	0,9781	60′
1′	,2082	,2129	,6979	,9781·	59′
2′	,2085	,2132	,6912	,9780·	58′
3′	,2088	,2135	,6845	,9780	57′
4′	,2090	,2138	,6779	,9779	56′
5′	0,2093	0,2141	4,6712	0,9778	55′
6′	,2096	,2144	,6646	,9778·	54′
7′	,2099	,2147	,6580	,9777·	53′
8′	,2102	,2150	,6514	,9777	52′
9′	,2105	,2153	,6448	,9776	51′
10′	0,2108	0,2156	4,6382	0,9775	50′
11′	,2110	,2159	,6317	,9775·	49′
12′	,2113	,2162	,6252	,9774·	48′
13′	,2116	,2165	,6187	,9774	47′
14′	,2119	,2168	,6122	,9773	46′
15′	0,2122	0,2171	4,6057	0,9772	45′
16′	,2125	,2174	,5993	,9772·	44′
17′	,2127	,2177	,5928	,9771	43′
18′	,2130	,2180	,5864	,9770	42′
19′	,2133	,2183	,5800	,9770·	41′
20′	0,2136	0,2186	4,5736	0,9769·	40′
21′	,2139	,2189	,5673	,9769	39′
22′	,2142	,2193	,5609	,9768	38′
23′	,2145	,2196	,5546	,9767	37′
24′	,2147	,2199	,5483	,9767·	36′
25′	0,2150	0,2202	4,5420	0,9766	35′
26′	,2153	,2205	,5357	,9765	34′
27′	,2156	,2208	,5294	,9765·	33′
28′	,2159	,2211	,5232	,9764·	32′
29′	,2162	,2214	,5169	,9764	31′
30′	0,2164	0,2217	4,5107	0,9763	30′
31′	,2167	,2220	,5045	,9762	29′
32′	,2170	,2223	,4983	,9762·	28′
33′	,2173	,2226	,4922	,9761	27′
34′	,2176	,2229	,4860	,9760	26′
35′	0,2179	0,2232	4,4799	0,9760·	25′
36′	,2181	,2235	,4737	,9759·	24′
37′	,2184	,2238	,4676	,9759	23′
38′	,2187	,2241	,4615	,9758	22′
39′	,2190	,2244	,4555	,9757·	21′
40′	0,2193	0,2247	4,4494	0,9757	20′
41′	,2196	,2251	,4434	,9756	19′
42′	,2198	,2254	,4373	,9755	18′
43′	,2201	.2257	,4313	,9755·	17′
44′	,2204	,2260	,4253	,9754	16′
45′	0,2207	0,2263	4,4194	0,9753	15′
46′	,2210	,2266	,4134	,9753·	14′
47′	,2213	,2269	,4075	,9752	13′
48′	,2215	,2272	,4015	,9751	12′
49′	,2218	,2275	,3956	,9751·	11′
50′	0,2221	0,2278	4,3897	0,9750·	10′
51′	,2224	,2281	,3838	,9750	9′
52′	,2227	,2284	,3779	,9749	8′
53′	,2230	,2287	,3721	,9748·	7′
54′	,2233	,2290	,3662	,9748	6′
55′	0,2235	0,2293	4,3604	0,9747	5′
56′	,2238	,2296	,3546	,9746·	4′
57′	,2241	,2299	,3488	,9746	3′
58′	,2244	,2303	,3430	,9745	2′
59′	,2247	,2306	,3372	,9744	1′
60′	0,2250	0,2309	4,3315	0,9744·	0′
	cos φ	cot φ	tan φ	sin φ	77°

13°

	sin φ	tan φ	cot φ	cos φ	
0′	0,225̄0	0,2309	4,3315̄	0,9744	60′
1′	,2252	,2312	,3257	,9743	59′
2′	,2255̇	,2315̄	,3200	,9742	58′
3′	,2258	,2318	,3143	,9742·	57′
4′	,2261	,2321	,3086	,9741	56′
5′	0,2264	0,2324	4,3029	0,9740	55′
6′	,2267	,2327	,2972	,9740·	54′
7′	,2269	,2330	,2916	,9739	53′
8′	,2272	,2333	,2859	,9738	52′
9′	,2275̇	,2336	,2803	,9738·	51′
10′	0,2278	0,2339	4,2747	0,9737	50′
11′	,2281	,2342	,2691	,9736	49′
12′	,2284	,2345̄	,2635̇	,9736·	48′
13′	,2286	,2349	,2580	,9735̇	47′
14′	,2289	,2352	,2524	,9734	46′
15′	0,2292	0,2355̄	4,2468	0,9734·	45′
16′	,2295̄	,2358	,2413	,9733	44′
17′	,2298	,2361	,2358	,9732	43′
18′	,2300	,2364	,2303	,9732·	42′
19′	,2303	,2367	,2248	,9731	41′
20′	0,2306	0,2370	4,2193	0,9730	40′
21′	,2309	,2373	,2139	,9730·	39′
22′	,2312	,2376	,2084	,9729	38′
23′	,2315̄	,2379	,2030	,9728	37′
24′	,2317	,2382	,1976	,9728·	36′
25′	0,2320	0,2385̇	4,1922	0,9727	35′
26′	,2323	,2388	,1868	,9726	34′
27′	,2326	,2392	,1814	,9726·	33′
28′	,2329	,2395̄	,1760	,9725̇	32′
29′	,2332	,2398	,1706	,9724	31′
30′	0,2334	0,2401	4,1653	0,9724·	30′
31′	,2337	,2404	,1600	,9723	29′
32′	,2340	,2407	,1547	,9722·	28′
33′	,2343	,2410	,1493	,9722	27′
34′	,2346	,2413	,1441	,9721	26′
35′	0,2349	0,2416	4,1388	0,9720·	25′
36′	,2351	,2419	,1335̇	,9720	24′
37′	,2354	,2422	,1282	,9719	23′
38′	,2357	,2425̇	,1230	,9718·	22′
39′	,2360	,2428	,1178	,9718	21′
40′	0,2363	0,2432	4,1126	0,9717	20′
41′	,2366	,2435̄	,1074	,9716	19′
42′	,2368	,2438	,1022	,9715̇	18′
43′	,2371	,2441	,0970	,9715̄·	17′
44′	,2374	,2444	,0918	,9714	16′
45′	0,2377	0,2447	4,0867	0,9713	15′
46′	,2380	,2450	,0815̇	,9713·	14′
47′	,2383	,2453	,0764	,9712	13′
48′	,2385̇	,2456	,0713	,9711·	12′
49′	,2388	,2459	,0662	,9711	11′
50′	0,2391	0,2462	4,0611	0,9710	10′
51′	,2394	,2465̇	,0560	,9709·	9′
52′	,2397	,2469	,0509	,9709	8′
53′	,2399	,2472	,0459	,9708	7′
54′	,2402	,2475̄	,0408	,9707	6′
55′	0,2405̇	0,2478	4,0358	0,9706	5′
56′	,2408	,2481	,0308	,9706·	4′
57′	,2411	,2484	,0257	,9705̇	3′
58′	,2414	,2487	,0207	,9704	2′
59′	,2416	,2490	,0158	,9704·	1′
60′	0,2419	0,2493	4,0108	0,9703	0′
	cos φ	cot φ	tan φ	sin φ	76°

14°

	sin φ	tan φ	cot φ	cos φ	
0′	0,2419	0,2493	4,0108	0,9703	60′
1′	,2422	,2496	4,0058	,9702·	59′
2′	,2425̄	,2499	4,0009	,9702	58′
3′	,2428	,2503	3,9959	,9701	57′
4′	,2431	,2506	,9910	,9700	56′
5′	0,2433	0,2509	3,9861	0,9699	55′
6′	,2436	,2512	,9812	,9699·	54′
7′	,2439	,2515̄	,9763	,9698	53′
8′	,2442	,2518	,9714	,9697·	52′
9′	,2445̄	,2521	,9665̇	,9697	51′
10′	0,2447	0,2524	3,9617	0,9696	50′
11′	,2450	,2527	,9568	,9695̇	49′
12′	,2453	,2530	,9520	,9694	48′
13′	,2456	,2533	,9471	,9694·	47′
14′	,2459	,2537	,9423	,9693	46′
15′	0,2462	0,2540	3,9375̇	0,9692·	45′
16′	,2464	,2543	,9327	,9692	44′
17′	,2467	,2546	,9279	,9691	43′
18′	,2470	,2549	,9232	,9690	42′
19′	,2473	,2552	,9184	,9689	41′
20′	0,2476	0,2555̇	3,9136	0,9689·	40′
21′	,2478	,2558	,9089	,9688	39′
22′	,2481	,2561	,9042	,9687·	38′
23′	,2484	,2564	,8995̄	,9687	37′
24′	,2487	,2568	,8947	,9686	36′
25′	0,2490	0,2571	3,8900	0,9685̇	35′
26′	,2493	,2574	,8854	,9684	34′
27′	,2495̇	,2577	,8807	,9684·	33′
28′	,2498	,2580	,8760	,9683	32′
29′	,2501	,2583	,8714	,9682	31′
30′	0,2504	0,2586	3,8667	0,9681	30′
31′	,2507	,2589	,8621	,9681·	29′
32′	,2509	,2592	,8575̄	,9680	28′
33′	,2512	,2595̇	,8528	,9679·	27′
34′	,2515̇	,2599	,8482	,9679	26′
35′	0,2518	0,2602	3,8436	0,9678	25′
36′	,2521	,2605̄	,8391	,9677	24′
37′	,2524	,2608	,8345̄	,9676·	23′
38′	,2526	,2611	,8299	,9676	22′
39′	,2529	,2614	,8254	,9675̄	21′
40′	0,2532	0,2617	3,8208	0,9674	20′
41′	,2535̄	,2620	,8163	,9673	19′
42′	,2538	,2623	,8118	,9673·	18′
43′	,2540	,2627	,8073	,9672	17′
44′	,2543	,2630	,8028	,9671	16′
45′	0,2546	0,2633	3,7983	0,9670	15′
46′	,2549	,2636	,7938	,9670·	14′
47′	,2552	,2639	,7893	,9669	13′
48′	,2554	,2642	,7848	,9668	12′
49′	,2557	,2645̇	,7804	,9667	11′
50′	0,2560	0,2648	3,7760	0,9667·	10′
51′	,2563	,2651	,7715̇	,9666	9′
52′	,2566	,2655̄	,7671	,9665̇·	8′
53′	,2569	,2658	,7627	,9665̄	7′
54′	,2571	,2661	,7583	,9664	6′
55′	0,2574	0,2664	3,7539	0,9663	5′
56′	,2577	,2667	,7495̄	,9662·	4′
57′	,2580	,2670	,7451	,9662	3′
58′	,2583	,2673	,7408	,9661	2′
59′	,2585̇	,2676	,7364	,9660	1′
60′	0,2588	0,2679	3,7321	0,9659	0′
	cos φ	cot φ	tan φ	sin φ	75°

15°	sin φ	tan φ	cot φ	cos φ	
0′	0,2588	0,2679	3,7321	0,9659·	60′
1′	,2591	,2683	,7277	,9659	59′
2′	,2594	,2686	,7234	,9658	58′
3′	,2597	,2689	,7191	,9657	57′
4′	,2599	,2692	,7148	,9656	56′
5′	0,2602	0,2695	3,7105	0,9655	55′
6′	,2605	,2698	,7062	,9655·	54′
7′	,2608	,2701	,7019	,9654	53′
8′	,2611	,2704	,6976	,9653	52′
9′	,2613	,2708	,6933	,9652	51′
10′	0,2616	0,2711	3,6891	0,9652·	50′
11′	,2619	,2714	,6848	,9651	49′
12′	,2622	,2717	,6806	,9650	48′
13′	,2625	,2720	,6764	,9649	47′
14′	,2628	,2723	,6722	,9649·	46′
15′	0,2630	0,2726	3,6680	0,9648	45′
16′	,2633	,2729	,6638	,9647	44′
17′	,2636	,2733	,6596	,9646·	43′
18′	,2639	,2736	,6554	,9646	42′
19′	,2642	,2739	,6512	,9645	41′
20′	0,2644	0,2742	3,6470	0,9644	40′
21′	,2647	,2745	,6429	,9643	39′
22′	,2650	,2748	,6387	,9642	38′
23′	,2653	,2751	,6346	,9642·	37′
24′	,2656	,2754	,6305	,9641	36′
25′	0,2658	0,2758	3,6264	0,9640	35′
26′	,2661	,2761	,6222	,9639	34′
27′	,2664	,2764	,6181	,9639·	33′
28′	,2667	,2767	,6140	,9638	32′
29′	,2670	,2770	,6100	,9637	31′
30′	0,2672	0,2773	3,6059	0,9636·	30′
31′	,2675	,2776	,6018	,9636	29′
32′	,2678	,2780	,5978	,9635	28′
33′	,2681	,2783	,5937	,9634	27′
34′	,2684	,2786	,5897	,9633	26′
35′	0,2686	0,2789	3,5856	0,9632	25′
36′	,2689	,2792	,5816	,9632·	24′
37′	,2692	,2795	,5776	,9631	23′
38′	,2695	,2798	,5736	,9630	22′
39′	,2698	,2801	,5696	,9629	21′
40′	0,2700	0,2805	3,5656	0,9628	20′
41′	,2703	,2808	,5616	,9628·	19′
42′	,2706	,2811	,5576	,9627	18′
43′	,2709	,2814	,5536	,9626	17′
44′	,2712	,2817	,5497	,9625·	16′
45′	0,2714	0,2820	3,5457	0,9625	15′
46′	,2717	,2823	,5418	,9624	14′
47′	,2720	,2827	,5379	,9623	13′
48′	,2723	,2830	,5339	,9622	12′
49′	,2726	,2833	,5300	,9621·	11′
50′	0,2728	0,2836	3,5261	0,9621	10′
51′	,2731	,2839	,5222	,9620	9′
52′	,2734	,2842	,5183	,9619	8′
53′	,2737	,2845	,5144	,9618	7′
54′	,2740	,2849	,5105	,9617	6′
55′	0,2742	0,2852	3,5067	0,9617·	5′
56′	,2745	,2855	,5028	,9616	4′
57′	,2748	,2858	,4989	,9615	3′
58′	,2751	,2861	,4951	,9614	2′
59′	,2754	,2864	,4912	,9613	1′
60′	0,2756	0,2867	3,4874	0,9613·	0′
	cos φ	cot φ	tan φ	sin φ	74°

16°	sin φ	tan φ	cot φ	cos φ	
0′	0,2756	0,2867	3,4874	0,9613	60′
1′	,2759	,2871	,4836	,9612	59′
2′	,2762	,2874	,4798	,9611	58′
3′	,2765	,2877	,4760	,9610	57′
4′	,2768	,2880	,4722	,9609	56′
5′	0,2770	0,2883	3,4684	0,9609·	55′
6′	,2773	,2886	,4646	,9608	54′
7′	,2776	,2890	,4608	,9607	53′
8′	,2779	,2893	,4570	,9606	52′
9′	,2782	,2896	,4533	,9605·	51′
10′	0,2784	0,2899	3,4495	0,9605	50′
11′	,2787	,2902	,4458	,9604	49′
12′	,2790	,2905	,4420	,9603	48′
13′	,2793	,2908	,4383	,9602	47′
14′	,2795	,2912	,4346	,9601	46′
15′	0,2798	0,2915	3,4308	0,9600	45′
16′	,2801	,2918	,4271	,9600·	44′
17′	,2804	,2921	,4234	,9599	43′
18′	,2807	,2924	,4197	,9598	42′
19′	,2809	,2927	,4160	,9597	41′
20′	0,2812	0,2931	3,4124	0,9596	40′
21′	,2815	,2934	,4087	,9596·	39′
22′	,2818	,2937	,4050	,9595	38′
23′	,2821	,2940	,4014	,9594	37′
24′	,2823	,2943	,3977	,9593	36′
25′	0,2826	0,2946	3,3941	0,9592	35′
26′	,2829	,2949	,3904	,9591	34′
27′	,2832	,2953	,3868	,9591·	33′
28′	,2835	,2956	,3832	,9590	32′
29′	,2837	,2959	,3796	,9589	31′
30′	0,2840	0,2962	3,3759	0,9588	30′
31′	,2843	,2965	,3723	,9587·	29′
32′	,2846	,2968	,3687	,9587	28′
33′	,2849	,2972	,3652	,9586	27′
34′	,2851	,2975	,3616	,9585	26′
35′	0,2854	0,2978	3,3580	0,9584	25′
36′	,2857	,2981	,3544	,9583	24′
37′	,2860	,2984	,3509	,9582·	23′
38′	,2862	,2987	,3473	,9582	22′
39′	,2865	,2991	,3438	,9581	21′
40′	0,2868	0,2994	3,3402	0,9580	20′
41′	,2871	,2997	,3367	,9579	19′
42′	,2874	,3000	,3332	,9578	18′
43′	,2876	,3003	,3297	,9577·	17′
44′	,2879	,3006	,3261	,9577	16′
45′	0,2882	0,3010	3,3226	0,9576	15′
46′	,2885	,3013	,3191	,9575	14′
47′	,2888	,3016	,3156	,9574	13′
48′	,2890	,3019	,3122	,9573	12′
49′	,2893	,3022	,3087	,9572·	11′
50′	0,2896	0,3026	3,3052	0,9572	10′
51′	,2899	,3029	,3017	,9571	9′
52′	,2901	,3032	,2983	,9570	8′
53′	,2904	,3035	,2948	,9569	7′
54′	,2907	,3038	,2914	,9568	6′
55′	0,2910	0,3041	3,2879	0,9567	5′
56′	,2913	,3045	,2845	,9566	4′
57′	,2915	,3048	,2811	,9566·	3′
58′	,2918	,3051	,2777	,9565	2′
59′	,2921	,3054	,2743	,9564	1′
60′	0,2924	0,3057	3,2709	0,9563	0′
	cos φ	cot φ	tan φ	sin φ	73°

17°	sin φ	tan φ	cot φ	cos φ	
0′	0,2924	0,3057	3,2709	0,9563	60′
1′	,2926	,3060	,2675̄	,9562	59′
2′	,2929	,3064	,2641	,9561	58′
3′	,2932	,3067	,2607	,9560	57′
4′	,2935̄	,3070	,2573	,9560·	56′
5′	0,2938	0,3073	3,2539	0,9559	55′
6′	,2940	,3076	,2506	,9558	54′
7′	,2943	,3080	,2472	,9557	53′
8′	,2946	,3083	,2438	,9556	52′
9′	,2949	,3086	,2405̄	,9555̇·	51′
10′	0,2952	0,3089	3,2371	0,9555̄	50′
11′	,2954	,3092	,2338	,9554	49′
12′	,2957	,3096	,2305̄	,9553	48′
13′	,2960	,3099	,2272	,9552	47′
14′	,2963	,3102	,2238	,9551	46′
15′	0,2965̇	0,3105̇	3,2205̇	0,9550̇	45′
16′	,2968	,3108	,2172	,9549	44′
17′	,2971	,3111	,2139	,9548	43′
18′	,2974	,3115̄	,2106	,9548·	42′
19′	,2977	,3118	,2073	,9547	41′
20′	0,2979	0,3121	3,2041	0,9546	40′
21′	,2982	,3124	,2008	,9545̇	39′
22′	,2985̄	,3127	,1975̇	,9544	38′
23′	,2988	,3131	,1943	,9543	37′
24′	,2990	,3134	,1910	,9542·	36′
25′	0,2993	0,3137	3,1878	0,9542	35′
26′	,2996	,3140	,1845̇	,9541	34′
27′	,2999	,3143	,1813	,9540	33′
28′	,3002	,3147	,1780	,9539	32′
29′	,3004	,315̄0	,1748	,9538	31′
30′	0,3007	0,3153	3,1716	0,9537	30′
31′	,3010	,3156	,1684	,9536	29′
32′	,3013	,3159	,1652	,9535̇·	28′
33′	,3015̇	,3163	,1620	,9535̄	27′
34′	,3018	,3166	,1588	,9534	26′
35′	0,3021	0,3169	3,1556	0,9533	25′
36′	,3024	,3172	,1524	,9532	24′
37′	,3026	,3175̇	,1492	,9531	23′
38′	,3029	,3179	,1460	,9530	22′
39′	,3032	,3182	,1429	,9529	21′
40′	0,3035̄	0,3185̄	3,1397	0,9528	20′
41′	,3038	,3188	,1366	,9527	19′
42′	,3040	,3191	,1334	,9527·	18′
43′	,3043	,3195̄	,1303	,9526	17′
44′	,3046	,3198	,1271	,9525̄	16′
45′	0,3049	0,3201	3,1240	0,9524	15′
46′	,3051	,3204	,1209	,9523	14′
47′	,3054	,3207	,1178	,9522	13′
48′	,3057	,3211	,1146	,9521	12′
49′	,3060	,3214	,1115̇	,9520·	11′
50′	0,3062	0,3217	3,1084	0,9520	10′
51′	,3065̇	,3220	,1053	,9519	9′
52′	,3068	,3223	,1022	,9518	8′
53′	,3071	,3227	,0991	,9517	7′
54′	,3074	,3230	,0961	,9516	6′
55′	0,3076	0,3233	3,0930	0,9515̇	5′
56′	,3079	,3236	,0899	,9514	4′
57′	,3082	,3240	,0868	,9513	3′
58′	,3085̄	,3243	,0838	,9512	2′
59′	,3087	,3246	,0807	,9511	1′
60′	0,3090	0,3249	3,0777	0,9511·	0′
	cos φ	cot φ	tan φ	sin φ	72°

18°	sin φ	tan φ	cot φ	cos φ	
0′	0,3090	0,3249	3,0777	0,9511	60′
1′	,3093	,3252	,0746	,9510	59′
2′	,3096	,3256	,0716	,9509	58′
3′	,3098	,3259	,0686	,9508	57′
4′	,3101	,3262	,0655̇	,9507	56′
5′	0,3104	0,3265̇	3,0625̇	0,9506	55′
6′	,3107	,3269	,0595̇	,9505̇	54′
7′	,3110	,3272	,0565̄	,9504	53′
8′	,3112	,3275̄	,0535̄	,9503	52′
9′	,3115̇	,3278	,0505̄	,9502·	51′
10′	0,3118	0,3281	3,0475̄	0,9502	50′
11′	,3121	,3285̄	,0445̇	,9501	49′
12′	,3123	,3288	,0415̇	,95̄00	48′
13′	,3126	,3291	,0385̇	,9499	47′
14′	,3129	,3294	,0356	,9498	46′
15′	0,3132	0,3298	3,0326	0,9497	45′
16′	,3134	,3301	,0296	,9496	44′
17′	,3137	,3304	,0267	,9495̇	43′
18′	,3140	,3307	,0237	,9494	42′
19′	,3143	,3310	,0208	,9493	41′
20′	0,3145̇	0,3314	3,0178	0,9492·	40′
21′	,3148	,3317	,0149	,9492	39′
22′	,3151	,3320	,0120	,9491	38′
23′	,3154	,3323	,0090	,9490	37′
24′	,3156	,3327	,0061	,9489	36′
25′	0,3159	0,3330	3,0032	0,9488	35′
26′	,3162	,3333	3,0003	,9487	34′
27′	,3165̄	,3336	2,9974	,9486	33′
28′	,3168	,3339	,9945̄	,9485̇	32′
29′	,3170	,3343	,9916	,9484	31′
30′	0,3173	0,3346	2,9887	0,9483	30′
31′	,3176	,3349	,9858	,9482	29′
32′	,3179	,3352	,9829	,9481	28′
33′	,3181	,3356	,9800	,9480	27′
34′	,3184	,3359	,9772	,9480·	26′
35′	0,3187	0,3362	2,9743	0,9479	25′
36′	,3190	,3365̇	,9714	,9478	24′
37′	,3192	,3369	,9686	,9477	23′
38′	,3195̇	,3372	,9657	,9476	22′
39′	,3198	,3375̇	,9629	,9475̄	21′
40′	0,3201	0,3378	2,9600	0,9474	20′
41′	,3203	,3382	,9572	,9473	19′
42′	,3206	,3385̄	,9544	,9472	18′
43′	,3209	,3388	,9515̇	,9471	17′
44′	,3212	,3391	,9487	,9470	16′
45′	0,3214	0,3395̄	2,9459	0,9469	15′
46′	,3217	,3398	,9431	,9468	14′
47′	,3220	,3401	,9403	,9467	13′
48′	,3223	,3404	,9375̄	,9466	12′
49′	,3225̇	,3408	,9347	,9466·	11′
50′	0,3228	0,3411	2,9319	0,9465̄	10′
51′	,3231	,3414	,9291	,9464	9′
52′	,3234	,3417	,9263	,9463	8′
53′	,3236	,3421	,9235̇	,9462	7′
54′	,3239	,3424	,9208	,9461	6′
55′	0,3242	0,3427	2,9180	0,9460	5′
56′	,3245̄	,3430	,9152	,9459	4′
57′	,3247	,3434	,9125̄	,9458	3′
58′	,325̄0	,3437	,9097	,9457	2′
59′	,3253	,3440	,9070	,9456	1′
60′	0,3256	0,3443	2,9042	0,9455̇	0′
	cos φ	cot φ	tan φ	sin φ	71°

19°	sin φ	tan φ	cot φ	cos φ	
0′	0,3256	0,3443	2,9042	0,9455	60′
1′	,3258	,3447	,9015	,9454	59′
2′	,3261	,3450	,8987	,9453	58′
3′	,3264	,3453	,8960	,9452	57′
4′	,3267	,3456	,8933	,9451	56′
5′	0,3269	0,3460	2,8905	0,9450	55′
6′	,3272	,3463	,8878	,9449	54′
7′	,3275	,3466	,8851	,9449	53′
8′	,3278	,3469	,8824	,9448	52′
9′	,3280	,3473	,8797	,9447	51′
10′	0,3283	0,3476	2,8770	0,9446	50′
11′	,3286	,3479	,8743	,9445	49′
12′	,3289	,3482	,8716	,9444	48′
13′	,3291	,3486	,8689	,9443	47′
14′	,3294	,3489	,8662	,9442	46′
15′	0,3297	0,3492	2,8636	0,9441	45′
16′	,3300	,3495	,8609	,9440	44′
17′	,3302	,3499	,8582	,9439	43′
18′	,3305	,3502	,8556	,9438	42′
19′	,3308	,3505	,8529	,9437	41′
20′	0,3311	0,3508	2,8502	0,9436	40′
21′	,3313	,3512	,8476	,9435	39′
22′	,3316	,3515	,8449	,9434	38′
23′	,3319	,3518	,8423	,9433	37′
24′	,3322	,3522	,8397	,9432	36′
25′	0,3324	0,3525	2,8370	0,9431	35′
26′	,3327	,3528	,8344	,9430	34′
27′	,3330	,3531	,8318	,9429	33′
28′	,3333	,3535	,8291	,9428	32′
29′	,3335	,3538	,8265	,9427	31′
30′	0,3338	0,3541	2,8239	0,9426	30′
31′	,3341	,3544	,8213	,9425	29′
32′	,3344	,3548	,8187	,9424	28′
33′	,3346	,3551	,8161	,9423	27′
34′	,3349	,3554	,8135	,9423	26′
35′	0,3352	0,3558	2,8109	0,9422	25′
36′	,3355	,3561	,8083	,9421	24′
37′	,3357	,3564	,8057	,9420	23′
38′	,3360	,3567	,8032	,9419	22′
39′	,3363	,3571	,8006	,9418	21′
40′	0,3365	0,3574	2,7980	0,9417	20′
41′	,3368	,3577	,7955	,9416	19′
42′	,3371	,3581	,7929	,9415	18′
43′	,3374	,3584	,7903	,9414	17′
44′	,3376	,3587	,7878	,9413	16′
45′	0,3379	0,3590	2,7852	0,9412	15′
46′	,3382	,3594	,7827	,9411	14′
47′	,3385	,3597	,7801	,9410	13′
48′	,3387	,3600	,7776	,9409	12′
49′	,3390	,3604	,7751	,9408	11′
50′	0,3393	0,3607	2,7725	0,9407	10′
51′	,3396	,3610	,7700	,9406	9′
52′	,3398	,3613	,7675	,9405	8′
53′	,3401	,3617	,7650	,9404	7′
54′	,3404	,3620	,7625	,9403	6′
55′	0,3407	0,3623	2,7600	0,9402	5′
56′	,3409	,3627	,7575	,9401	4′
57′	,3412	,3630	,7550	,9400	3′
58′	,3415	,3633	,7525	,9399	2′
59′	,3417	,3636	,7500	,9398	1′
60′	0,3420	0,3640	2,7475	0,9397	0′
	cos φ	cot φ	tan φ	sin φ	70°

20°	sin φ	tan φ	cot φ	cos φ	
0′	0,3420	0,3640	2,7475	0,9397	60′
1′	,3423	,3643	,7450	,9396	59′
2′	,3426	,3646	,7425	,9395	58′
3′	,3428	,3650	,7400	,9394	57′
4′	,3431	,3653	,7376	,9393	56′
5′	0,3434	0,3656	2,7351	0,9392	55′
6′	,3437	,3659	,7326	,9391	54′
7′	,3439	,3663	,7302	,9390	53′
8′	,3442	,3666	,7277	,9389	52′
9′	,3445	,3669	,7253	,9388	51′
10′	0,3448	0,3673	2,7228	0,9387	50′
11′	,3450	,3676	,7204	,9386	49′
12′	,3453	,3679	,7179	,9385	48′
13′	,3456	,3683	,7155	,9384	47′
14′	,3458	,3686	,7130	,9383	46′
15′	0,3461	0,3689	2,7106	0,9382	45′
16′	,3464	,3692	,7082	,9381	44′
17′	,3467	,3696	,7058	,9380	43′
18′	,3469	,3699	,7034	,9379	42′
19′	,3472	,3702	,7009	,9378	41′
20′	0,3475	0,3706	2,6985	0,9377	40′
21′	,3478	,3709	,6961	,9376	39′
22′	,3480	,3712	,6937	,9375	38′
23′	,3483	,3716	,6913	,9374	37′
24′	,3486	,3719	,6889	,9373	36′
25′	0,3488	0,3722	2,6865	0,9372	35′
26′	,3491	,3726	,6841	,9371	34′
27′	,3494	,3729	,6818	,9370	33′
28′	,3497	,3732	,6794	,9369	32′
29′	,3499	,3736	,6770	,9368	31′
30′	0,3502	0,3739	2,6746	0,9367	30′
31′	,3505	,3742	,6723	,9366	29′
32′	,3508	,3745	,6699	,9365	28′
33′	,3510	,3749	,6675	,9364	27′
34′	,3513	,3752	,6652	,9363	26′
35′	0,3516	0,3755	2,6628	0,9362	25′
36′	,3518	,3759	,6605	,9361	24′
37′	,3521	,3762	,6581	,9360	23′
38′	,3524	,3765	,6558	,9359	22′
39′	,3527	,3769	,6534	,9358	21′
40′	0,3529	0,3772	2,6511	0,9356	20′
41′	,3532	,3775	,6488	,9355	19′
42′	,3535	,3779	,6464	,9354	18′
43′	,3537	,3782	,6441	,9353	17′
44′	,3540	,3785	,6418	,9352	16′
45′	0,3543	0,3789	2,6395	0,9351	15′
46′	,3546	,3792	,6371	,9350	14′
47′	,3548	,3795	,6348	,9349	13′
48′	,3551	,3799	,6325	,9348	12′
49′	,3554	,3802	,6302	,9347	11′
50′	0,3557	0,3805	2,6279	0,9346	10′
51′	,3559	,3809	,6256	,9345	9′
52′	,3562	,3812	,6233	,9344	8′
53′	,3565	,3815	,6210	,9343	7′
54′	,3567	,3819	,6187	,9342	6′
55′	0,3570	0,3822	2,6165	0,9341	5′
56′	,3573	,3825	,6142	,9340	4′
57′	,3576	,3829	,6119	,9339	3′
58′	,3578	,3832	,6096	,9338	2′
59′	,3581	,3835	,6074	,9337	1′
60′	0,3584	0,3839	2,6051	0,9336	0′
	cos φ	cot φ	tan φ	sin φ	69°

21°

	sin φ	tan φ	cot φ	cos φ	
0′	0,3584	0,3839	2,6051	0,9336	60′
1′	,3586	,3842	,6028	,9335	59′
2′	,3589	,3845	,6006	,9334	58′
3′	,3592	,3849	,5983	,9333	57′
4′	,3595	,3852	,5961	,9332	56′
5′	0,3597	0,3855	2,5938	0,9331	55′
6′	,3600	,3859	,5916	,9330	54′
7′	,3603	,3862	,5893	,9328	53′
8′	,3605	,3865	,5871	,9327	52′
9′	,3608	,3869	,5848	,9326	51′
10′	0,3611	0,3872	2,5826	0,9325	50′
11′	,3614	,3875	,5804	,9324	49′
12′	,3616	,3879	,5782	,9323	48′
13′	,3619	,3882	,5759	,9322	47′
14′	,3622	,3885	,5737	,9321	46′
15′	0,3624	0,3889	2,5715	0,9320	45′
16′	,3627	,3892	,5693	,9319	44′
17′	,3630	,3895	,5671	,9318	43′
18′	,3633	,3899	,5649	,9317	42′
19′	,3635	,3902	,5627	,9316	41′
20′	0,3638	0,3906	2,5605	0,9315	40′
21′	,3641	,3909	,5583	,9314	39′
22′	,3643	,3912	,5561	,9313	38′
23′	,3646	,3916	,5539	,9312	37′
24′	,3649	,3919	,5517	,9311	36′
25′	0,3651	0,3922	2,5495	0,9309	35′
26′	,3654	,3926	,5473	,9308	34′
27′	,3657	,3929	,5452	,9307	33′
28′	,3660	,3932	,5430	,9306	32′
29′	,3662	,3936	,5408	,9305	31′
30′	0,3665	0,3939	2,5386	0,9304	30′
31′	,3668	,3942	,5365	,9303	29′
32′	,3670	,3946	,5343	,9302	28′
33′	,3673	,3949	,5322	,9301	27′
34′	,3676	,3953	,5300	,9300	26′
35′	0,3679	0,3956	2,5279	0,9299	25′
36′	,3681	,3959	,5257	,9298	24′
37′	,3684	,3963	,5236	,9297	23′
38′	,3687	,3966	,5214	,9296	22′
39′	,3689	,3969	,5193	,9295	21′
40′	0,3692	0,3973	2,5172	0,9293	20′
41′	,3695	,3976	,5150	,9292	19′
42′	,3697	,3979	,5129	,9291	18′
43′	,3700	,3983	,5108	,9290	17′
44′	,3703	,3986	,5086	,9289	16′
45′	0,3706	0,3990	2,5065	0,9288	15′
46′	,3708	,3993	,5044	,9287	14′
47′	,3711	,3996	,5023	,9286	13′
48′	,3714	,4000	,5002	,9285	12′
49′	,3716	,4003	,4981	,9284	11′
50′	0,3719	0,4006	2,4960	0,9283	10′
51′	,3722	,4010	,4939	,9282	9′
52′	,3724	,4013	,4918	,9281	8′
53′	,3727	,4017	,4897	,9279	7′
54′	,3730	,4020	,4876	,9278	6′
55′	0,3733	0,4023	2,4855	0,9277	5′
56′	,3735	,4027	,4834	,9276	4′
57′	,3738	,4030	,4813	,9275	3′
58′	,3741	,4033	,4792	,9274	2′
59′	,3743	,4037	,4772	,9273	1′
60′	0,3746	0,4040	2,4751	0,9272	0′
	cos φ	cot φ	tan φ	sin φ	68°

22°

	sin φ	tan φ	cot φ	cos φ	
0′	0,3746	0,4040	2,4751	0,9272	60′
1′	,3749	,4044	,4730	,9271	59′
2′	,3751	,4047	,4709	,9270	58′
3′	,3754	,4050	,4689	,9269	57′
4′	,3757	,4054	,4668	,9267	56′
5′	0,3760	0,4057	2,4648	0,9266	55′
6′	,3762	,4061	,4627	,9265	54′
7′	,3765	,4064	,4606	,9264	53′
8′	,3768	,4067	,4586	,9263	52′
9′	,3770	,4071	,4566	,9262	51′
10′	0,3773	0,4074	2,4545	0,9261	50′
11′	,3776	,4078	,4525	,9260	49′
12′	,3778	,4081	,4504	,9259	48′
13′	,3781	,4084	,4484	,9258	47′
14′	,3784	,4088	,4464	,9257	46′
15′	0,3786	0,4091	2,4443	0,9255	45′
16′	,3789	,4095	,4423	,9254	44′
17′	,3792	,4098	,4403	,9253	43′
18′	,3795	,4101	,4383	,9252	42′
19′	,3797	,4105	,4362	,9251	41′
20′	0,3800	0,4108	2,4342	0,9250	40′
21′	,3803	,4111	,4322	,9249	39′
22′	,3805	,4115	,4302	,9248	38′
23′	,3808	,4118	,4282	,9247	37′
24′	,3811	,4122	,4262	,9245	36′
25′	0,3813	0,4125	2,4242	0,9244	35′
26′	,3816	,4129	,4222	,9243	34′
27′	,3819	,4132	,4202	,9242	33′
28′	,3821	,4135	,4182	,9241	32′
29′	,3824	,4139	,4162	,9240	31′
30′	0,3827	0,4142	2,4142	0,9239	30′
31′	,3830	,4146	,4122	,9238	29′
32′	,3832	,4149	,4102	,9237	28′
33′	,3835	,4152	,4083	,9235	27′
34′	,3838	,4156	,4063	,9234	26′
35′	0,3840	0,4159	2,4043	0,9233	25′
36′	,3843	,4163	,4023	,9232	24′
37′	,3846	,4166	,4004	,9231	23′
38′	,3848	,4169	,3984	,9230	22′
39′	,3851	,4173	,3964	,9229	21′
40′	0,3854	0,4176	2,3945	0,9228	20′
41′	,3856	,4180	,3925	,9227	19′
42′	,3859	,4183	,3906	,9225	18′
43′	,3862	,4187	,3886	,9224	17′
44′	,3864	,4190	,3867	,9223	16′
45′	0,3867	0,4193	2,3847	0,9222	15′
46′	,3870	,4197	,3828	,9221	14′
47′	,3872	,4200	,3808	,9220	13′
48′	,3875	,4204	,3789	,9219	12′
49′	,3878	,4207	,3770	,9218	11′
50′	0,3881	0,4210	2,3750	0,9216	10′
51′	,3883	,4214	,3731	,9215	9′
52′	,3886	,4217	,3712	,9214	8′
53′	,3889	,4221	,3693	,9213	7′
54′	,3891	,4224	,3673	,9212	6′
55′	0,3894	0,4228	2,3654	0,9211	5′
56′	,3897	,4231	,3635	,9210	4′
57′	,3899	,4234	,3616	,9208	3′
58′	,3902	,4238	,3597	,9207	2′
59′	,3905	,4241	,3578	,9206	1′
60′	0,3907	0,4245	2,3559	0,9205	0′
	cos φ	cot φ	tan φ	sin φ	67°

23°	sin φ	tan φ	cot φ	cos φ	
0′	0,3907	0,4245	2,3559	0,9205	60′
1′	,3910	,4248	,3539	,9204	59′
2′	,3913	,4252	,3520	,9203	58′
3′	,3915	,4255	,3501	,9202	57′
4′	,3918	,4258	,3483	,9200	56′
5′	0,3921	0,4262	2,3464	0,9199	55′
6′	,3923	,4265	,3445	,9198	54′
7′	,3926	,4269	,3426	,9197	53′
8′	,3929	,4272	,3407	,9196	52′
9′	,3931	,4276	,3388	,9195	51′
10′	0,3934	0,4279	2,3369	0,9194	50′
11′	,3937	,4283	,3351	,9192	49′
12′	,3939	,4286	,3332	,9191	48′
13′	,3942	,4289	,3313	,9190	47′
14′	,3945	,4293	,3294	,9189	46′
15′	0,3947	0,4296	2,3276	0,9188	45′
16′	,3950	,4300	,3257	,9187	44′
17′	,3953	,4303	,3238	,9186	43′
18′	,3955	,4307	,3220	,9184	42′
19′	,3958	,4310	,3201	,9183	41′
20′	0,3961	0,4314	2,3183	0,9182	40′
21′	,3963	,4317	,3164	,9181	39′
22′	,3966	,4320	,3146	,9180	38′
23′	,3969	,4324	,3127	,9179	37′
24′	,3971	,4327	,3109	,9178	36′
25′	0,3974	0,4331	2,3090	0,9176	35′
26′	,3977	,4334	,3072	,9175	34′
27′	,3979	,4338	,3053	,9174	33′
28′	,3982	,4341	,3035	,9173	32′
29′	,3985	,4345	,3017	,9172	31′
30′	0,3987	0,4348	2,2998	0,9171	30′
31′	,3990	,4352	,2980	,9169	29′
32′	,3993	,4355	,2962	,9168	28′
33′	,3995	,4359	,2944	,9167	27′
34′	,3998	,4362	,2925	,9166	26′
35′	0,4001	0,4365	2,2907	0,9165	25′
36′	,4003	,4369	,2889	,9164	24′
37′	,4006	,4372	,2871	,9162	23′
38′	,4009	,4376	,2853	,9161	22′
39′	,4011	,4379	,2835	,9160	21′
40′	0,4014	0,4383	2,2817	0,9159	20′
41′	,4017	,4386	,2799	,9158	19′
42′	,4019	,4390	,2781	,9157	18′
43′	,4022	,4393	,2763	,9155	17′
44′	,4025	,4397	,2745	,9154	16′
45′	0,4027	0,4400	2,2727	0,9153	15′
46′	,4030	,4404	,2709	,9152	14′
47′	,4033	,4407	,2691	,9151	13′
48′	,4035	,4411	,2673	,9150	12′
49′	,4038	,4414	,2655	,9148	11′
50′	0,4041	0,4417	2,2637	0,9147	10′
51′	,4043	,4421	,2620	,9146	9′
52′	,4046	,4424	,2602	,9145	8′
53′	,4049	,4428	,2584	,9144	7′
54′	,4051	,4431	,2566	,9143	6′
55′	0,4054	0,4435	2,2549	0,9141	5′
56′	,4057	,4438	,2531	,9140	4′
57′	,4059	,4442	,2513	,9139	3′
58′	,4062	,4445	,2496	,9138	2′
59′	,4065	,4449	,2478	,9137	1′
60′	0,4067	0,4452	2,2460	0,9135	0′
	cos φ	cot φ	tan φ	sin φ	66°

24°	sin φ	tan φ	cot φ	cos φ	
0′	0,4067	0,4452	2,2460	0,9135	60′
1′	,4070	,4456	,2443	,9134	59′
2′	,4073	,4459	,2425	,9133	58′
3′	,4075	,4463	,2408	,9132	57′
4′	,4078	,4466	,2390	,9131	56′
5′	0,4081	0,4470	2,2373	0,9130	55′
6′	,4083	,4473	,2355	,9128	54′
7′	,4086	,4477	,2338	,9127	53′
8′	,4089	,4480	,2320	,9126	52′
9′	,4091	,4484	,2303	,9125	51′
10′	0,4094	0,4487	2,2286	0,9124	50′
11′	,4097	,4491	,2268	,9122	49′
12′	,4099	,4494	,2251	,9121	48′
13′	,4102	,4498	,2234	,9120	47′
14′	,4105	,4501	,2216	,9119	46′
15′	0,4107	0,4505	2,2199	0,9118	45′
16′	,4110	,4508	,2182	,9116	44′
17′	,4112	,4512	,2165	,9115	43′
18′	,4115	,4515	,2148	,9114	42′
19′	,4118	,4519	,2130	,9113	41′
20′	0,4120	0,4522	2,2113	0,9112	40′
21′	,4123	,4526	,2096	,9110	39′
22′	,4126	,4529	,2079	,9109	38′
23′	,4128	,4533	,2062	,9108	37′
24′	,4131	,4536	,2045	,9107	36′
25′	0,4134	0,4540	2,2028	0,9106	35′
26′	,4136	,4543	,2011	,9104	34′
27′	,4139	,4547	,1994	,9103	33′
28′	,4142	,4550	,1977	,9102	32′
29′	,4144	,4554	,1960	,9101	31′
30′	0,4147	0,4557	2,1943	0,9100	30′
31′	,4150	,4561	,1926	,9098	29′
32′	,4152	,4564	,1909	,9097	28′
33′	,4155	,4568	,1892	,9096	27′
34′	,4158	,4571	,1876	,9095	26′
35′	0,4160	0,4575	2,1859	0,9094	25′
36′	,4163	,4578	,1842	,9092	24′
37′	,4165	,4582	,1825	,9091	23′
38′	,4168	,4585	,1808	,9090	22′
39′	,4171	,4589	,1792	,9089	21′
40′	0,4173	0,4592	2,1775	0,9088	20′
41′	,4176	,4596	,1758	,9086	19′
42′	,4179	,4599	,1742	,9085	18′
43′	,4181	,4603	,1725	,9084	17′
44′	,4184	,4607	,1708	,9083	16′
45′	0,4187	0,4610	2,1692	0,9081	15′
46′	,4189	,4614	,1675	,9080	14′
47′	,4192	,4617	,1659	,9079	13′
48′	,4195	,4621	,1642	,9078	12′
49′	,4197	,4624	,1625	,9077	11′
50′	0,4200	0,4628	2,1609	0,9075	10′
51′	,4202	,4631	,1592	,9074	9′
52′	,4205	,4635	,1576	,9073	8′
53′	,4208	,4638	,1560	,9072	7′
54′	,4210	,4642	,1543	,9070	6′
55′	0,4213	0,4645	2,1527	0,9069	5′
56′	,4216	,4649	,1510	,9068	4′
57′	,4218	,4652	,1494	,9067	3′
58′	,4221	,4656	,1478	,9066	2′
59′	,4224	,4660	,1461	,9064	1′
60′	0,4226	0,4663	2,1445	0,9063	0′
	cos φ	cot φ	tan φ	sin φ	65°

25°	sin φ	tan φ	cot φ	cos φ	
0′	0,4226	0,4663	2,1445	0,9063	60′
1′	,4229	,4667	,1429	,9062	59′
2′	,4231	,4670	,1413	,9061	58′
3′	,4234	,4674	,1396	,9059	57′
4′	,4237	,4677	,1380	,9058	56′
5′	0,4239	0,4681	2,1364	0,9057	55′
6′	,4242	,4684	,1348	,9056	54′
7′	,4245	,4688	,1332	,9054	53′
8′	,4247	,4691	,1315	,9053	52′
9′	,4250	,4695	,1299	,9052	51′
10′	0,4253	0,4699	2,1283	0,9051	50′
11′	,4255	,4702	,1267	,9050	49′
12′	,4258	,4706	,1251	,9048	48′
13′	,4260	,4709	,1235	,9047	47′
14′	,4263	,4713	,1219	,9046	46′
15′	0,4266	0,4716	2,1203	0,9045	45′
16′	,4268	,4720	,1187	,9043	44′
17′	,4271	,4723	,1171	,9042	43′
18′	,4274	,4727	,1155	,9041	42′
19′	,4276	,4731	,1139	,9040	41′
20′	0,4279	0,4734	2,1123	0,9038	40′
21′	,4281	,4738	,1107	,9037	39′
22′	,4284	,4741	,1092	,9036	38′
23′	,4287	,4745	,1076	,9035	37′
24′	,4289	,4748	,1060	,9033	36′
25′	0,4292	0,4752	2,1044	0,9032	35′
26′	,4295	,4755	,1028	,9031	34′
27′	,4297	,4759	,1013	,9030	33′
28′	,4300	,4763	,0997	,9028	32′
29′	,4302	,4766	,0981	,9027	31′
30′	0,4305	0,4770	2,0965	0,9026	30′
31′	,4308	,4773	,0950	,9025	29′
32′	,4310	,4777	,0934	,9023	28′
33′	,4313	,4780	,0918	,9022	27′
34′	,4316	,4784	,0903	,9021	26′
35′	0,4318	0,4788	2,0887	0,9020	25′
36′	,4321	,4791	,0872	,9018	24′
37′	,4323	,4795	,0856	,9017	23′
38′	,4326	,4798	,0840	,9016	22′
39′	,4329	,4802	,0825	,9015	21′
40′	0,4331	0,4806	2,0809	0,9013	20′
41′	,4334	,4809	,0794	,9012	19′
42′	,4337	,4813	,0778	,9011	18′
43′	,4339	,4816	,0763	,9010	17′
44′	,4342	,4820	,0748	,9008	16′
45′	0,4344	0,4823	2,0732	0,9007	15′
46′	,4347	,4827	,0717	,9006	14′
47′	,4350	,4831	,0701	,9004	13′
48′	,4352	,4834	,0686	,9003	12′
49′	,4355	,4838	,0671	,9002	11′
50′	0,4358	0,4841	2,0655	0,9001	10′
51′	,4360	,4845	,0640	,8999	9′
52′	,4363	,4849	,0625	,8998	8′
53′	,4365	,4852	,0609	,8997	7′
54′	,4368	,4856	,0594	,8996	6′
55′	0,4371	0,4859	2,0579	0,8994	5′
56′	,4373	,4863	,0564	,8993	4′
57′	,4376	,4867	,0549	,8992	3′
58′	,4378	,4870	,0533	,8990	2′
59′	,4381	,4874	,0518	,8989	1′
60′	0,4384	0,4877	2,0503	0,8988	0′
	cos φ	cot φ	tan φ	sin φ	64°

26°	sin φ	tan φ	cot φ	cos φ	
0′	0,4384	0,4877	2,0503	0,8988	60′
1′	,4386	,4881	,0488	,8987	59′
2′	,4389	,4885	,0473	,8985	58′
3′	,4392	,4888	,0458	,8984	57′
4′	,4394	,4892	,0443	,8983	56′
5′	0,4397	0,4895	2,0428	0,8982	55′
6′	,4399	,4899	,0413	,8980	54′
7′	,4402	,4903	,0398	,8979	53′
8′	,4405	,4906	,0383	,8978	52′
9′	,4407	,4910	,0368	,8976	51′
10′	0,4410	0,4913	2,0353	0,8975	50′
11′	,4412	,4917	,0338	,8974	49′
12′	,4415	,4921	,0323	,8973	48′
13′	,4418	,4924	,0308	,8971	47′
14′	,4420	,4928	,0293	,8970	46′
15′	0,4423	0,4931	2,0278	0,8969	45′
16′	,4425	,4935	,0263	,8967	44′
17′	,4428	,4939	,0248	,8966	43′
18′	,4431	,4942	,0233	,8965	42′
19′	,4433	,4946	,0219	,8964	41′
20′	0,4436	0,4950	2,0204	0,8962	40′
21′	,4439	,4953	,0189	,8961	39′
22′	,4441	,4957	,0174	,8960	38′
23′	,4444	,4960	,0160	,8958	37′
24′	,4446	,4964	,0145	,8957	36′
25′	0,4449	0,4968	2,0130	0,8956	35′
26′	,4452	,4971	,0115	,8955	34′
27′	,4454	,4975	,0101	,8953	33′
28′	,4457	,4979	,0086	,8952	32′
29′	,4459	,4982	,0072	,8951	31′
30′	0,4462	0,4986	2,0057	0,8949	30′
31′	,4465	,4989	,0042	,8948	29′
32′	,4467	,4993	,0028	,8947	28′
33′	,4470	,4997	2,0013	,8945	27′
34′	,4472	,5000	1,9999	,8944	26′
35′	0,4475	0,5004	1,9984	0,8943	25′
36′	,4478	,5008	,9970	,8942	24′
37′	,4480	,5011	,9955	,8940	23′
38′	,4483	,5015	,9941	,8939	22′
39′	,4485	,5019	,9926	,8938	21′
40′	0,4488	0,5022	1,9912	0,8936	20′
41′	,4491	,5026	,9897	,8935	19′
42′	,4493	,5029	,9883	,8934	18′
43′	,4496	,5033	,9868	,8932	17′
44′	,4498	,5037	,9854	,8931	16′
45′	0,4501	0,5040	1,9840	0,8930	15′
46′	,4504	,5044	,9825	,8928	14′
47′	,4506	,5048	,9811	,8927	13′
48′	,4509	,5051	,9797	,8926	12′
49′	,4511	,5055	,9782	,8925	11′
50′	0,4514	0,5059	1,9768	0,8923	10′
51′	,4517	,5062	,9754	,8922	9′
52′	,4519	,5066	,9740	,8921	8′
53′	,4522	,5070	,9725	,8919	7′
54′	,4524	,5073	,9711	,8918	6′
55′	0,4527	0,5077	1,9697	0,8917	5′
56′	,4530	,5081	,9683	,8915	4′
57′	,4532	,5084	,9669	,8914	3′
58′	,4535	,5088	,9654	,8913	2′
59′	,4537	,5092	,9640	,8911	1′
60′	0,4540	0,5095	1,9626	0,8910	0′
	cos φ	cot φ	tan φ	sin φ	63°

27°

	sin φ	tan φ	cot φ	cos φ	
0′	0,4540	0,5095	1,9626	0,8910	60′
1′	,4542	,5099	,9612	,8909	59′
2′	,4545	,5103	,9598	,8907	58′
3′	,4548	,5106	,9584	,8906	57′
4′	,4550	,5110	,9570	,8905	56′
5′	0,4553	0,5114	1,9556	0,8903	55′
6′	,4555	,5117	,9542	,8902	54′
7′	,4558	,5121	,9528	,8901	53′
8′	,4561	,5125	,9514	,8899	52′
9′	,4563	,5128	,9500	,8898	51′
10′	0,4566	0,5132	1,9486	0,8897	50′
11′	,4568	,5136	,9472	,8895	49′
12′	,4571	,5139	,9458	,8894	48′
13′	,4574	,5143	,9444	,8893	47′
14′	,4576	,5147	,9430	,8892	46′
15′	0,4579	0,5150	1,9416	0,8890	45′
16′	,4581	,5154	,9402	,8889	44′
17′	,4584	,5158	,9388	,8888	43′
18′	,4586	,5161	,9375	,8886	42′
19′	,4589	,5165	,9361	,8885	41′
20′	0,4592	0,5169	1,9347	0,8884	40′
21′	,4594	,5172	,9333	,8882	39′
22′	,4597	,5176	,9319	,8881	38′
23′	,4599	,5180	,9306	,8879	37′
24′	,4602	,5184	,9292	,8878	36′
25′	0,4605	0,5187	1,9278	0,8877	35′
26′	,4607	,5191	,9265	,8875	34′
27′	,4610	,5195	,9251	,8874	33′
28′	,4612	,5198	,9237	,8873	32′
29′	,4615	,5202	,9223	,8871	31′
30′	0,4617	0,5206	1,9210	0,8870	30′
31′	,4620	,5209	,9196	,8869	29′
32′	,4623	,5213	,9183	,8867	28′
33′	,4625	,5217	,9169	,8866	27′
34′	,4628	,5220	,9155	,8865	26′
35′	0,4630	0,5224	1,9142	0,8863	25′
36′	,4633	,5228	,9128	,8862	24′
37′	,4636	,5232	,9115	,8861	23′
38′	,4638	,5235	,9101	,8859	22′
39′	,4641	,5239	,9088	,8858	21′
40′	0,4643	0,5243	1,9074	0,8857	20′
41′	,4646	,5246	,9061	,8855	19′
42′	,4648	,5250	,9047	,8854	18′
43′	,4651	,5254	,9034	,8853	17′
44′	,4654	,5258	,9020	,8851	16′
45′	0,4656	0,5261	1,9007	0,8850	15′
46′	,4659	,5265	,8993	,8849	14′
47′	,4661	,5269	,8980	,8847	13′
48′	,4664	,5272	,8967	,8846	12′
49′	,4666	,5276	,8953	,8844	11′
50′	0,4669	0,5280	1,8940	0,8843	10′
51′	,4672	,5284	,8927	,8842	9′
52′	,4674	,5287	,8913	,8840	8′
53′	,4677	,5291	,8900	,8839	7′
54′	,4679	,5295	,8887	,8838	6′
55′	0,4682	0,5298	1,8873	0,8836	5′
56′	,4684	,5302	,8860	,8835	4′
57′	,4687	,5306	,8847	,8834	3′
58′	,4690	,5310	,8834	,8832	2′
59′	,4692	,5313	,8820	,8831	1′
60′	0,4695	0,5317	1,8807	0,8829	0′
	cos φ	cot φ	tan φ	sin φ	62°

28°

	sin φ	tan φ	cot φ	cos φ	
0′	0,4695	0,5317	1,8807	0,8829	60′
1′	,4697	,5321	,8794	,8828	59′
2′	,4700	,5325	,8781	,8827	58′
3′	,4702	,5328	,8768	,8825	57′
4′	,4705	,5332	,8755	,8824	56′
5′	0,4708	0,5336	1,8741	0,8823	55′
6′	,4710	,5340	,8728	,8821	54′
7′	,4713	,5343	,8715	,8820	53′
8′	,4715	,5347	,8702	,8819	52′
9′	,4718	,5351	,8689	,8817	51′
10′	0,4720	0,5354	1,8676	0,8816	50′
11′	,4723	,5358	,8663	,8814	49′
12′	,4726	,5362	,8650	,8813	48′
13′	,4728	,5366	,8637	,8812	47′
14′	,4731	,5369	,8624	,8810	46′
15′	0,4733	0,5373	1,8611	0,8809	45′
16′	,4736	,5377	,8598	,8808	44′
17′	,4738	,5381	,8585	,8806	43′
18′	,4741	,5384	,8572	,8805	42′
19′	,4743	,5388	,8559	,8803	41′
20′	0,4746	0,5392	1,8546	0,8802	40′
21′	,4749	,5396	,8533	,8801	39′
22′	,4751	,5399	,8520	,8799	38′
23′	,4754	,5403	,8507	,8798	37′
24′	,4756	,5407	,8495	,8796	36′
25′	0,4759	0,5411	1,8482	0,8795	35′
26′	,4761	,5415	,8469	,8794	34′
27′	,4764	,5418	,8456	,8792	33′
28′	,4766	,5422	,8443	,8791	32′
29′	,4769	,5426	,8430	,8790	31′
30′	0,4772	0,5430	1,8418	0,8788	30′
31′	,4774	,5433	,8405	,8787	29′
32′	,4777	,5437	,8392	,8785	28′
33′	,4779	,5441	,8379	,8784	27′
34′	,4782	,5445	,8367	,8783	26′
35′	0,4784	0,5448	1,8354	0,8781	25′
36′	,4787	,5452	,8341	,8780	24′
37′	,4789	,5456	,8329	,8778	23′
38′	,4792	,5460	,8316	,8777	22′
39′	,4795	,5464	,8303	,8776	21′
40′	0,4797	0,5467	1,8291	0,8774	20′
41′	,4800	,5471	,8278	,8773	19′
42′	,4802	,5475	,8265	,8771	18′
43′	,4805	,5479	,8253	,8770	17′
44′	,4807	,5482	,8240	,8769	16′
45′	0,4810	0,5486	1,8228	0,8767	15′
46′	,4812	,5490	,8215	,8766	14′
47′	,4815	,5494	,8202	,8764	13′
48′	,4818	,5498	,8190	,8763	12′
49′	,4820	,5501	,8177	,8762	11′
50′	0,4823	0,5505	1,8165	0,8760	10′
51′	,4825	,5509	,8152	,8759	9′
52′	,4828	,5513	,8140	,8757	8′
53′	,4830	,5517	,8127	,8756	7′
54′	,4833	,5520	,8115	,8755	6′
55′	0,4835	0,5524	1,8103	0,8753	5′
56′	,4838	,5528	,8090	,8752	4′
57′	,4840	,5532	,8078	,8750	3′
58′	,4843	,5535	,8065	,8749	2′
59′	,4846	,5539	,8053	,8748	1′
60′	0,4848	0,5543	1,8040	0,8746	0′
	cos φ	cot φ	tan φ	sin φ	61°

29°

	sin φ	tan φ	cot φ	cos φ	
0′	0,4848	0,5543	1,8040	0,8746	60′
1′	,4851	,5547	,8028	,8745	59′
2′	,4853	,5551	,8016	,8743	58′
3′	,4856	,5555	,8003	,8742	57′
4′	,4858	,5558	,7991	,8741	56′
5′	0,4861	0,5562	1,7979	0,8739	55′
6′	,4863	,5566	,7966	,8738	54′
7′	,4866	,5570	,7954	,8736	53′
8′	,4868	,5574	,7942	,8735	52′
9′	,4871	,5577	,7930	,8733	51′
10′	0,4874	0,5581	1,7917	0,8732	50′
11′	,4876	,5585	,7905	,8731	49′
12′	,4879	,5589	,7893	,8729	48′
13′	,4881	,5593	,7881	,8728	47′
14′	,4884	,5596	,7868	,8726	46′
15′	0,4886	0,5600	1,7856	0,8725	45′
16′	,4889	,5604	,7844	,8724	44′
17′	,4891	,5608	,7832	,8722	43′
18′	,4894	,5612	,7820	,8721	42′
19′	,4896	,5616	,7808	,8719	41′
20′	0,4899	0,5619	1,7796	0,8718	40′
21′	,4901	,5623	,7783	,8716	39′
22′	,4904	,5627	,7771	,8715	38′
23′	,4907	,5631	,7759	,8714	37′
24′	,4909	,5635	,7747	,8712	36′
25′	0,4912	0,5639	1,7735	0,8711	35′
26′	,4914	,5642	,7723	,8709	34′
27′	,4917	,5646	,7711	,8708	33′
28′	,4919	,5650	,7699	,8706	32′
29′	,4922	,5654	,7687	,8705	31′
30′	0,4924	0,5658	1,7675	0,8704	30′
31′	,4927	,5662	,7663	,8702	29′
32′	,4929	,5665	,7651	,8701	28′
33′	,4932	,5669	,7639	,8699	27′
34′	,4934	,5673	,7627	,8698	26′
35′	0,4937	0,5677	1,7615	0,8696	25′
36′	,4939	,5681	,7603	,8695	24′
37′	,4942	,5685	,7591	,8694	23′
38′	,4944	,5688	,7579	,8692	22′
39′	,4947	,5692	,7567	,8691	21′
40′	0,4950	0,5696	1,7556	0,8689	20′
41′	,4952	,5700	,7544	,8688	19′
42′	,4955	,5704	,7532	,8686	18′
43′	,4957	,5708	,7520	,8685	17′
44′	,4960	,5712	,7508	,8683	16′
45′	0,4962	0,5715	1,7496	0,8682	15′
46′	,4965	,5719	,7485	,8681	14′
47′	,4967	,5723	,7473	,8679	13′
48′	,4970	,5727	,7461	,8678	12′
49′	,4972	,5731	,7449	,8676	11′
50′	0,4975	0,5735	1,7437	0,8675	10′
51′	,4977	,5739	,7426	,8673	9′
52′	,4980	,5743	,7414	,8672	8′
53′	,4982	,5746	,7402	,8670	7′
54′	,4985	,5750	,7391	,8669	6′
55′	0,4987	0,5754	1,7379	0,8668	5′
56′	,4990	,5758	,7367	,8666	4′
57′	,4992	,5762	,7355	,8665	3′
58′	,4995	,5766	,7344	,8663	2′
59′	,4997	,5770	,7332	,8662	1′
60′	0,5000	0,5774	1,7321	0,8660	0′
	cos φ	cot φ	tan φ	sin φ	60°

30°

	sin φ	tan φ	cot φ	cos φ	
0′	0,5000	0,5774	1,7321	0,8660	60′
1′	,5003	,5777	,7309	,8659	59′
2′	,5005	,5781	,7297	,8657	58′
3′	,5008	,5785	,7286	,8656	57′
4′	,5010	,5789	,7274	,8654	56′
5′	0,5013	0,5793	1,7262	0,8653	55′
6′	,5015	,5797	,7251	,8652	54′
7′	,5018	,5801	,7239	,8650	53′
8′	,5020	,5805	,7228	,8649	52′
9′	,5023	,5808	,7216	,8647	51′
10′	0,5025	0,5812	1,7205	0,8646	50′
11′	,5028	,5816	,7193	,8644	49′
12′	,5030	,5820	,7182	,8643	48′
13′	,5033	,5824	,7170	,8641	47′
14′	,5035	,5828	,7159	,8640	46′
15′	0,5038	0,5832	1,7147	0,8638	45′
16′	,5040	,5836	,7136	,8637	44′
17′	,5043	,5840	,7124	,8635	43′
18′	,5045	,5844	,7113	,8634	42′
19′	,5048	,5847	,7102	,8632	41′
20′	0,5050	0,5851	1,7090	0,8631	40′
21′	,5053	,5855	,7079	,8630	39′
22′	,5055	,5859	,7067	,8628	38′
23′	,5058	,5863	,7056	,8627	37′
24′	,5060	,5867	,7045	,8625	36′
25′	0,5063	0,5871	1,7033	0,8624	35′
26′	,5065	,5875	,7022	,8622	34′
27′	,5068	,5879	,7011	,8621	33′
28′	,5070	,5883	,6999	,8619	32′
29′	,5073	,5887	,6988	,8618	31′
30′	0,5075	0,5890	1,6977	0,8616	30′
31′	,5078	,5894	,6965	,8615	29′
32′	,5080	,5898	,6954	,8613	28′
33′	,5083	,5902	,6943	,8612	27′
34′	,5085	,5906	,6932	,8610	26′
35′	0,5088	0,5910	1,6920	0,8609	25′
36′	,5090	,5914	,6909	,8607	24′
37′	,5093	,5918	,6898	,8606	23′
38′	,5095	,5922	,6887	,8604	22′
39′	,5098	,5926	,6875	,8603	21′
40′	0,5100	0,5930	1,6864	0,8601	20′
41′	,5103	,5934	,6853	,8600	19′
42′	,5105	,5938	,6842	,8599	18′
43′	,5108	,5942	,6831	,8597	17′
44′	,5110	,5945	,6820	,8596	16′
45′	0,5113	0,5949	1,6808	0,8594	15′
46′	,5115	,5953	,6797	,8593	14′
47′	,5118	,5957	,6786	,8591	13′
48′	,5120	,5961	,6775	,8590	12′
49′	,5123	,5965	,6764	,8588	11′
50′	0,5125	0,5969	1,6753	0,8587	10′
51′	,5128	,5973	,6742	,8585	9′
52′	,5130	,5977	,6731	,8584	8′
53′	,5133	,5981	,6720	,8582	7′
54′	,5135	,5985	,6709	,8581	6′
55′	0,5138	0,5989	1,6698	0,8579	5′
56′	,5140	,5993	,6687	,8578	4′
57′	,5143	,5997	,6676	,8576	3′
58′	,5145	,6001	,6665	,8575	2′
59′	,5148	,6005	,6654	,8573	1′
60′	0,5150	0,6009	1,6643	0,8572	0′
	cos φ	cot φ	tan φ	sin φ	59°

31°	sin φ	tan φ	cot φ	cos φ	
0′	0,5150	0,6009	1,6643	0,8572	60′
1′	,5153	,6013	,6632	,8570	59′
2′	,5155	,6017	,6621	,8569	58′
3′	,5158	,6020	,6610	,8567	57′
4′	,5160	,6024	,6599	,8566	56′
5′	0,5163	0,6028	1,6588	0,8564	55′
6′	,5165	,6032	,6577	,8563	54′
7′	,5168	,6036	,6566	,8561	53′
8′	,5170	,6040	,6555	,8560	52′
9′	,5173	,6044	,6545	,8558	51′
10′	0,5175	0,6048	1,6534	0,8557	50′
11′	,5178	,6052	,6523	,8555	49′
12′	,5180	,6056	,6512	,8554	48′
13′	,5183	,6060	,6501	,8552	47′
14′	,5185	,6064	,6490	,8551	46′
15′	0,5188	0,6068	1,6479	0,8549	45′
16′	,5190	,6072	,6469	,8548	44′
17′	,5193	,6076	,6458	,8546	43′
18′	,5195	,6080	,6447	,8545	42′
19′	,5198	,6084	,6436	,8543	41′
20′	0,5200	0,6088	1,6426	0,8542	40′
21′	,5203	,6092	,6415	,8540	39′
22′	,5205	,6096	,6404	,8539	38′
23′	,5208	,6100	,6393	,8537	37′
24′	,5210	,6104	,6383	,8536	36′
25′	0,5213	0,6108	1,6372	0,8534	35′
26′	,5215	,6112	,6361	,8532	34′
27′	,5218	,6116	,6351	,8531	33′
28′	,5220	,6120	,6340	,8529	32′
29′	,5223	,6124	,6329	,8528	31′
30′	0,5225	0,6128	1,6319	0,8526	30′
31′	,5227	,6132	,6308	,8525	29′
32′	,5230	,6136	,6297	,8523	28′
33′	,5232	,6140	,6287	,8522	27′
34′	,5235	,6144	,6276	,8520	26′
35′	0,5237	0,6148	1,6265	0,8519	25′
36′	,5240	,6152	,6255	,8517	24′
37′	,5242	,6156	,6244	,8516	23′
38′	,5245	,6160	,6234	,8514	22′
39′	,5247	,6164	,6223	,8513	21′
40′	0,5250	0,6168	1,6212	0,8511	20′
41′	,5252	,6172	,6202	,8510	19′
42′	,5255	,6176	,6191	,8508	18′
43′	,5257	,6180	,6181	,8507	17′
44′	,5260	,6184	,6170	,8505	16′
45′	0,5262	0,6188	1,6160	0,8504	15′
46′	,5265	,6192	,6149	,8502	14′
47′	,5267	,6196	,6139	,8500	13′
48′	,5270	,6200	,6128	,8499	12′
49′	,5272	,6204	,6118	,8497	11′
50′	0,5275	0,6208	1,6107	0,8496	10′
51′	,5277	,6212	,6097	,8494	9′
52′	,5279	,6216	,6087	,8493	8′
53′	,5282	,6220	,6076	,8491	7′
54′	,5284	,6224	,6066	,8490	6′
55′	0,5287	0,6228	1,6055	0,8488	5′
56′	,5289	,6233	,6045	,8487	4′
57′	,5292	,6237	,6034	,8485	3′
58′	,5294	,6241	,6024	,8484	2′
59′	,5297	,6245	,6014	,8482	1′
60′	0,5299	0,6249	1,6003	0,8480	0′
	cos φ	cot φ	tan φ	sin φ	58°

32°	sin φ	tan φ	cot φ	cos φ	
0′	0 5299	0,6249	1,6003	0,8480	60′
1′	,5302	,6253	,5993	,8479	59′
2′	,5304	,6257	,5983	,8477	58′
3′	,5307	,6261	,5972	,8476	57′
4′	,5309	,6265	,5962	,8474	56′
5′	0,5312	0,6269	1,5952	0,8473	55′
6′	,5314	,6273	,5941	,8471	54′
7′	,5316	,6277	,5931	,8470	53′
8′	,5319	,6281	,5921	,8468	52′
9′	,5321	,6285	,5911	,8467	51′
10′	0,5324	0,6289	1,5900	0,8465	50′
11′	,5326	,6293	,5890	,8463	49′
12′	,5329	,6297	,5880	,8462	48′
13′	,5331	,6301	,5869	,8460	47′
14′	,5334	,6305	,5859	,8459	46′
15′	0,5336	0,6310	1,5849	0,8457	45′
16′	,5339	,6314	,5839	,8456	44′
17′	,5341	,6318	,5829	,8454	43′
18′	,5344	,6322	,5818	,8453	42′
19′	,5346	,6326	,5808	,8451	41′
20′	0,5348	0,6330	1,5798	0,8450	40′
21′	,5351	,6334	,5788	,8448	39′
22′	,5353	,6338	,5778	,8446	38′
23′	,5356	,6342	,5768	,8445	37′
24′	,5358	,6346	,5757	,8443	36′
25′	0,5361	0,6350	1,5747	0,8442	35′
26′	,5363	,6354	,5737	,8440	34′
27′	,5366	,6358	,5727	,8439	33′
28′	,5368	,6363	,5717	,8437	32′
29′	,5371	,6367	,5707	,8435	31′
30′	0,5373	0,6371	1,5697	0,8434	30′
31′	,5375	,6375	,5687	,8432	29′
32′	,5378	,6379	,5677	,8431	28′
33′	,5380	,6383	,5667	,8429	27′
34′	,5383	,6387	,5657	,8428	26′
35′	0,5385	0,6391	1,5647	0,8426	25′
36′	,5388	,6395	,5637	,8425	24′
37′	,5390	,6399	,5627	,8423	23′
38′	,5393	,6403	,5617	,8421	22′
39′	,5395	,6408	,5607	,8420	21′
40′	0,5398	0,6412	1,5597	0,8418	20′
41′	,5400	,6416	,5587	,8417	19′
42′	,5402	,6420	,5577	,8415	18′
43′	,5405	,6424	,5567	,8414	17′
44′	,5407	,6428	,5557	,8412	16′
45′	0,5410	0,6432	1,5547	0,8410	15′
46′	,5412	,6436	,5537	,8409	14′
47′	,5415	,6440	,5527	,8407	13′
48′	,5417	,6445	,5517	,8406	12′
49′	,5420	,6449	,5507	,8404	11′
50′	0,5422	0,6453	1,5497	0,8403	10′
51′	,5424	,6457	,5487	,8401	9′
52′	,5427	,6461	,5477	,8399	8′
53′	,5429	,6465	,5468	,8398	7′
54′	,5432	,6469	,5458	,8396	6′
55′	0,5434	0,6473	1,5448	0,8395	5′
56′	,5437	,6478	,5438	,8393	4′
57′	,5439	,6482	,5428	,8391	3′
58′	,5442	,6486	,5418	,8390	2′
59′	,5444	,6490	,5408	,8388	1′
60′	0,5446	0,6494	1,5399	0,8387	0′
	cos φ	cot φ	tan φ	sin φ	57°

33°	sin φ	tan φ	cot φ	cos φ	
0′	0,5446	0,6494	1,5399	0,8387	60′
1′	,5449	,6498	,5389	,8385	59′
2′	,5451	,6502	,5379	,8384	58′
3′	,5454	,6506	,5369	,8382	57′
4′	,5456	,6511	,5359	,8380	56′
5′	0,5459	0,6515	1,5350	0,8379	55′
6′	,5461	,6519	,5340	,8377	54′
7′	,5463	,6523	,5330	,8376	53′
8′	,5466	,6527	,5320	,8374	52′
9′	,5468	,6531	,5311	,8372	51′
10′	0,5471	0,6536	1,5301	0,8371	50′
11′	,5473	,6540	,5291	,8369	49′
12′	,5476	,6544	,5282	,8368	48′
13′	,5478	,6548	,5272	,8366	47′
14′	,5480	,6552	,5262	,8364	46′
15′	0,5483	0,6556	1,5253	0,8363	45′
16′	,5485	,6560	,5243	,8361	44′
17′	,5488	,6565	,5233	,8360	43′
18′	,5490	,6569	,5224	,8358	42′
19′	,5493	,6573	,5214	,8356	41′
20′	0,5495	0,6577	1,5204	0,8355	40′
21′	,5498	,6581	,5195	,8353	39′
22′	,5500	,6585	,5185	,8352	38′
23′	,5502	,6590	,5175	,8350	37′
24′	,5505	,6594	,5166	,8348	36′
25′	0,5507	0,6598	1,5156	0,8347	35′
26′	,5510	,6602	,5147	,8345	34′
27′	,5512	,6606	,5137	,8344	33′
28′	,5515	,6610	,5127	,8342	32′
29′	,5517	,6615	,5118	,8340	31′
30′	0,5519	0,6619	1,5108	0,8339	30′
31′	,5522	,6623	,5099	,8337	29′
32′	,5524	,6627	,5089	,8336	28′
33′	,5527	,6631	,5080	,8334	27′
34′	,5529	,6636	,5070	,8332	26′
35′	0,5531	0,6640	1,5061	0,8331	25′
36′	,5534	,6644	,5051	,8329	24′
37′	,5536	,6648	,5042	,8328	23′
38′	,5539	,6652	,5032	,8326	22′
39′	,5541	,6657	,5023	,8324	21′
40′	0,5544	0,6661	1,5013	0,8323	20′
41′	,5546	,6665	,5004	,8321	19′
42′	,5548	,6669	,4994	,8320	18′
43′	,5551	,6673	,4985	,8318	17′
44′	,5553	,6678	,4975	,8316	16′
45′	0,5556	0,6682	1,4966	0,8315	15′
46′	,5558	,6686	,4957	,8313	14′
47′	,5561	,6690	,4947	,8311	13′
48′	,5563	,6694	,4938	,8310	12′
49′	,5565	,6699	,4928	,8308	11′
50′	0,5568	0,6703	1,4919	0,8307	10′
51′	,5570	,6707	,4910	,8305	9′
52′	,5573	,6711	,4900	,8303	8′
53′	,5575	,6715	,4891	,8302	7′
54′	,5577	,6720	,4882	,8300	6′
55′	0,5580	0,6724	1,4872	0,8299	5′
56′	,5582	,6728	,4863	,8297	4′
57′	,5585	,6732	,4854	,8295	3′
58′	,5587	,6737	,4844	,8294	2′
59′	,5590	,6741	,4835	,8292	1′
60′	0,5592	0,6745	1,4826	0,8290	0′
	cos φ	cot φ	tan φ	sin φ	56°

34°	sin φ	tan φ	cot φ	cos φ	
0′	0,5592	0,6745	1,4826	0,8290	60′
1′	,5594	,6749	,4816	,8289	59′
2′	,5597	,6754	,4807	,8287	58′
3′	,5599	,6758	,4798	,8285	57′
4′	,5602	,6762	,4788	,8284	56′
5′	0,5604	0,6766	1,4779	0,8282	55′
6′	,5606	,6771	,4770	,8281	54′
7′	,5609	,6775	,4761	,8279	53′
8′	,5611	,6779	,4751	,8277	52′
9′	,5614	,6783	,4742	,8276	51′
10′	0,5616	0,6787	1,4733	0,8274	50′
11′	,5618	,6792	,4724	,8272	49′
12′	,5621	,6796	,4715	,8271	48′
13′	,5623	,6800	,4705	,8269	47′
14′	,5626	,6805	,4696	,8268	46′
15′	0,5628	0,6809	1,4687	0,8266	45′
16′	,5630	,6813	,4678	,8264	44′
17′	,5633	,6817	,4669	,8263	43′
18′	,5635	,6822	,4659	,8261	42′
19′	,5638	,6826	,4650	,8259	41′
20′	0,5640	0,6830	1,4641	0,8258	40′
21′	,5642	,6834	,4632	,8256	39′
22′	,5645	,6839	,4623	,8254	38′
23′	,5647	,6843	,4614	,8253	37′
24′	,5650	,6847	,4605	,8251	36′
25′	0,5652	0,6851	1,4596	0,8249	35′
26′	,5654	,6856	,4586	,8248	34′
27′	,5657	,6860	,4577	,8246	33′
28′	,5659	,6864	,4568	,8245	32′
29′	,5662	,6869	,4559	,8243	31′
30′	0,5664	0,6873	1,4550	0,8241	30′
31′	,5666	,6877	,4541	,8240	29′
32′	,5669	,6881	,4532	,8238	28′
33′	,5671	,6886	,4523	,8236	27′
34′	,5674	,6890	,4514	,8235	26′
35′	0,5676	0,6894	1,4505	0,8233	25′
36′	,5678	,6899	,4496	,8231	24′
37′	,5681	,6903	,4487	,8230	23′
38′	,5683	,6907	,4478	,8228	22′
39′	,5686	,6911	,4469	,8226	21′
40′	0,5688	0,6916	1,4460	0,8225	20′
41′	,5690	,6920	,4451	,8223	19′
42′	,5693	,6924	,4442	,8221	18′
43′	,5695	,6929	,4433	,8220	17′
44′	,5698	,6933	,4424	,8218	16′
45′	0,5700	0,6937	1,4415	0,8216	15′
46′	,5702	,6942	,4406	,8215	14′
47′	,5705	,6946	,4397	,8213	13′
48′	,5707	,6950	,4388	,8211	12′
49′	,5710	,6954	,4379	,8210	11′
50′	0,5712	0,6959	1,4370	0,8208	10′
51′	,5714	,6963	,4361	,8207	9′
52′	,5717	,6967	,4352	,8205	8′
53′	,5719	,6972	,4344	,8203	7′
54′	,5721	,6976	,4335	,8202	6′
55′	0,5724	0,6980	1,4326	0,8200	5′
56′	,5726	,6985	,4317	,8198	4′
57′	,5729	,6989	,4308	,8197	3′
58′	,5731	,6993	,4299	,8195	2′
59′	,5733	,6998	,4290	,8193	1′
60′	0,5736	0,7002	1,4281	0,8192	0′
	cos φ	cot φ	tan φ	sin φ	55°

35°

	sin φ	tan φ	cot φ	cos φ	
0′	0,5736	0,7002	1,4281	0,8192	60′
1′	,5738	,7006	,4273	,8190	59′
2′	,5741	,7011	,4264	,8188	58′
3′	,5743	,7015	,4255	,8187	57′
4′	,5745	,7019	,4246	,8185	56′
5′	0,5748	0,7024	1,4237	0,8183	55′
6′	,5750	,7028	,4229	,8181	54′
7′	,5752	,7032	,4220	,8180	53′
8′	,5755	,7037	,4211	,8178	52′
9′	,5757	,7041	,4202	,8176	51′
10′	0,5760	0,7046	1,4193	0,8175	50′
11′	,5762	,7050	,4185	,8173	49′
12′	,5764	,7054	,4176	,8171	48′
13′	,5767	,7059	,4167	,8170	47′
14′	,5769	,7063	,4158	,8168	46′
15′	0,5771	0,7067	1,4150	0,8166	45′
16′	,5774	,7072	,4141	,8165	44′
17′	,5776	,7076	,4132	,8163	43′
18′	,5779	,7080	,4124	,8161	42′
19′	,5781	,7085	,4115	,8160	41′
20′	0,5783	0,7089	1,4106	0,8158	40′
21′	,5786	,7094	,4097	,8156	39′
22′	,5788	,7098	,4089	,8155	38′
23′	,5790	,7102	,4080	,8153	37′
24′	,5793	,7107	,4071	,8151	36′
25′	0,5795	0,7111	1,4063	0,8150	35′
26′	,5798	,7115	,4054	,8148	34′
27′	,5800	,7120	,4045	,8146	33′
28′	,5802	,7124	,4037	,8145	32′
29′	,5805	,7129	,4028	,8143	31′
30′	0,5807	0,7133	1,4019	0,8141	30′
31′	,5809	,7137	,4011	,8139	29′
32′	,5812	,7142	,4002	,8138	28′
33′	,5814	,7146	,3994	,8136	27′
34′	,5816	,7151	,3985	,8134	26′
35′	0,5819	0,7155	1,3976	0,8133	25′
36′	,5821	,7159	,3968	,8131	24′
37′	,5824	,7164	,3959	,8129	23′
38′	,5826	,7168	,3951	,8128	22′
39′	,5828	,7173	,3942	,8126	21′
40′	0,5831	0,7177	1,3934	0,8124	20′
41′	,5833	,7181	,3925	,8123	19′
42′	,5835	,7186	,3916	,8121	18′
43′	,5838	,7190	,3908	,8119	17′
44′	,5840	,7195	,3899	,8117	16′
45′	0,5842	0,7199	1,3891	0,8116	15′
46′	,5845	,7203	,3882	,8114	14′
47′	,5847	,7208	,3874	,8112	13′
48′	,5850	,7212	,3865	,8111	12′
49′	,5852	,7217	,3857	,8109	11′
50′	0,5854	0,7221	1,3848	0,8107	10′
51′	,5857	,7226	,3840	,8106	9′
52′	,5859	,7230	,3831	,8104	8′
53′	,5861	,7234	,3823	,8102	7′
54′	,5864	,7239	,3814	,8100	6′
55′	0,5866	0,7243	1,3806	0,8099	5′
56′	,5868	,7248	,3798	,8097	4′
57′	,5871	,7252	,3789	,8095	3′
58′	,5873	,7257	,3781	,8094	2′
59′	,5875	,7261	,3772	,8092	1′
60′	0,5878	0,7265	1,3764	0,8090	0′
	cos φ	cot φ	tan φ	sin φ	54°

36°

	sin φ	tan φ	cot φ	cos φ	
0′	0,5878	0,7265	1,3764	0,8090	60′
1′	,5880	,7270	,3755	,8088	59′
2′	,5883	,7274	,3747	,8087	58′
3′	,5885	,7279	,3739	,8085	57′
4′	,5887	,7283	,3730	,8083	56′
5′	0,5890	0,7288	1,3722	0,8082	55′
6′	,5892	,7292	,3713	,8080	54′
7′	,5894	,7297	,3705	,8078	53′
8′	,5897	,7301	,3697	,8076	52′
9′	,5899	,7306	,3688	,8075	51′
10′	0,5901	0,7310	1,3680	0,8073	50′
11′	,5904	,7314	,3672	,8071	49′
12′	,5906	,7319	,3663	,8070	48′
13′	,5908	,7323	,3655	,8068	47′
14′	,5911	,7328	,3647	,8066	46′
15′	0,5913	0,7332	1,3638	0,8064	45′
16′	,5915	,7337	,3630	,8063	44′
17′	,5918	,7341	,3622	,8061	43′
18′	,5920	,7346	,3613	,8059	42′
19′	,5922	,7350	,3605	,8058	41′
20′	0,5925	0,7355	1,3597	0,8056	40′
21′	,5927	,7359	,3588	,8054	39′
22′	,5930	,7364	,3580	,8052	38′
23′	,5932	,7368	,3572	,8051	37′
24′	,5934	,7373	,3564	,8049	36′
25′	0,5937	0,7377	1,3555	0,8047	35′
26′	,5939	,7382	,3547	,8045	34′
27′	,5941	,7386	,3539	,8044	33′
28′	,5944	,7391	,3531	,8042	32′
29′	,5946	,7395	,3522	,8040	31′
30′	0,5948	0,7400	1,3514	0,8039	30′
31′	,5951	,7404	,3506	,8037	29′
32′	,5953	,7409	,3498	,8035	28′
33′	,5955	,7413	,3490	,8033	27′
34′	,5958	,7418	,3481	,8032	26′
35′	0,5960	0,7422	1,3473	0,8030	25′
36′	,5962	,7427	,3465	,8028	24′
37′	,5965	,7431	,3457	,8026	23′
38′	,5967	,7436	,3449	,8025	22′
39′	,5969	,7440	,3440	,8023	21′
40′	0,5972	0,7445	1,3432	0,8021	20′
41′	,5974	,7449	,3424	,8019	19′
42′	,5976	,7454	,3416	,8018	18′
43′	,5979	,7458	,3408	,8016	17′
44′	,5981	,7463	,3400	,8014	16′
45′	0,5983	0,7467	1,3392	0,8013	15′
46′	,5986	,7472	,3384	,8011	14′
47′	,5988	,7476	,3375	,8009	13′
48′	,5990	,7481	,3367	,8007	12′
49′	,5993	,7485	,3359	,8006	11′
50′	0,5995	0,7490	1,3351	0,8004	10′
51′	,5997	,7495	,3343	,8002	9′
52′	,6000	,7499	,3335	,8000	8′
53′	,6002	,7504	,3327	,7999	7′
54′	,6004	,7508	,3319	,7997	6′
55′	0,6007	0,7513	1,3311	0,7995	5′
56′	,6009	,7517	,3303	,7993	4′
57′	,6011	,7522	,3295	,7992	3′
58′	,6014	,7526	,3287	,7990	2′
59′	,6016	,7531	,3278	,7988	1′
60′	0,6018	0,7536	1,3270	0,7986	0′
	cos φ	cot φ	tan φ	sin φ	53°

37°	sin φ	tan φ	cot φ	cos φ	
0′	0,6018	0,7536	1,3270	0,7986	60′
1′	,6020	,7540	,3262	,7985	59′
2′	,6023	,7545	,3254	,7983	58′
3′	,6025	,7549	,3246	,7981	57′
4′	,6027	,7554	,3238	,7979	56′
5′	0,6030	0,7558	1,3230	0,7978	55′
6′	,6032	,7563	,3222	,7976	54′
7′	,6034	,7568	,3214	,7974	53′
8′	,6037	,7572	,3206	,7972	52′
9′	,6039	,7577	,3198	,7971	51′
10′	0,6041	0,7581	1,3190	0,7969	50′
11′	,6044	,7586	,3182	,7967	49′
12′	,6046	,7590	,3175	,7965	48′
13′	,6048	,7595	,3167	,7964	47′
14′	,6051	,7600	,3159	,7962	46′
15′	0,6053	0,7604	1,3151	0,7960	45′
16′	,6055	,7609	,3143	,7958	44′
17′	,6058	,7613	,3135	,7956	43′
18′	,6060	,7618	,3127	,7955	42′
19′	,6062	,7623	,3119	,7953	41′
20′	0,6065	0,7627	1,3111	0,7951	40′
21′	,6067	,7632	,3103	,7949	39′
22′	,6069	,7636	,3095	,7948	38′
23′	,6071	,7641	,3087	,7946	37′
24′	,6074	,7646	,3079	,7944	36′
25′	0,6076	0,7650	1,3072	0,7942	35′
26′	,6078	,7655	,3064	,7941	34′
27′	,6081	,7659	,3056	,7939	33′
28′	,6083	,7664	,3048	,7937	32′
29′	,6085	,7669	,3040	,7935	31′
30′	0,6088	0,7673	1,3032	0,7934	30′
31′	,6090	,7678	,3024	,7932	29′
32′	,6092	,7683	,3017	,7930	28′
33′	,6095	,7687	,3009	,7928	27′
34′	,6097	,7692	,3001	,7926	26′
35′	0,6099	0,7696	1,2993	0,7925	25′
36′	,6101	,7701	,2985	,7923	24′
37′	,6104	,7706	,2977	,7921	23′
38′	,6106	,7710	,2970	,7919	22′
39′	,6108	,7715	,2962	,7918	21′
40′	0,6111	0,7720	1,2954	0,7916	20′
41′	,6113	,7724	,2946	,7914	19′
42′	,6115	,7729	,2938	,7912	18′
43′	,6118	,7734	,2931	,7910	17′
44′	,6120	,7738	,2923	,7909	16′
45′	0,6122	0,7743	1,2915	0,7907	15′
46′	,6124	,7747	,2907	,7905	14′
47′	,6127	,7752	,2900	,7903	13′
48′	,6129	,7757	,2892	,7902	12′
49′	,6131	,7761	,2884	,7900	11′
50′	0,6134	0,7766	1,2876	0,7898	10′
51′	,6136	,7771	,2869	,7896	9′
52′	,6138	,7775	,2861	,7894	8′
53′	,6141	,7780	,2853	,7893	7′
54′	,6143	,7785	,2846	,7891	6′
55′	0,6145	0,7789	1,2838	0,7889	5′
56′	,6147	,7794	,2830	,7887	4′
57′	,6150	,7799	,2822	,7885	3′
58′	,6152	,7803	,2815	,7884	2′
59′	,6154	,7808	,2807	,7882	1′
60′	0,6157	0,7813	1,2799	0,7880	0′
	cos φ	cot φ	tan φ	sin φ	52°

38°	sin φ	tan φ	cot φ	cos φ	
0′	0,6157	0,7813	1,2799	0,7880	60′
1′	,6159	,7818	,2792	,7878	59′
2′	,6161	,7822	,2784	,7877	58′
3′	,6163	,7827	,2776	,7875	57′
4′	,6166	,7832	,2769	,7873	56′
5′	0,6168	0,7836	1,2761	0,7871	55′
6′	,6170	,7841	,2753	,7869	54′
7′	,6173	,7846	,2746	,7868	53′
8′	,6175	,7850	,2738	,7866	52′
9′	,6177	,7855	,2731	,7864	51′
10′	0,6180	0,7860	1,2723	0,7862	50′
11′	,6182	,7865	,2715	,7860	49′
12′	,6184	,7869	,2708	,7859	48′
13′	,6186	,7874	,2700	,7857	47′
14′	,6189	,7879	,2693	,7855	46′
15′	0,6191	0,7883	1,2685	0,7853	45′
16′	,6193	,7888	,2677	,7851	44′
17′	,6196	,7893	,2670	,7850	43′
18′	,6198	,7898	,2662	,7848	42′
19′	,6200	,7902	,2655	,7846	41′
20′	0,6202	0,7907	1,2647	0,7844	40′
21′	,6205	,7912	,2640	,7842	39′
22′	,6207	,7916	,2632	,7841	38′
23′	,6209	,7921	,2624	,7839	37′
24′	,6211	,7926	,2617	,7837	36′
25′	0,6214	0,7931	1,2609	0,7835	35′
26′	,6216	,7935	,2602	,7833	34′
27′	,6218	,7940	,2594	,7832	33′
28′	,6221	,7945	,2587	,7830	32′
29′	,6223	,7950	,2579	,7828	31′
30′	0,6225	0,7954	1,2572	0,7826	30′
31′	,6227	,7959	,2564	,7824	29′
32′	,6230	,7964	,2557	,7822	28′
33′	,6232	,7969	,2549	,7821	27′
34′	,6234	,7973	,2542	,7819	26′
35′	0,6237	0,7978	1,2534	0,7817	25′
36′	,6239	,7983	,2527	,7815	24′
37′	,6241	,7988	,2519	,7813	23′
38′	,6243	,7992	,2512	,7812	22′
39′	,6246	,7997	,2504	,7810	21′
40′	0,6248	0,8002	1,2497	0,7808	20′
41′	,6250	,8007	,2489	,7806	19′
42′	,6252	,8012	,2482	,7804	18′
43′	,6255	,8016	,2475	,7802	17′
44′	,6257	,8021	,2467	,7801	16′
45′	0,6259	0,8026	1,2460	0,7799	15′
46′	,6262	,8031	,2452	,7797	14′
47′	,6264	,8035	,2445	,7795	13′
48′	,6266	,8040	,2437	,7793	12′
49′	,6268	,8045	,2430	,7792	11′
50′	0,6271	0,8050	1,2423	0,7790	10′
51′	,6273	,8055	,2415	,7788	9′
52′	,6275	,8059	,2408	,7786	8′
53′	,6277	,8064	,2401	,7784	7′
54′	,6280	,8069	,2393	,7782	6′
55′	0,6282	0,8074	1,2386	0,7781	5′
56′	,6284	,8079	,2378	,7779	4′
57′	,6286	,8083	,2371	,7777	3′
58′	,6289	,8088	,2364	,7775	2′
59′	,6291	,8093	,2356	,7773	1′
60′	0,6293	0,8098	1,2349	0,7771	0′
	cos φ	cot φ	tan φ	sin φ	51°

39°

	sin φ	tan φ	cot φ	cos φ	
0′	0,6293	0,8098	1,2349	0,7771	60′
1′	,6295	,8103	,2342	,7770	59′
2′	,6298	,8107	,2334	,7768	58′
3′	,6300	,8112	,2327	,7766	57′
4′	,6302	,8117	,2320	,7764	56′
5′	0,6305	0,8122	1,2312	0,7762	55′
6′	,6307	,8127	,2305	,7760	54′
7′	,6309	,8132	,2298	,7759	53′
8′	,6311	,8136	,2290	,7757	52′
9′	,6314	,8141	,2283	,7755	51′
10′	0,6316	0,8146	1,2276	0,7753	50′
11′	,6318	,8151	,2268	,7751	49′
12′	,6320	,8156	,2261	,7749	48′
13′	,6323	,8161	,2254	,7748	47′
14′	,6325	,8165	,2247	,7746	46′
15′	0,6327	0,8170	1,2239	0,7744	45′
16′	,6329	,8175	,2232	,7742	44′
17′	,6332	,8180	,2225	,7740	43′
18′	,6334	,8185	,2218	,7738	42′
19′	,6336	,8190	,2210	,7737	41′
20′	0,6338	0,8195	1,2203	0,7735	40′
21′	,6341	,8199	,2196	,7733	39′
22′	,6343	,8204	,2189	,7731	38′
23′	,6345	,8209	,2181	,7729	37′
24′	,6347	,8214	,2174	,7727	36′
25′	0,6350	0,8219	1,2167	0,7725	35′
26′	,6352	,8224	,2160	,7724	34′
27′	,6354	,8229	,2153	,7722	33′
28′	,6356	,8234	,2145	,7720	32′
29′	,6359	,8238	,2138	,7718	31′
30′	0,6361	0,8243	1,2131	0,7716	30′
31′	,6363	,8248	,2124	,7714	29′
32′	,6365	,8253	,2117	,7713	28′
33′	,6368	,8258	,2109	,7711	27′
34′	,6370	,8263	,2102	,7709	26′
35′	0,6372	0,8268	1,2095	0,7707	25′
36′	,6374	,8273	,2088	,7705	24′
37′	,6376	,8278	,2081	,7703	23′
38′	,6379	,8283	,2074	,7701	22′
39′	,6381	,8287	,2066	,7700	21′
40′	0,6383	0,8292	1,2059	0,7698	20′
41′	,6385	,8297	,2052	,7696	19′
42′	,6388	,8302	,2045	,7694	18′
43′	,6390	,8307	,2038	,7692	17′
44′	,6392	,8312	,2031	,7690	16′
45′	0,6394	0,8317	1,2024	0,7688	15′
46′	,6397	,8322	,2017	,7687	14′
47′	,6399	,8327	,2009	,7685	13′
48′	,6401	,8332	,2002	,7683	12′
49′	,6403	,8337	,1995	,7681	11′
50′	0,6406	0,8342	1,1988	0,7679	10′
51′	,6408	,8346	,1981	,7677	9′
52′	,6410	,8351	,1974	,7675	8′
53′	,6412	,8356	,1967	,7674	7′
54′	,6414	,8361	,1960	,7672	6′
55′	0,6417	0,8366	1,1953	0,7670	5′
56′	,6419	,8371	,1946	,7668	4′
57′	,6421	,8376	,1939	,7666	3′
58′	,6423	,8381	,1932	,7664	2′
59′	,6426	,8386	,1925	,7662	1′
60′	0,6428	0,8391	1,1918	0,7660	0′
	cos φ	cot φ	tan φ	sin φ	50°

40°

	sin φ	tan φ	cot φ	cos φ	
0′	0,6428	0,8391	1,1918	0,7660	60′
1′	,6430	,8396	,1910	,7659	59′
2′	,6432	,8401	,1903	,7657	58′
3′	,6435	,8406	,1896	,7655	57′
4′	,6437	,8411	,1889	,7653	56′
5′	0,6439	0,8416	1,1882	0,7651	55′
6′	,6441	,8421	,1875	,7649	54′
7′	,6443	,8426	,1868	,7647	53′
8′	,6446	,8431	,1861	,7645	52′
9′	,6448	,8436	,1854	,7644	51′
10′	0,6450	0,8441	1,1847	0,7642	50′
11′	,6452	,8446	,1840	,7640	49′
12′	,6455	,8451	,1833	,7638	48′
13′	,6457	,8456	,1826	,7636	47′
14′	,6459	,8461	,1819	,7634	46′
15′	0,6461	0,8466	1,1812	0,7632	45′
16′	,6463	,8471	,1806	,7630	44′
17′	,6466	,8476	,1799	,7629	43′
18′	,6468	,8481	,1792	,7627	42′
19′	,6470	,8486	,1785	,7625	41′
20′	0,6472	0,8491	1,1778	0,7623	40′
21′	,6475	,8496	,1771	,7621	39′
22′	,6477	,8501	.1764	,7619	38′
23′	,6479	,8506	,1757	,7617	37′
24′	,6481	,8511	,1750	,7615	36′
25′	0,6483	0,8516	1,1743	0,7613	35′
26′	,6486	,8521	,1736	,7612	34′
27′	,6488	,8526	,1729	,7610	33′
28′	,6490	,8531	,1722	,7608	32′
29′	,6492	,8536	,1715	,7606	31′
30′	0,6494	0,8541	1,1708	0,7604	30′
31′	,6497	,8546	,1702	,7602	29′
32′	,6499	,8551	,1695	,7600	28′
33′	,6501	,8556	,1688	,7598	27′
34′	,6503	,8561	,1681	,7596	26′
35′	0,6506	0,8566	1,1674	0,7595	25′
36′	,6508	,8571	,1667	,7593	24′
37′	,6510	,8576	,1660	,7591	23′
38′	,6512	,8581	,1653	,7589	22′
39′	,6514	,8586	,1647	,7587	21′
40′	0,6517	0,8591	1,1640	0,7585	20′
41′	,6519	,8596	,1633	,7583	19′
42′	,6521	,8601	,1626	,7581	18′
43′	,6523	,8606	,1619	,7579	17′
44′	,6525	,8611	,1612	,7578	16′
45′	0,6528	0,8617	1,1606	0,7576	15′
46′	,6530	,8622	,1599	,7574	14′
47′	,6532	,8627	,1592	,7572	13′
48′	,6534	,8632	,1585	,7570	12′
49′	,6536	,8637	,1578	,7568	11′
50′	0,6539	0,8642	1,1571	0,7566	10′
51′	,6541	,8647	,1565	,7564	9′
52′	,6543	,8652	,1558	,7562	8′
53′	,6545	,8657	,1551	,7560	7′
54′	,6547	,8662	,1544	,7559	6′
55′	0,6550	0,8667	1,1538	0,7557	5′
56′	,6552	,8672	,1531	,7555	4′
57′	,6554	,8678	,1524	,7553	3′
58′	,6556	,8683	,1517	,7551	2′
59′	,6558	,8688	,1510	,7549	1′
60′	0,6561	0,8693	1,1504	0,7547	0′
	cos φ	cot φ	tan φ	sin φ	49°

41°

	sin φ	tan φ	cot φ	cos φ	
0′	0,6561	0,8693	1,1504	0,7547	60′
1′	,6563	,8698	,1497	,7545	59′
2′	,6565	,8703	,1490	,7543	58′
3′	,6567	,8708	,1483	,7541	57′
4′	,6569	,8713	,1477	,7539	56′
5′	0,6572	0,8718	1,1470	0,7538	55′
6′	,6574	,8724	,1463	,7536	54′
7′	,6576	,8729	,1456	,7534	53′
8′	,6578	,8734	,1450	,7532	52′
9′	,6580	,8739	,1443	,7530	51′
10′	0,6583	0,8744	1,1436	0,7528	50′
11′	,6585	,8749	,1430	,7526	49′
12′	,6587	,8754	,1423	,7524	48′
13′	,6589	,8759	,1416	,7522	47′
14′	,6591	,8765	,1410	,7520	46′
15′	0,6593	0,8770	1,1403	0,7518	45′
16′	,6596	,8775	,1396	,7516	44′
17′	,6598	,8780	,1389	,7515	43′
18′	,6600	,8785	,1383	,7513	42′
19′	,6602	,8790	,1376	,7511	41′
20′	0,6604	0,8796	1,1369	0,7509	40′
21′	,6607	,8801	,1363	,7507	39′
22′	,6609	,8806	,1356	,7505	38′
23′	,6611	,8811	,1349	,7503	37′
24′	,6613	,8816	,1343	,7501	36′
25′	0,6615	0,8821	1,1336	0,7499	35′
26′	,6617	,8827	,1329	,7497	34′
27′	,6620	,8832	,1323	,7495	33′
28′	,6622	,8837	,1316	,7493	32′
29′	,6624	,8842	,1310	,7491	31′
30′	0,6626	0,8847	1,1303	0,7490	30′
31′	,6628	,8852	,1296	,7488	29′
32′	,6631	,8858	,1290	,7486	28′
33′	,6633	,8863	,1283	,7484	27′
34′	,6635	,8868	,1276	,7482	26′
35′	0,6637	0,8873	1,1270	0,7480	25′
36′	,6639	,8878	,1263	,7478	24′
37′	,6641	,8884	,1257	,7476	23′
38′	,6644	,8889	,1250	,7474	22′
39′	,6646	,8894	,1243	,7472	21′
40′	0,6648	0,8899	1,1237	0,7470	20′
41′	,6650	,8904	,1230	,7468	19′
42′	,6652	,8910	,1224	,7466	18′
43′	,6654	,8915	,1217	,7464	17′
44′	,6657	,8920	,1211	,7463	16′
45′	0,6659	0,8925	1,1204	0,7461	15′
46′	,6661	,8931	,1197	,7459	14′
47′	,6663	,8936	,1191	,7457	13′
48′	,6665	,8941	,1184	,7455	12′
49′	,6667	,8946	,1178	,7453	11′
50′	0,6670	0,8952	1,1171	0,7451	10′
51′	,6672	,8957	,1165	,7449	9′
52′	,6674	,8962	,1158	,7447	8′
53′	,6676	,8967	,1152	,7445	7′
54′	,6678	,8972	,1145	,7443	6′
55′	0,6680	0,8978	1,1139	0,7441	5′
56′	,6683	,8983	,1132	,7439	4′
57′	,6685	,8988	,1126	,7437	3′
58′	,6687	,8994	,1119	,7435	2′
59′	,6689	,8999	,1113	,7433	1′
60′	0,6691	0,9004	1,1106	0,7431	0′
	cos φ	cot φ	tan φ	sin φ	48°

42°

	sin φ	tan φ	cot φ	cos φ	
0′	0,6691	0,9004	1,1106	0,7431	60′
1′	,6693	,9009	,1100	,7430	59′
2′	,6696	,9015	,1093	,7428	58′
3′	,6698	,9020	,1087	,7426	57′
4′	,6700	,9025	,1080	,7424	56′
5′	0,6702	0,9030	1,1074	0,7422	55′
6′	,6704	,9036	,1067	,7420	54′
7′	,6706	,9041	,1061	,7418	53′
8′	,6709	,9046	,1054	,7416	52′
9′	,6711	,9052	,1048	,7414	51′
10′	0,6713	0,9057	1,1041	0,7412	50′
11′	,6715	,9062	,1035	,7410	49′
12′	,6717	,9067	,1028	,7408	48′
13′	,6719	,9073	,1022	,7406	47′
14′	,6722	,9078	,1016	,7404	46′
15′	0,6724	0,9083	1,1009	0,7402	45′
16′	,6726	,9089	,1003	,7400	44′
17′	,6728	,9094	,0996	,7398	43′
18′	,6730	,9099	,0990	,7396	42′
19′	,6732	,9105	,0983	,7394	41′
20′	0,6734	0,9110	1,0977	0,7392	40′
21′	,6737	,9115	,0971	,7390	39′
22′	,6739	,9121	,0964	,7388	38′
23′	,6741	,9126	,0958	,7387	37′
24′	,6743	,9131	,0951	,7385	36′
25′	0,6745	0,9137	1,0945	0,7383	35′
26′	,6747	,9142	,0939	,7381	34′
27′	,6749	,9147	,0932	,7379	33′
28′	,6752	,9153	,0926	,7377	32′
29′	,6754	,9158	,0919	,7375	31′
30′	0,6756	0,9163	1,0913	0,7373	30′
31′	,6758	,9169	,0907	,7371	29′
32′	,6760	,9174	,0900	,7369	28′
33′	,6762	,9179	,0894	,7367	27′
34′	,6764	,9185	,0888	,7365	26′
35′	0,6767	0,9190	1,0881	0,7363	25′
36′	,6769	,9195	,0875	,7361	24′
37′	,6771	,9201	,0869	,7359	23′
38′	,6773	,9206	,0862	,7357	22′
39′	,6775	,9212	,0856	,7355	21′
40′	0,6777	,9217	1,0850	0,7353	20′
41′	,6779	,9222	,0843	,7351	19′
42′	,6782	,9228	,0837	,7349	18′
43′	,6784	,9233	,0831	,7347	17′
44′	,6786	,9239	,0824	,7345	16′
45′	0,6788	0,9244	1,0818	0,7343	15′
46′	,6790	,9249	,0812	,7341	14′
47′	,6792	,9255	,0805	,7339	13′
48′	,6794	,9260	,0799	,7337	12′
49′	,6797	,9266	,0793	,7335	11′
50′	0,6799	0,9271	1,0786	0,7333	10′
51′	,6801	,9276	,0780	,7331	9′
52′	,6803	,9282	,0774	,7329	8′
53′	,6805	,9287	,0768	,7327	7′
54′	,6807	,9293	,0761	,7325	6′
55′	0,6809	0,9298	1,0755	0,7323	5′
56′	,6811	,9303	,0749	,7321	4′
57′	,6814	,9309	,0742	,7319	3′
58′	,6816	,9314	,0736	,7318	2′
59′	,6818	,9320	,0730	,7316	1′
60′	0,6820	0,9325	1,0724	0,7314	0′
	cos φ	cot φ	tan φ	sin φ	47°

43°	sin φ	tan φ	cot φ	cos φ	
0′	0,6820	0,9325	1,0724	0,7314	60′
1′	,6822	,9331	,0717	,7312	59′
2′	,6824	,9336	,0711	,7310	58′
3′	,6826	,9341	,0705	,7308	57′
4′	,6828	,9347	,0699	,7306	56′
5′	0,6831	0,9352	1,0692	0,7304	55′
6′	,6833	,9358	,0686	,7302	54′
7′	,6835	,9363	,0680	,7300	53′
8′	,6837	,9369	,0674	,7298	52′
9′	,6839	,9374	,0668	,7296	51′
10′	0,6841	0,9380	1,0661	0,7294	50′
11′	,6843	,9385	,0655	,7292	49′
12′	,6845	,9391	,0649	,7290	48′
13′	,6848	,9396	,0643	,7288	47′
14′	,6850	,9402	,0637	,7286	46′
15′	0,6852	0,9407	1,0630	0,7284	45′
16′	,6854	,9413	,0624	,7282	44′
17′	,6856	,9418	,0618	,7280	43′
18′	,6858	,9424	,0612	,7278	42′
19′	,6860	,9429	,0606	,7276	41′
20′	0,6862	0,9435	1,0599	0,7274	40′
21′	,6865	,9440	,0593	,7272	39′
22′	,6867	,9446	,0587	,7270	38′
23′	,6869	,9451	,0581	,7268	37′
24′	,6871	,9457	,0575	,7266	36′
25′	0,6873	0,9462	1,0569	0,7264	35′
26′	,6875	,9468	,0562	,7262	34′
27′	,6877	,9473	,0556	,7260	33′
28′	,6879	,9479	,0550	,7258	32′
29′	,6881	,9484	,0544	,7256	31′
30′	0,6884	0,9490	1,0538	0,7254	30′
31′	,6886	,9495	,0532	,7252	29′
32′	,6888	,9501	,0526	,7250	28′
33′	,6890	,9506	,0519	,7248	27′
34′	,6892	,9512	,0513	,7246	26′
35′	0,6894	0,9517	1,0507	0,7244	25′
36′	,6896	,9523	,0501	,7242	24′
37′	,6898	,9528	,0495	,7240	23′
38′	,6900	,9534	,0489	,7238	22′
39′	,6903	,9540	,0483	,7236	21′
40′	0,6905	0,9545	1,0477	0,7234	20′
41′	,6907	,9551	,0470	,7232	19′
42′	,6909	,9556	,0464	,7230	18′
43′	,6911	,9562	,0458	,7228	17′
44′	,6913	,9567	,0452	,7226	16′
45′	0,6915	0,9573	1,0446	0,7224	15′
46′	,6917	,9578	,0440	,7222	14′
47′	,6919	,9584	,0434	,7220	13′
48′	,6921	,9590	,0428	,7218	12′
49′	,6924	,9595	,0422	,7216	11′
50′	0,6926	0,9601	1,0416	0,7214	10′
51′	,6928	,9606	,0410	,7212	9′
52′	,6930	,9612	,0404	,7210	8′
53′	,6932	,9618	,0398	,7208	7′
54′	,6934	,9623	,0392	,7206	6′
55′	0,6936	0,9629	1,0385	0,7203	5′
56′	,6938	,9634	,0379	,7201	4′
57′	,6940	,9640	,0373	,7199	3′
58′	,6942	,9646	,0367	,7197	2′
59′	,6944	,9651	,0361	,7195	1′
60′	0,6947	0,9657	1,0355	0,7193	0′
	cos φ	cot φ	tan φ	sin φ	46°

44°	sin φ	tan φ	cot φ	cos φ	
0′	0,6947	0,9657	1,0355	0,7193	60′
1′	,6949	,9663	,0349	,7191	59′
2′	,6951	,9668	,0343	,7189	58′
3′	,6953	,9674	,0337	,7187	57′
4′	,6955	,9679	,0331	,7185	56′
5′	0,6957	0,9685	1,0325	0,7183	55′
6′	,6959	,9691	,0319	,7181	54′
7′	,6961	,9696	,0313	,7179	53′
8′	,6963	,9702	,0307	,7177	52′
9′	,6965	,9708	,0301	,7175	51′
10′	0,6967	0,9713	1,0295	0,7173	50′
11′	,6970	,9719	,0289	,7171	49′
12′	,6972	,9725	,0283	,7169	48′
13′	,6974	,9730	,0277	,7167	47′
14′	,6976	,9736	,0271	,7165	46′
15′	0,6978	0,9742	1,0265	0,7163	45′
16′	,6980	,9747	,0259	,7161	44′
17′	,6982	,9753	,0253	,7159	43′
18′	,6984	,9759	,0247	,7157	42′
19′	,6986	,9764	,0241	,7155	41′
20′	0,6988	0,9770	1,0235	0,7153	40′
21′	,6990	,9776	,0230	,7151	39′
22′	,6992	,9781	,0224	,7149	38′
23′	,6995	,9787	,0218	,7147	37′
24′	,6997	,9793	,0212	,7145	36′
25′	0,6999	0,9798	1,0206	0,7143	35′
26′	,7001	,9804	,0200	,7141	34′
27′	,7003	,9810	,0194	,7139	33′
28′	,7005	,9816	,0188	,7137	32′
29′	,7007	,9821	,0182	,7135	31′
30′	0,7009	0,9827	1,0176	0,7133	30′
31′	,7011	,9833	,0170	,7130	29′
32′	,7013	,9838	,0164	,7128	28′
33′	,7015	,9844	,0158	,7126	27′
34′	,7017	,9850	,0152	,7124	26′
35′	0,7019	0,9856	1,0147	0,7122	25′
36′	,7022	,9861	,0141	,7120	24′
37′	,7024	,9867	,0135	,7118	23′
38′	,7026	,9873	,0129	,7116	22′
39′	,7028	,9879	,0123	,7114	21′
40′	0,7030	0,9884	1,0117	0,7112	20′
41′	,7032	,9890	,0111	,7110	19′
42′	,7034	,9896	,0105	,7108	18′
43′	,7036	,9902	,0099	,7106	17′
44′	,7038	,9907	,0094	,7104	16′
45′	0,7040	0,9913	1,0088	0,7102	15′
46′	,7042	,9919	,0082	,7100	14′
47′	,7044	,9925	,0076	,7098	13′
48′	,7046	,9930	,0070	,7096	12′
49′	,7048	,9936	,0064	,7094	11′
50′	0,7050	0,9942	1,0058	0,7092	10′
51′	,7053	,9948	,0052	,7090	9′
52′	,7055	,9954	,0047	,7088	8′
53′	,7057	,9959	,0041	,7085	7′
54′	,7059	,9965	,0035	,7083	6′
55′	0,7061	0,9971	1,0029	0,7081	5′
56′	,7063	,9977	,0023	,7079	4′
57′	,7065	,9983	,0017	,7077	3′
58′	,7067	,9988	,0012	,7075	2′
59′	,7069	,9994	,0006	,7073	1′
60′	0,7071	1,0000	1,0000	0,7071	0′
	cos φ	cot φ	tan φ	sin φ	45°

φ	x	sin x	tan x	cot x	cos x
0°00′	**0,00**	0,0000	0,0000	∞	1,0000
0 34	,01	,0100	,0100	100,00	1,0000
1 09	,02	,0200	,0200	49,99	0,9998
1 43	,03	,0300	,0300	33,32	,9996
2 18	,04	,0400	,0400	24,99	,9992
2°52′	0,05	0,0500	0,0500	19,98	0,9988
3 26	,06	,0600	,0601	16,65	,9982
4 01	,07	,0699	,0701	14,26	,9976
4 35	,08	,0799	,0802	12,47	,9968
5 09	,09	,0899	,0902	11,08	,9960
5°44′	**0,10**	0,0998	0,1003	9,967	0,9950
6 18	,11	,1098	,1104	9,054	,9940
6 53	,12	,1197	,1206	8,293	,9928
7 27	,13	,1296	,1307	7,649	,9916
8 01	,14	,1395	,1409	7,096	,9902
8°36′	0,15	0,1494	0,1511	6,617	0,9888
9 10	,16	,1593	,1614	6,197	,9872
9 44	,17	,1692	,1717	5,826	,9856
10 19	,18	,1790	,1820	,495	,9838
10 53	,19	,1889	,1923	5,200	,9820
11°28′	**0,20**	0,1987	0,2027	4,933	0,9801
12 02	,21	,2085	,2131	,692	,9780
12 36	,22	,2182	,2236	,472	,9759
13 11	,23	,2280	,2341	,271	,9737
13 45	,24	,2377	,2447	4,086	,9713
14°19′	0,25	0,2474	0,2553	3,916	0,9689
14 54	,26	,2571	,2660	,759	,9664
15 28	,27	,2667	,2768	,613	,9638
16 03	,28	,2764	,2876	,478	,9611
16 37	,29	,2860	,2984	,351	,9582
17°11′	**0,30**	0,2955	0,3093	3,233	0,9553
17 46	,31	,3051	,3203	,122	,9523
18 20	,32	,3146	,3314	3,018	,9492
18 54	,33	,3240	,3425	2,919	,9460
19 29	,34	,3335	,3537	,827	,9428
20°03′	0,35	0,3429	0,3650	2,740	0,9394
20 38	,36	,3523	,3764	,657	,9359
21 12	,37	,3616	,3879	,578	,9323
21 46	,38	,3709	,3994	,504	,9287
22 21	,39	,3802	,4111	,433	,9249
22°55′	**0,40**	0,3894	0,4228	2,365	0,9211
23 29	,41	,3986	,4346	,301	,9171
24 04	,42	,4078	,4466	,239	,9131
24 38	,43	,4169	,4586	,180	,9090
25 13	,44	,4259	,4708	,124	,9048
25°47′	0,45	0,4350	0,4831	2,070	0,9004
26 21	,46	,4439	,4954	2,018	,8961
26 56	,47	,4529	,5080	1,969	,8916
27 30	,48	,4618	,5206	,921	,8870
28 04	,49	,4706	,5334	,875	,8823
φ	x	sin x	tan x	cot x	cos x

φ	x	sin x	tan x	cot x	cos x
28°39′	**0,50**	0,4794	0,5463	1,830	0,8776
29 13	,51	,4882	,5594	,788	,8727
29 48	,52	,4969	,5726	,747	,8678
30 22	,53	,5055	,5859	,707	,8628
30 56	,54	,5141	,5994	,668	,8577
31°31′	0,55	0,5227	0,6131	1,631	0,8525
32 05	,56	,5312	,6269	,595	,8473
32 40	,57	,5396	,6410	,560	,8419
33 14	,58	,5480	,6552	,526	,8365
33 48	,59	,5564	,6696	,494	,8309
34°23′	**0,60**	0,5646	0,6841	1,462	0,8253
34 57	,61	,5729	,6989	,431	,8196
35 31	,62	,5810	,7139	,401	,8139
36 06	,63	,5891	,7291	,372	,8080
36 40	,64	,5972	,7445	,343	,8021
37°15′	0,65	0,6052	0,7602	1,315	0,7961
37 49	,66	,6131	,7761	,288	,7900
38 23	,67	,6210	,7923	,262	,7838
38 58	,68	,6288	,8087	,237	,7776
39 32	,69	,6365	,8253	,212	,7712
40°06′	**0,70**	0,6442	0,8423	1,187	0,7648
40 41	,71	,6518	,8595	,163	,7584
41 15	,72	,6594	,8771	,140	,7518
41 50	,73	,6669	,8949	,117	,7452
42 24	,74	,6743	,9131	,095	,7385
42°58′	0,75	0,6816	0,9316	1,073	0,7317
43 33	,76	,6889	,9505	,052	,7248
44 07	,77	,6961	,9697	,031	,7179
44 41	,78	,7033	0,9893	1,011	,7109
45 16	,79	,7104	1,009	0,9908	,7038
45°50′	**0,80**	0,7174	1,030	0,9712	0,6967
46 25	,81	,7243	,050	,9520	,6895
46 59	,82	,7311	,072	,9331	,6822
47 33	,83	,7379	,093	,9146	,6749
48 08	,84	,7446	,116	,8964	,6675
48°42′	0,85	0,7513	1,138	0,8785	0,6600
49 16	,86	,7578	,162	,8609	,6524
49 51	,87	,7643	,185	,8437	,6448
50 25	,88	,7707	,210	,8267	,6372
51 00	,89	,7771	,235	,8100	,6294
51°34′	**0,90**	0,7833	1,260	0,7936	0,6216
52 08	,91	,7895	,286	,7774	,6137
52 43	,92	,7956	,313	,7615	,6058
53 17	,93	,8016	,341	,7458	,5978
53 51	,94	,8076	,369	,7303	,5898
54°26′	0,95	0,8134	1,398	0,7151	0,5817
55 00	,96	,8192	,428	,7001	,5735
55 35	,97	,8249	,459	,6853	,5653
56 09	,98	,8305	,491	,6707	,5570
56 43	,99	,8360	,524	,6563	,5487
φ	x	sin x	tan x	cot x	cos x

Beispiele: tan 0,37 = tan 21°12′ = 0,3879

sin 0,674 = sin 0,67 + 4 · 7,8 E
= 0,6210 + 31 E = 0,6241

φ	x	sin x	tan x	cot x	cos x
57°18′	**1,00**	0,8415	1,557	0,6421	0,5403
57 52	,01	,8468	,592	,6281	,5319
58 27	,02	,8521	,628	,6142	,5234
59 01	,03	,8573	,665	,6005	,5148
59 35	,04	,8624	,704	,5870	,5062
60°10′	1,05	0,8674	1,743	0,5736	0,4976
60 44	,06	,8724	,784	,5604	,4889
61 18	,07	,8772	,827	,5473	,4801
61 53	,08	,8820	,871	,5344	,4713
62 27	,09	,8866	,917	,5216	,4625
63°02′	**1,10**	0,8912	1,965	0,5090	0,4536
63 36	,11	,8957	2,014	,4964	,4447
64 10	,12	,9001	,066	,4840	,4357
64 45	,13	,9044	,120	,4718	,4267
65 19	,14	,9086	,176	,4596	,4176
65°53′	1,15	0,9128	2,234	0,4475	0,4085
66 28	,16	,9168	,296	,4356	,3993
67 02′	,17	,9208	,360	,4237	,3902
67 37	,18	,9246	,427	,4120	,3809
68 11	,19	,9284	,498	,4003	,3717
68°45′	**1,20**	0,9320	2,572	0,3888	0,3624
69 20	,21	,9356	,650	,3773	,3530
69 54	,22	,9391	,733	,3659	,3436
70 28	,23	,9425	,820	,3546	,3342
71 03	,24	,9458	2,912	,3434	,3248
71°37′	1,25	0,9490	3,010	0,3323	0,3153
72 12	,26	,9521	,113	,3212	,3058
72 46	,27	,9551	,224	,3102	,2963
73 20	,28	,9580	,341	,2993	,2867
73 55	,29	,9608	,467	,2884	,2771
74°29′	**1,30**	0,9636	3,602	0,2776	0,2675
75 03	,31	,9662	,747	,2669	,2579
75 38	,32	,9687	3,903	,2562	,2482
76 12	,33	,9711	4,072	,2456	,2385
76 47	,34	,9735	,256	,2350	,2288
77°21′	1,35	0,9757	4,455	0,2245	0,2190
77 55	,36	,9779	,673	,2140	,2092
78 30	,37	,9799	4,913	,2035	,1994
79 04	,38	,9819	5,177	,1931	,1896
79 38	,39	,9837	,471	,1828	,1798
80°13′	**1,40**	0,9854	5,798	0,1725	0,1700
80 47	,41	,9871	6,165	,1622	,1601
81 22	,42	,9887	6,581	,1519	,1502
81 56	,43	,9901	7,055	,1417	,1403
82 30	,44	,9915	7,602	,1315	,1304
83°05′	1,45	0,9927	8,238	0,1214	0,1205
83 39	,46	,9939	8,989	,1113	,1106
84 13	,47	,9949	9,887	,1011	,1006
84 48	,48	,9959	10,98	,0910	,0907
85 22	,49	,9967	12,35	,0810	,0807
φ	x	sin x	tan x	cot x	cos x

φ	x	sin x	tan x	cot x	cos x
85°57′	**1,50**	0,9975	14,10	0,0709	0,0707
86 31	,51	,9982	16,43	,0609	,0608
87 05	,52	,9987	19,67	,0508	,0508
87 40	,53	,9992	24,50	,0408	,0408
88 14	,54	,9995	32,46	,0308	,0308
88°49′	1,55	0,9998	48,08	0,0208	0,0208
89 23	,56	0,9999	92,62	,0108	,0108
89 57	,57	1,0000	1255,8	0,0008	0,0008
90 32	,58	1,0000	108,65	0,0092	0,0092
91 06	,59	0,9998	52,07	,0192	,0192
91°40′	**1,60**	0,9996	34,23	0,0292	0,0292
92 15	,61	,9992	25,49	,0392	,0392
92 49	,62	,9988	20,31	,0492	,0492
93 24	,63	,9982	16,87	,0593	,0592
93 58	,64	,9976	14,43	,0693	,0691
94°32′	1,65	0,9969	12,60	0,0794	0,0791
95 07	,66	,9960	11,18	,0894	,0891
95 41	,67	,9951	10,05	,0995	,0990
96 15	,68	,9940	9,121	,1096	,1090
96 50	,69	,9929	8,349	,1198	,1189
97°24′	**1,70**	0,9917	7,697	0,1299	0,1288
97 59	,71	,9903	7,137	,1401	,1388
98 33	,72	,9889	6,652	,1503	,1487
99 07	,73	,9874	6,228	,1606	,1585
99 42	,74	,9857	5,854	,1708	,1684
100°16′	1,75	0,9840	5,520	0,1811	0,1782
100 50	,76	,9822	5,222	,1915	,1881
101 25	,77	,9802	4,953	,2019	,1979
101 59	,78	,9782	,710	,2123	,2077
102 34	,79	,9761	,489	,2228	,2175
103°08′	**1,80**	0,9738	4,286	0,2333	0,2272
103 42	,81	,9715	4,100	,2439	,2369
104 17	,82	,9691	3,929	,2545	,2466
104 51	,83	,9666	,771	,2652	,2563
105 25	,84	,9640	,624	,2759	,2660
106°00′	1,85	0,9613	3,488	0,2867	0,2756
106 34	,86	,9585	,361	,2975	,2852
107 09	,87	,9556	,242	,3085	,2948
107 43	,88	,9526	,130	,3194	,3043
108 17	,89	,9495	3,026	,3305	,3138
108°52′	**1,90**	0,9463	2,927	0,3416	0,3233
109 26	,91	,9430	,834	,3528	,3327
110 00	,92	,9396	,746	,3641	,3421
110 35	,93	,9362	,663	,3755	,3515
111 09	,94	,9326	,584	,3869	,3609
111°44′	1,95	0,9290	2,509	0,3985	0,3702
112 18	,96	,9252	,438	,4101	,3795
112 52	,97	,9214	,370	,4219	,3887
113 27	,98	,9174	,306	,4337	,3979
114 01	,99	,9134	,244	,4456	,4070
φ	x	sin x	tan x	cot x	cos x

x→φ
sin x
…
cot x

Rot unterlegte Tafelwerte sind **negativ** zu nehmen

$90° \quad \frac{\pi}{2} = 1{,}5708$

Beispiel: cos 1,88 = cos 107°43′ = — 0,3043

φ	x	sin x	tan x	cot x	cos x
114°35′	2,00	0,9093	2,185̇	0,4577	0,4161
115 10	,01	,9051	,129	,4698	,4252
115 44	,02	,9008	,074	,4821	,4342
116 19	,03	,8964	2,022	,4945̄	,4432
116 53	,04	,8919	1,973	,5070	,4522
117°27′	2,05	0,8874	1,925̄	0,5196	0,4611
118 02	,06	,8827	,878	,5324	,4699
118 36	,07	,8780	,834	,5453	,4787
119 11	,08	,8731	,791	,5583	,4875̄
119 45	,09	,8682	,75̄0	,5715̇	,4962
120°19′	2,10	0,8632	1,710	0,5848	0,5048
120 54	,11	,8581	,671	,5983	,5135̄
121 28	,12	,8529	,634	,6120	,5220
122 02	,13	,8477	,598	,6258	,5305̇
122 37	,14	,8423	,563	,6398	,5390
123°11′	2,15	0,8369	1,529	0,6540	0,5474
123 46	,16	,8314	,496	,6684	,5557
124 20	,17	,8258	,464	,6830	,5640
124 54	,18	,8201	,433	,6977	,5722
125 29	,19	,8143	,403	,7127	,5804
126°03′	2,20	0,8085̄	1,374	0,7279	0,5885̇
126 37	,21	,8026	,345̇	,7433	,5966
127 12	,22	,7966	,318	,7589	,6046
127 46	,23	,7905̄	,291	,7748	,6125̄
128 21	,24	,7843	,264	,7910	,6204
128°55′	2,25	0,7781	1,239	0,8073	0,6282
129 29	,26	,7718	,214	,8240	,6359
130 04	,27	,7654	,189	,8409	,6436
130 38	,28	,7589	,165̇	,8581	,6512
131 12	,29	,7523	,142	,8757	,6588
131°47′	2,30	0,7457	1,119	0,8935̄	0,6663
132 21	,31	,7390	,097	,9116	,6737
132 56	,32	,7322	,075̇	,9301	,6811
133 30	,33	,7254	,054	,9489	,6883
134 04	,34	,7185̄	,033	,9681	,6956
134°39′	2,35	0,7115̄	1,012	0,9877	0,7027
135 13	,36	,7044	0,9924	1,008	,7098
135 47	,37	,6973	,9728	,028	,7168
136 22	,38	,6901	,9535̄	,049	,7237
136 56	,39	,6828	,9346	,070	,7306
137°31′	2,40	0,6755̄	0,9160	1,092	0,7374
138 05	,41	,6681	,8978	,114	,7441
138 39	,42	,6606	,8799	,137	,7508
139 14	,43	,6530	,8623	,160	,7573
139 48	,44	,6454	,845̇0	,183	,7638
140°22′	2,45	0,6378	0,8280	1,208	0,7702
140 57	,46	,6300	,8113	,233	,7766
141 31	,47	,6222	,7948	,258	,7828
142 06	,48	,6144	,7787	,284	,7890
142 40	,49	,6065̄	,7627	,311	,7951
φ	x	sin x	tan x	cot x	cos x

φ	x	sin x	tan x	cot x	cos x
143°14′	2,50	0,5985̄	0,7470	1,339	0,8011
143 49	,51	,5904	,7316	,367	,8071
144 23	,52	,5823	,7163	,396	,8130
144 57	,53	,5742	,7013	,426	,8187
145 32	,54	,5660	,6865̄	,457	,8244
146°06′	2,55	0,5577	0,6719	1,488	0,8301
146 41	,56	,5494	,6574	,521	,8356
147 15	,57	,5410	,6432	,555̄	,8410
147 49	,58	,5325̇	,6292	,589	,8464
148 24	,59	,5240	,6153	,625̇	,8517
148°58′	2,60	0,5155̇	0,6016	1,662	0,8569
149 33	,61	,5069	,5881	,701	,8620
150 07	,62	,4983	,5747	,740	,8670
150 41	,63	,4896	,5615̄	,781	,8720
151 16	,64	,4808	,5484	,824	,8768
151°50′	2,65	0,4720	0,5354	1,868	0,8816
152 24	,66	,4632	,5226	,913	,8863
152 59	,67	,4543	,5100	1,961	,8908
153 33	,68	,4454	,4974	2,010	,8953
154 08	,69	,4364	,485̇0	,062	,8998
154°42′	2,70	0,4274	0,4727	2,115̇	0,9041
155 16	,71	,4183	,4606	,171	,9083
155 51	,72	,4092	,4485̄	,230	,9124
156 25	,73	,4001	,4365̇	,291	,9165̄
156 59	,74	,3909	,4247	,355̄	,9204
157°34′	2,75	0,3817	0,4129	2,422	0,9243
158 08	,76	,3724	,4013	,492	,9281
158 43	,77	,3631	,3897	,566	,9318
159 17	,78	,3538	,3782	,644	,9353
159 51	,79	,3444	,3668	,726	,9388
160°26′	2,80	0,335̄0	0,3555̄	2,813	0,9422
161 00	,81	,3255̇	,3443	2,904	,9455̇
161 34	,82	,3161	,3332	3,002	,9487
162 09	,83	,3066	,3221	,105̄	,9518
162 43	,84	,2970	,3111	,215̄	,9549
163°18′	2,85	0,2875̄	0,3001	3,332	0,9578
163 52	,86	,2779	,2893	,457	,9606
164 26	,87	,2683	,2785̄	,591	,9633
165 01	,88	,2586	,2677	,735̇	,9660
165 35	,89	,2489	,2570	3,890	,9685̇
166°09′	2,90	0,2392	0,2464	4,058	0,9710
166 44	,91	,2295̇	,2358	,240	,9733
167 18	,92	,2198	,2253	,439	,9755̇
167 53	,93	,2100	,2148	,655	,9777
168 27	,94	,2002	,2044	4,893	,9797
169°01′	2,95	0,1904	0,1940	5,155̇	0,9817
169 36	,96	,1806	,1836	,446	,9836
170 10	,97	,1708	,1733	5,770	,9853
170 44	,98	,1609	,1630	6,134	,9870
171 19	,99	,1510	,1528	,546	,9885̇
φ	x	sin x	tan x	cot x	cos x

Rot unterlegte Tafelwerte sind **negativ** zu nehmen

φ	x	sin x	tan x	cot x	cos x
171°53′	**3,00**	0,1411	0,1425	7,015	0,9900
172 28	,01	,1312	,1324	7,555	,9914
173 02	,02	,1213	,1222	8,184	,9926
173 36	,03	,1114	,1121	8,924	,9938
174 11	,04	,1014	,1019	9,809	,9948
174°45′	3,05	0,0915	0,0918	10,89	0,9958
175 20	,06	,0815	,0818	12,23	,9967
175 54	,07	,0715	,0717	13,94	,9974
176 28	,08	,0616	,0617	16,22	,9981
177 03	,09	,0516	,0516	19,37	,9987
177°37′	**3,10**	0,0416	0,0416	24,03	0,9991
178 11	,11	,0316	,0316	31,64	,9995
178 46	,12	,0216	,0216	46,30	,9998
179 20	,13	,0116	,0116	86,26	0,9999
179 55	,14	0,0016	0,0016	627,9	1,0000
180°29′	3,15	0,0084	0,0084	118,9	1,0000
181 03	,16	,0184	,0184	54,32	0,9998
181 38	,17	,0284	,0284	35,19	,9996
182 12	,18	,0384	,0384	26,02	,9993
182 46	,19	,0484	,0484	20,64	,9988
183°21′	**3,20**	0,0584	0,0585	17,10	0,9983
183 55	,21	,0684	,0685	14,60	,9977
184 30	,22	,0783	,0786	12,73	,9969
185 04	,23	,0883	,0886	11,28	,9961
185 38	,24	,0982	,0987	10,13	,9952
186°13′	3,25	0,1082	0,1088	9,188	0,9941
186 47	,26	,1181	,1190	8,406	,9930
187 21	,27	,1281	,1291	7,745	,9918
187 56	,28	,1380	,1393	7,179	,9904
188 30	,29	,1479	,1495	6,689	,9890
189°05′	**3,30**	0,1577	0,1597	6,260	0,9875
189 39	,31	,1676	,1700	5,882	,9859
190 13	,32	,1775	,1803	,546	,9841
190 48	,33	,1873	,1907	5,245	,9823
191 22	,34	,1971	,2011	4,974	,9804
191°56′	3,35	0,2069	0,2115	4,729	0,9784
192 31	,36	,2167	,2219	,506	,9762
193 05	,37	,2264	,2325	,302	,9740
193 40	,38	,2362	,2430	4,115	,9717
194 14	,39	,2459	,2536	3,943	,9693
194°48′	**3,40**	0,2555	0,2643	3,783	0,9668
195 23	,41	,2652	,2750	,636	,9642
195 57	,42	,2748	,2858	,499	,9615
196 31	,43	,2844	,2967	,371	,9587
197 06	,44	,2940	,3076	,251	,9558
197°40′	3,45	0,3035	0,3186	3,139	0,9528
198 15	,46	,3131	,3296	3,034	,9497
198 49	,47	,3225	,3407	2,935	,9466
199 23	,48	,3320	,3519	,841	,9433
199 58	,49	,3414	,3632	,753	,9399

φ	x	sin x	tan x	cot x	cos x
200°32′	**3,50**	0,3508	0,3746	2,670	0,9365
201 06	,51	,3601	,3860	,590	,9329
201 41	,52	,3694	,3976	,515	,9293
202 15	,53	,3787	,4092	,444	,9255
202 50	,54	,3880	,4209	,376	,9217
203°24′	3,55	0,3971	0,4327	2,311	0,9178
203 58	,56	,4063	,4447	,249	,9137
204 33	,57	,4154	,4567	,190	,9096
205 07	,58	,4245	,4688	,133	,9054
205 42	,59	,4335	,4811	,079	,9011
206°16′	**3,60**	0,4425	0,4935	2,026	0,8968
206 50	,61	,4515	,5060	1,976	,8923
207 25	,62	,4604	,5186	,928	,8877
207 59	,63	,4692	,5313	,882	,8831
208 33	,64	,4780	,5442	,837	,8783
209°08′	3,65	0,4868	0,5573	1,794	0,8735
209 42	,66	,4955	,5704	,753	,8686
210 17	,67	,5042	,5838	,713	,8636
210 51	,68	,5128	,5973	,674	,8585
211 25	,69	,5213	,6109	,637	,8534
212°00′	**3,70**	0,5298	0,6247	1,601	0,8481
212 34	,71	,5383	,6387	,566	,8428
213 08	,72	,5467	,6529	,532	,8373
213 43	,73	,5550	,6673	,499	,8318
214 17	,74	,5633	,6818	,467	,8262
214°52′	3,75	0,5716	0,6966	1,436	0,8206
215 26	,76	,5797	,7115	,405	,8148
216 00	,77	,5879	,7267	,376	,8090
216 35	,78	,5959	,7421	,348	,8030
217 09	,79	,6039	,7577	,320	,7970
217°43′	**3,80**	0,6119	0,7736	1,293	0,7910
218 18	,81	,6197	,7897	,266	,7848
218 52	,82	,6276	,8060	,241	,7786
219 27	,83	,6353	,8227	,216	,7723
220 01	,84	,6430	,8396	,191	,7659
220°35′	3,85	0,6506	0,8568	1,167	0,7594
221 10	,86	,6582	,8743	,144	,7529
221 44	,87	,6657	,8921	,121	,7462
222 18	,88	,6731	,9102	,099	,7395
222 53	,89	,6805	,9286	,077	,7328
223°27′	**3,90**	0,6878	0,9474	1,055	0,7259
224 02	,91	,6950	0,9666	,035	,7190
224 36	,92	,7021	0,9861	1,014	,7120
225 10	,93	,7092	1,006	0,9940	,7050
225 45	,94	,7162	1,026	0,9743	,6978
226°19′	3,95	0,7232	1,047	0,9550	0,6907
226 53	,96	,7301	,068	,9361	,6834
227 28	,97	,7369	,090	,9175	,6761
228 02	,98	,7436	,112	,8992	,6686
228 37	,99	,7502	,135	,8813	,6612

φ | x | sin x | tan x | cot x | cos x

| 180° | $\pi = 3{,}1416$

Rot unterlegte Tafelwerte sind **negativ** zu nehmen

φ	x	sin x	tan x	cot x	cos x
229°11′	**4,00**	0,7568	1,158	0,8637	0,6536
229 45	,01	,7633	,182	,8464	,6460
230 20	,02	,7697	,206	,8294	,6384
230 54	,03	,7761	,231	,8126	,6306
231 28	,04	,7823	,256	,7962	,6229
232°03′	4,05	0,7885	1,282	0,7799	0,6150
232 37	,06	,7946	,309	,7640	,6071
233 12	,07	,8007	,336	,7483	,5991
233 46	,08	,8066	,365	,7328	,5911
234 20	,09	,8125	,394	,7175	,5830
234°55′	**4,10**	0,8183	1,424	0,7025	0,5748
235 29	,11	,8240	,454	,6876	,5666
236 04	,12	,8296	,486	,6730	,5583
236 38	,13	,8352	,518	,6586	,5500
237 12	,14	,8406	,552	,6443	,5416
237°47′	4,15	0,8460	1,587	0,6303	0,5332
238 21	,16	,8513	,622	,6164	,5247
238 55	,17	,8565	,659	,6027	,5162
239 30	,18	,8616	,697	,5891	,5076
240 04	,19	,8666	,737	,5757	,4990
240°39′	**4,20**	0,8716	1,778	0,5625	0,4903
241 13	,21	,8764	,820	,5494	,4815
241 47	,22	,8812	,864	,5365	,4727
242 22	,23	,8859	,910	,5237	,4639
242 56	,24	,8905	1,957	,5110	,4550
243°30′	4,25	0,8950	2,006	0,4984	0,4461
244 05	,26	,8994	,058	,4860	,4371
244 39	,27	,9037	,111	,4737	,4281
245 14	,28	,9080	,167	,4615	,4190
245 48	,29	,9121	,225	,4494	,4099
246°22′	**4,30**	0,9162	2,286	0,4375	0,4008
246 57	,31	,9201	,350	,4256	,3916
247 31	,32	,9240	,416	,4139	,3824
248 05	,33	,9278	,486	,4022	,3731
248 40	,34	,9315	,560	,3906	,3638
249°14′	4,35	0,9351	2,638	0,3791	0,3545
249 49	,36	,9386	,719	,3677	,3451
250 23	,37	,9420	,806	,3564	,3357
250 57	,38	,9453	,897	,3452	,3263
251 32	,39	,9485	2,994	,3340	,3168
252°06′	**4,40**	0,9516	3,096	0,3230	0,3073
252 40	,41	,9546	,206	,3120	,2978
253 15	,42	,9576	,322	,3010	,2882
253 49	,43	,9604	,447	,2901	,2787
254 24	,44	,9631	,580	,2793	,2690
254°58′	4,45	0,9658	3,723	0,2686	0,2594
255 32	,46	,9683	3,878	,2579	,2497
256 07	,47	,9708	4,044	,2473	,2400
256 41	,48	,9731	,225	,2367	,2303
257 15	,49	,9754	,422	,2261	,2206
φ	x	sin x	tan x	cot x	cos x

φ	x	sin x	tan x	cot x	cos x
257°50′	**4,50**	0,9775	4,637	0,2156	0,2108
258 24	,51	,9796	4,873	,2052	,2010
258 59	,52	,9816	5,134	,1948	,1912
259 33	,53	,9834	,422	,1844	,1814
260 07	,54	,9852	5,743	,1741	,1715
260°42′	4,55	0,9868	6,104	0,1638	0,1617
261 16	,56	,9884	,511	,1536	,1518
261 51	,57	,9899	6,975	,1434	,1419
262 25	,58	,9912	7,509	,1332	,1320
262 59	,59	,9925	8,130	,1230	,1221
263°34′	**4,60**	0,9937	8,860	0,1129	0,1122
264 08	,61	,9948	9,733	,1027	,1022
264 42	,62	,9957	10,79	,0927	,0923
265 17	,63	,9966	12,11	,0826	,0823
265 51	,64	,9974	13,79	,0725	,0723
266°26′	4,65	0,9981	16,01	0,0625	0,0623
267 00	,66	,9986	19,07	,0524	,0524
267 34	,67	,9991	23,58	,0424	,0424
268 09	,68	,9995	30,86	,0324	,0324
268 43	,69	,9997	44,66	,0224	,0224
269°17′	**4,70**	0,9999	80,71	0,0124	0,0124
269 52	,71	1,0000·	418,59	0,0024	0,0024
270 26	,72	1,0000	131,39	0,0076	0,0076
271 01	,73	0,9998	56,78	,0176	,0176
271 35	,74	0,9996	36,21	,0276	,0276
272°09′	4,75	0,9993	26,58	0,0376	0,0376
272 44	,76	,9989	20,99	,0476	,0476
273 18	,77	,9983	17,34	,0577	,0576
273 52	,78	,9977	14,77	,0677	,0676
274 27	,79	,9970	12,86	,0778	,0775
275°01′	**4,80**	0,9962	11,38	0,0878	0,0875
275 36	,81	,9952	10,21	,0979	,0975
276 10	,82	,9942	9,257	,1080	,1074
276 44	,83	,9931	8,463	,1182	,1173
277 19	,84	,9919	7,794	,1283	,1273
277°53′	4,85	0,9905	7,221	0,1385	0,1372
278 27	,86	,9891	6,725	,1487	,1471
279 02	,87	,9876	6,292	,1589	,1570
279 36	,88	,9860	5,910	,1692	,1668
280 11	,89	,9843	5,571	,1795	,1767
280°45′	**4,90**	0,9825	5,267	0,1898	0,1865
281 19	,91	,9805	4,994	,2002	,1963
281 54	,92	,9785	,747	,2106	,2061
282 28	,93	,9764	,523	,2211	,2159
283 02	,94	,9742	4,317	,2316	,2257
283°37′	4,95	0,9719	4,129	0,2422	0,2354
284 11	,96	,9695	3,956	,2528	,2451
284 46	,97	,9670	,796	,2635	,2548
285 20	,98	,9644	,647	,2742	,2644
285 54	,99	,9617	,509	,2850	,2741
φ	x	sin x	tan x	cot x	cos x

270°	$3 \cdot \frac{\pi}{2} = 4{,}7124$

Rot unterlegte Tafelwerte sind **negativ** zu nehmen

φ	x	sin x	tan x	cot x	cos x
286°29′	**5,00**	0,9589	3,381	0,2958	0,2837
287 03	,01	,9560	,260	,3067	,2932
287 37	,02	,9531	,148	,3177	,3028
288 12	,03	,95̄00	3,042	,3287	,3123
288 46	,04	,9468	2,942	,3399	,3218
289°21′	5,05	0,9435̇	2,849	0,3511	0,3312
289 55	,06	,9402	,760	,3623	,3407
290 29	,07	,9367	,676	,3737	,35̇00
291 04	,08	,9332	,597	,3851	,3594
291 38	,09	,9295̇	,521	,3966	,3687
292°13′	**5,10**	0,9258	2,449	0,4083	0,3780
292 47	,11	,9220	,381	,4200	,3872
293 21	,12	,9181	,316	,4318	,3964
293 56	,13	,9141	,254	,4437	,4056
294 30	,14	,9100	,194	,4557	,4147
295°04′	5,15	0,9058	2,137	0,4679	0,4238
295 39	,16	,9015̄	,083	,4801	,4328
296 13	,17	,8971	2,031	,4925̄	,4418
296 48	,18	,8926	1,980	,505̄0	,4508
297 22	,19	,8881	,932	,5176	,4597
297°56′	**5,20**	0,8835̄	1,886	0,5303	0,4685̇
298 31	,21	,8787	,841	,5432	,4773
299 05	,22	,8739	,798	,5562	,4861
299 39	,23	,8690	,756	,5694	,4948
300 14	,24	,8640	,716	,5827	,5035̄
300°48′	5,25	0,8589	1,677	0,5962	0,5121
301 23	,26	,8538	,640	,6098	,5206
301 57	,27	,8485̇	,604	,6236	,5292
302 31	,28	,8432	,568	,6376	,5376
303 06	,29	,8378	,534	,6518	,5460
303°40′	**5,30**	0,8323	1,501	0,6661	0,5544
304 14	,31	,8267	,469	,6806	,5627
304 49	,32	,8210	,438	,6954	,5709
305 23	,33	,8153	,408	,7103	,5791
305 58	,34	,8094	,378	,7255̄	,5872
306°32′	5,35	0,8035̇	1,35̄0	0,7408	0,5953
307 06	,36	,7975̇	,322	,7564	,6033
307 41	,37	,7915̄	,295̄	,7723	,6112
308 15	,38	,7853	,268	,7884	,6191
308 49	,39	,7791	,243	,8047	,6269
309°24′	**5,40**	0,7728	1,218	0,8213	0,6347
309 58	,41	,7664	,193	,8382	,6424
310 33	,42	,7599	,169	,8554	,65̇00
311 07	,43	,7534	,146	,8729	,6576
311 41	,44	,7468	,123	,8906	,6651
312°16′	5,45	0,7401	1,100	0,9087	0,6725̇
312 50	,46	,7333	,079	,9271	,6799
313 24	,47	,7265̄	,057	,9459	,6872
313 59	,48	,7196	,036	,965̇0	,6944
314 33	,49	,7126	1,016	,9845̇	,7016

φ	x	sin x	tan x	cot x	cos x
315°08′	**5,50**	0,7055̇	0,9956	1,004	0,7087
315 42	,51	,6984	,9759	,025̄	,7157
316 16	,52	,6912	,9565̇	,045̇	,7226
316 51	,53	,6840	,9376	,067	,7295̇
317 25	,54	,6766	,9189	,088	,7363
317°59′	5,55	0,6692	0,9007	1,110	0,7430
318 34	,56	,6618	,8827	,133	,7497
319 08	,57	,6542	,8651	,156	,7563
319 43	,58	,6467	,8477	,180	,7628
320 17	,59	,6390	,8307	,204	,7692
320°51′	**5,60**	0,6313	0,8139	1,229	0,7756
321 26	,61	,6235̄	,7975̄	,254	,7818
322 00	,62	,6156	,7812	,280	,7880
322 35	,63	,6077	,7652	,307	,7942
323 09	,64	,5997	,7495̇	,334	,8002
323°43′	5,65	0,5917	0,7340	1,362	0,8061
324 18	,66	,5836	,7187	,391	,8120
324 52	,67	,5755̄	,7037	,421	,8178
325 26	,68	,5673	,6888	,452	,8235̇
326 01	,69	,5590	,6742	,483	,8292
326°35′	**5,70**	0,5507	0,6597	1,516	0,8347
327 10	,71	,5423	,6455̄	,549	,8402
327 44	,72	,5339	,6314	,584	,8456
328 18	,73	,5254	,6175̄	,619	,8509
328 53	,74	,5169	,6038	,656	,8561
329°27′	5,75	0,5083	0,5902	1,694	0,8612
330 01	,76	,4996	,5768	,734	,8662
330 36	,77	,4910	,5635̇	,774	,8712
331 10	,78	,4822	,5504	,817	,8761
331 45	,79	,4734	,5375̄	,861	,8808
332°19′	**5,80**	0,4646	0,5247	1,906	0,8855̇
332 53	,81	,4557	,5120	1,953	,8901
333 28	,82	,4468	,4994	2,002	,8946
334 02	,83	,4378	,4870	,053	,8991
334 36	,84	,4288	,4747	,107	,9034
335°11′	5,85	0,4198	0,4625̄	2,162	0,9076
335 45	,86	,4107	,4504	,220	,9118
336 20	,87	,4015̇	,4384	,281	,9158
336 54	,88	,3924	,4266	,344	,9198
337 28	,89	,3831	,4148	,411	,9237
338°03′	**5,90**	0,3739	0,4031	2,481	0,9275̄
338 37	,91	,3646	,3915̇	,554	,9312
339 11	,92	,3553	,3800	,631	,9348
339 46	,93	,3459	,3686	,713	,9383
340 20	,94	,3365̄	,3573	,799	,9417
340°55′	5,95	0,3271	0,3461	2,889	0,945̇0
341 29	,96	,3176	,3349	2,986	,9482
342 03	,97	,3081	,3238	3,088	,9514
342 38	,98	,2986	,3128	,197	,9544
343 12	,99	,2890	,3019	,313	,9573

Rot unterlegte Tafelwerte sind **negativ** zu nehmen

6,00 ≦ x ≦ 6,30

φ	x	sin x	tan x	cot x	cos x
343°46′	6,00	0,2794	0,2910	3,436	0,9602
344 21	,01	,2698	,2802	,569	,9629
344 55	,02	,2602	,2694	,711	,9656
345 30	,03	,2505̄	,2587	3,865̄	,9681
346 04	,04	,2408	,2481	4,031	,9706
346°38′	6,05	0,2311	0,2375̇	4,210	0,9729
347 13	,06	,2213	,2270	,406	,9752
347 47	,07	,2116	,2165̄	,619	,9774
348 22	,08	,2018	,2060	4,854	,9794
348 56	,09	,1920	,1956	5,112	,9814
349°30′	6,10	0,1822	0,1853	5,398	0,9833
350 05	,11	,1723	,1749	5,716	,9850
350 39	,12	,1625̄	,1646	6,074	,9867
351 13	,13	,1526	,1544	,477	,9883
351 48	,14	,1427	,1442	6,936	,9898
352°22′	6,15	0,1328	0,1340	7,464	0,9911
352 57	,16	,1229	,1238	8,077	,9924
353 31	,17	,1129	,1137	8,797	,9936
354 05	,18	,1030	,1036	9,657	,9947
354 40	,19	,0931	,0935̄	10,70	,9957
355°14′	6,20	0,0831	0,0834	11,99	0,9965̇
355 48	,21	,0731	,0733	13,64	,9973
356 23	,22	,0631	,0633	15,81	,9980
356 57	,23	,0532	,0532	18,78	,9986
357 32	,24	,0432	,0432	23,14	,9991
358°06′	6,25	0,0332	0,0332	30,12	0,9994
358 40	,26	,0232	,0232	43,12	,9997
359 15	,27	,0132	,0132	75,84	,9999
359 49	,28	0,0032	0,0032	313,9	1,0000·
360 23	,29	0,0068	0,0068	146,7	1,0000
360°58′	6,30	0,0168	0,0168	59,47	0,9999
360°	2π = 6,2832				

6,4 ≦ x ≦ 13,0

φ	x	sin x	tan x	cot x	cos x
366°42′	6,4	0,1165̇	0,1173	8,522	0,9932
372 25	,5	,2151	,2203	4,540	,9766
378 09	,6	,3115̇	,3279	3,050	,9502
383 53	,7	,4048	,4428	2,259	,9144
389 37	,8	,4941	,5683	1,760	,8694
395 20	,9	,5784	,7091	,410	,8157
401°04′	7,0	0,6570	0,8714	1,148	0,7539
406 48	,1	,7290	1,065̄	0,9391	,6845̇
412 32	,2	,7937	,305̄	,7665̇	,6084
418 16	,3	,8504	1,617	,6186	,5261
423 59	,4	,8987	2,049	,4880	,4385̇
429°43′	7,5	0,9380	2,706	0,3695̇	0,3466
435 27	,6	,9679	3,852	,2596	,2513
441 11	,7	,9882	6,443	,1552	,1534
446 54	,8	0,9985̇	18,51	0,0540	0,0540
452 38	,9	0,9989	21,72	0,0461	0,0460
450°	$5 \cdot \frac{\pi}{2} = 7{,}8540$				
458°22′	8,0	0,9894	6,800	0,1471	0,1455̇
464 06	,1	,9699	3,982	,2511	,2435̇
469 50	,2	,9407	2,774	,3605̇	,3392
475 33	,3	,9022	2,091	,4782	,4314
481 17	,4	,8546	1,646	,6076	,5193
487°01′	8,5	0,7985̄	1,326	0,7539	0,6020
492 45	,6	,7344	1,082	0,9242	,6787
498 28	,7	,6630	0,8856	1,129	,7486
504 12	,8	,5849	,7211	,387	,8111
509 56	,9	,5010	,5789	1,727	,8654
515°40′	9,0	0,4121	0,4523	2,211	0,9111
521 23	,1	,3191	,3367	2,970	,9477
527 07	,2	,2229	,2286	4,374	,9748
532 51	,3	,1245̄	,1254	7,973	,9922
538 35	,4	0,0248	0,0248	40,35̇	,9997
540°	3π = 9,4248				
544°19′	9,5	0,0752	0,0754	13,27	0,9972
550 02	,6	,1743	,1770	5,649	,9847
555 46	,7	,2718	,2824	3,541	,9624
561 30	,8	,3665̄	,3939	2,539	,9304
567 14	,9	,4575̄	,5146	1,943	,8892
572°57′	10,0	0,5440	0,6484	1,542	0,8391
578 41	,1	,6251	,8008	,249	,7806
584 25	,2	,6999	0,9799	1,021	,7143
590 09	,3	,7677	1,198	0,8348	,6408
595 53	,4	,8278	,476	,6777	,5610
601°36′	10,5	0,8797	1,850	0,5406	0,4755̇
607 20	,6	,9228	2,395̄	,4176	,3853
613 04	,7	,9566	3,284	,3045̄	,2913
618 48	,8	,9809	5,048	,1981	,1943
624 31	,9	0,9954	10,43	0,0959	0,0954
630°	$7 \cdot \frac{\pi}{2} = 10{,}996$				
630°15′	11,0	1,0000	226,0	0,0044	0,0044
635 59	,1	0,9946	9,541	,1048	,1042
641 43	,2	,9792	4,823	,2073	,2030
647 27	,3	,9540	3,183	,3142	,2997
653 10	,4	,9193	2,336	,4280	,3935̄
658°54′	11,5	0,8755̄	1,811	0,5521	0,4833
664 38	,6	,8228	,448	,6907	,5683
670 22	,7	,7620	1,177	0,8499	,6476
676 05	,8	,6935̄	0,9627	1,039	,7204
681 49	,9	,6181	,7864	,272	,7861
687°33′	12,0	0,5366	0,6359	1,573	0,8439
693 17	,1	,4496	,5034	1,986	,8932
699 01	,2	,3582	,3837	2,606	,9336
704 44	,3	,2632	,2729	3,665̄	,9647
710 28	,4	,1656	,1679	5,955̇	,9862
716°12′	12,5	0,0663	0,0665̄	15,04	0,9978
720°	4π = 12,566				
721 56	,6	0,0336	0,0336	29,72	,9994
727 39	,7	,1332	,1344	7,439	,9911
733 23	,8	,2315̇	,2380	4,202	,9728
739 07	,9	,3275̄	,3466	2,885̇	,9449
744°51′	13,0	0,4202	0,4630	2,160	0,9074

Rot unterlegte Tafelwerte sind **negativ** zu nehmen

Arcusfunktionen

0,00 ≦ x ≦ 1,00

x	arcsin *x*	arctan *x*
0,00	0,0000	0,0000
,01	,0100	,0100
,02	,0200	,0200
,03	,0300	,0300
,04	,0400	,0400
0,05	0,0500	0,0500
,06	,0600	,0599
,07	,0701	,0699
,08	,0801	,0798
,09	,0901	,0898
0,10	0,1002	0,0997
,11	,1102	,1096
,12	,1203	,1194
,13	,1304	,1293
,14	,1405	,1391
0,15	0,1506	0,1489
,16	,1607	,1587
,17	,1708	,1684
,18	,1810	,1781
,19	,1912	,1878
0,20	0,2014	0,1974
,21	,2116	,2070
,22	,2218	,2166
,23	,2321	,2261
,24	,2424	,2355
0,25	0,2527	0,2450
,26	,2630	,2544
,27	,2734	,2637
,28	,2838	,2730
,29	,2942	,2823
0,30	0,3047	0,2915
,31	,3152	,3006
,32	,3257	,3097
,33	,3363	,3187
,34	,3469	,3277
0,35	0,3576	0,3367
,36	,3683	,3456
,37	,3790	,3544
,38	,3898	,3631
,39	,4006	,3719
0,40	0,4115	0,3805
,41	,4225	,3891
,42	,4334	,3976
,43	,4445	,4061
,44	,4556	,4145
0,45	0,4668	0,4229
,46	,4780	,4311
,47	,4893	,4394
,48	,5007	,4475
,49	,5121	,4556
0,50	0,5236	0,4636

x	arcsin *x*	arctan *x*
0,50	0,5236	0,4636
,51	,5352	,4716
,52	,5469	,4795
,53	,5586	,4874
,54	,5704	,4951
0,55	0,5824	0,5028
,56	,5944	,5105
,57	,6065	,5181
,58	,6187	,5256
,59	,6311	,5330
0,60	0,6435	0,5404
,61	,6561	,5477
,62	,6687	,5550
,63	,6816	,5622
,64	,6945	,5693
0,65	0,7076	0,5764
,66	,7208	,5834
,67	,7342	,5903
,68	,7478	,5972
,69	,7615	,6040
0,70	0,7754	0,6107
,71	,7895	,6174
,72	,8038	,6240
,73	,8183	,6306
,74	,8331	,6371
0,75	0,8481	0,6435
,76	,8633	,6499
,77	,8788	,6562
,78	,8947	,6624
,79	,9108	,6686
0,80	0,9273	0,6747
,81	,9442	,6808
,82	,9614	,6868
,83	,9791	,6928
,84	0,9973	,6987
0,85	1,016	0,7045
,86	,035	,7103
,87	,055	,7160
,88	,076	,7217
,89	,097	,7273
0,90	1,120	0,7328
,91	,143	,7383
,92	,168	,7438
,93	,194	,7491
,94	,223	,7545
0,95	1,253	0,7598
,96	,287	,7650
,97	,325	,7702
,98	,370	,7753
,99	,429	,7804
1,00	1,571	0,7854

Beispiele: arcsin 0,46 = 0,4780

1,0 ≦ x ≦ 11,0

x	arctan *x*
1,0	0,7854
,1	,8330
,2	,8761
,3	,9151
,4	,9505
1,5	0,9828
,6	1,0122
,7	,0391
,8	,0637
,9	,0863
2,0	1,1071
,1	,1264
,2	,1442
,3	,1607
,4	,1760
2,5	1,1903
,6	,2036
,7	,2161
,8	,2278
,9	,2387
3,0	1,2490
,1	,2588
,2	,2679
,3	,2766
,4	,2847
3,5	1,2925
,6	,2998
,7	,3068
,8	,3135
,9	,3198
4,0	1,3258
,1	,3316
,2	,3371
,3	,3423
,4	,3473
4,5	1,3521
,6	,3567
,7	,3612
,8	,3654
,9	,3695
5,0	1,3734
,1	,3772
,2	,3808
,3	,3843
,4	,3877
5,5	1,3909
,6	,3941
,7	,3971
,8	,4001
,9	,4029
6,0	1,4056

x	arctan *x*
6,0	1,4056
,1	,4083
,2	,4109
,3	,4134
,4	,4158
6,5	1,4181
,6	,4204
,7	,4226
,8	,4248
,9	,4269
7,0	1,4289
,1	,4309
,2	,4328
,3	,4347
,4	,4365
7,5	1,4382
,6	,4400
,7	,4416
,8	,4433
,9	,4449
8,0	1,4464
,1	,4480
,2	,4494
,3	,4509
,4	,4523
8,5	1,4537
,6	,4550
,7	,4564
,8	,4576
,9	,4589
9,0	1,4601
,1	,4613
,2	,4625
,3	,4637
,4	,4648
9,5	1,4659
,6	,4670
,7	,4681
,8	,4691
,9	,4701
10,0	1,4711
,1	,4721
,2	,4731
,3	,4740
,4	,4749
10,5	1,4758
,6	,4767
,7	,4776
,8	,4785
,9	,4793
11,0	1,4801

arctan 10,5 = 1,4758

Exponentialfunktionen

a^x

n	2^n
1	2
2	4
3	8
4	16
5	32
6	64
7	128
8	256
9	512
10	1 024
11	2 048
12	4 096

n	2^n
15	$3{,}27680 \cdot 10^{4}$
20	$1{,}04858 \cdot 10^{6}$
25	$3{,}35544 \cdot 10^{7}$
30	$1{,}07374 \cdot 10^{9}$
40	$1{,}09951 \cdot 10^{12}$
50	$1{,}12590 \cdot 10^{15}$
60	$1{,}15292 \cdot 10^{18}$
64	$1{,}84467 \cdot 10^{19}$
70	$1{,}18059 \cdot 10^{21}$
80	$1{,}20893 \cdot 10^{24}$
90	$1{,}23794 \cdot 10^{27}$
100	$1{,}2676\dot{5} \cdot 10^{30}$

Höhere Potenzen siehe auch Tafel auf S. 22

x	2^x	3^x	10^x
0,1	1,07177	1,11612	1,25893
0,2	1,14870	1,24573	1,58489
0,3	1,23114	1,39039	1,99526
0,4	1,31951	1,55185̄	2,51189
0,5	1,41421	1,73205̇	3,16228
0,6	1,51572	1,93318	3,98107
0,7	1,62450	2,15767	5,01187
0,8	1,74110	2,40822	6,30957
0,9	1,86607	2,68788	7,94328
1,0	2	3	10
1,1	2,14355̄	3,34837	12,5893
1,2	2,29740	3,73719	15,8489

Beispiel: $10^{1,3} = 10 \cdot 10^{0,3} = 19{,}9526$

Normzahlen

x	0	0,1	0,2	0,3	0,4	0,5	0,6	0,7	0,8	0,9	1
10^x	1	1,25	1,60	2,00	2,50	3,15	4,00	5,00	6,30	8,00	10

Hinweis: Die Tafel 10^x, auf halbe Zehntel gerundet, ergibt diese Normzahlen (DIN 323); der Rundungsfehler ist kleiner als 1%. Beim Zeichnen logarithmischer Maßstäbe und bei der Zehnerstufung technischer Größen genügen im allgemeinen diese Normzahlen.

$0{,}00 \leqq |x| \leqq 0{,}99$

e^x

x	e^x	e^{-x}	x	e^x	e^{-x}	x	e^x	e^{-x}	x	e^x	e^{-x}
0,00	1,0000	1,0000	0,25	1,2840	0,7788	**0,50**	1,649	0,6065̇	0,75	2,117	0,4724
,01	,0101	0,9900	,26	,2969	,7711	,51	,665̇	,6005̄	,76	,138	,4677
,02	,0202	,9802	,27	,3100	,7634	,52	,682	,5945̇	,77	,160	,4630
,03	,0305̄	,9704	,28	,3231	,7558	,53	,699	,5886	,78	,181	,4584
,04	,0408	,9608	,29	,3364	,7483	,54	,716	,5827	,79	,203	,4538
0,05	1,0513	0,9512	**0,30**	1,3499	0,7408	0,55	1,733	0,5769	**0,80**	2,226	0,4493
,06	,0618	,9418	,31	,3634	,7334	,56	,751	,5712	,81	,248	,4449
,07	,0725̇	,9324	,32	,3771	,7261	,57	,768	,5655̇	,82	,270	,4404
,08	,0833	,9231	,33	,3910	,7189	,58	,786	,5599	,83	,293	,4360
,09	,0942	,9139	,34	,4049	,7118	,59	,804	,5543	,84	,316	,4317
0,10	1,1052	0,9048	0,35	1,4191	0,7047	**0,60**	1,822	0,5488	0,85	2,340	0,4274
,11	,1163	,8958	,36	,4333	,6977	,61	,840	,5434	,86	,363	,4232
,12	,1275̄	,8869	,37	,4477	,6907	,62	,859	,5379	,87	,387	,4190
,13	,1388	,8781	,38	,4623	,6839	,63	,878	,5326	,88	,411	,4148
,14	,1503	,8694	,39	,4770	,6771	,64	,896	,5273	,89	,435̇	,4107
0,15	1,1618	0,8607	**0,40**	1,4918	0,6703	0,65	1,916̄	0,5220	**0,90**	2 460	0,4066
,16	,1735̇	,8521	,41	,5068	,6637	,66	,935̄	,5169	,91	,484	,4025̇
,17	,1853	,8437	,42	,5220	,6570	,67	,954	,5117	,92	,509	,3985̇
,18	,1972	,8353	,43	,5373	,6505̇	,68	,974	,5066	,93	,535̄	,3946
,19	,2092	,8270	,44	,5527	,6440	,69	1,994	,5016	,94	,560	,3906
0,20	1,2214	0,8187	0,45	1,5683	0,6376	**0,70**	2,014	0,4966	0,95	2,586	0,3867
,21	,2337	,8106	,46	,5841	,6313	,71	,034	,4916	,96	,612	,3829
,22	,2461	,8025̇	,47	,6000	,6250	,72	,054	,4868	,97	,638	,3791
,23	,2586	,7945̇	,48	,6161	,6188	,73	,075̇	,4819	,98	,664	,3753
,24	,2712	,7866	,49	,6323	,6126	,74	,096	,4771	,99	,691	,3716
x	e^x	e^{-x}	x	e^x	e^{-x}	x	e^x	e^{-x}	x	e^x	e^{-x}

Beispiele: $e^{0,41} = 1{,}5068$ $\quad e^{-0,73} = 0{,}4819$

x	e^x	e^{-x}	x	e^x	e^{-x}	x	e^x	e^{-x}	x	e^x	e^{-x}
1,00	2,718	0,3679	**1,50**	4,482	0,2231	**2,00**	7,389	0,1353	**2,50**	12,182	0,08208
,01	,746	,3642	,51	,527	,2209	,01	,463	,1340	,51	,305	,08127
,02	,773	,3606	,52	,572	,2187	,02	,538	,1327	,52	,429	,08046
,03	,801	,3570	,53	,618	,2165	,03	,614	,1313	,53	,554	,07966
,04	,829	,3535	,54	,665	,2144	,04	,691	,1300	,54	,680	,07887
1,05	2,858	0,3499	1,55	4,711	0,2122	2,05	7,768	0,1287	2,55	12,807	0,07808
,06	,886	,3465	,56	,759	,2101	,06	,846	,1275	,56	12,936	,07730
,07	,915	,3430	,57	,807	,2080	,07	7,925	,1262	,57	13,066	,07654
,08	,945	,3396	,58	,855	,2060	,08	8,004	,1249	,58	,197	,07577
,09	2,974	,3362	,59	,904	,2039	,09	,085	,1237	,59	,330	,07502
1,10	3,004	0,3329	**1,60**	4,953	0,2019	**2,10**	8,166	0,1225	**2,60**	13,464	0,07427
,11	,034	,3296	,61	5,003	,1999	,11	,248	,1212	,61	,599	,07353
,12	,065	,3263	,62	,053	,1979	,12	,331	,1200	,62	,736	,07280
,13	,096	,3230	,63	,104	,1959	,13	,415	,1188	,63	13,874	,07208
,14	,127	,3198	,64	,155	,1940	,14	,499	,1177	,64	14,013	,07136
1,15	3,158	0,3166	1,65	5,207	0,1920	2,15	8,585	0,1165	2,65	14,154	0,07065
,16	,190	,3135	,66	,259	,1901	,16	,671	,1153	,66	,296	,06995
,17	,222	,3104	,67	,312	,1882	,17	,758	,1142	,67	,440	,06925
,18	,254	,3073	,68	,366	,1864	,18	,846	,1130	,68	,585	,06856
,19	,287	,3042	,69	,419	,1845	,19	8,935	,1119	,69	,732	,06788
1,20	3,320	0,3012	**1,70**	5,474	0,1827	**2,20**	9,025	0,1108	**2,70**	14,880	0,06721
,21	,353	,2982	,71	,529	,1809	,21	,116	,1097	,71	15,029	,06654
,22	,387	,2952	,72	,585	,1791	,22	,207	,1086	,72	,180	,06587
,23	,421	,2923	,73	,641	,1773	,23	,300	,1075	,73	,333	,06522
,24	,456	,2894	,74	,697	,1755	,24	,393	,1065	,74	,487	,06457
1,25	3,490	0,2865	1,75	5,755	0,1738	2,25	9,488	0,1054	2,75	15,643	0,06393
,26	,525	,2837	,76	,812	,1720	,26	,583	,1044	,76	,800	,06329
,27	,561	,2808	,77	,871	,1703	,27	,679	,1033	,77	15,959	,06266
,28	,597	,2780	,78	,930	,1686	,28	,777	,1023	,78	16,119	,06204
,29	,633	,2753	,79	5,989	,1670	,29	,875	,1013	,79	,281	,06142
1,30	3,669	0,2725	**1,80**	6,050	0,1653	**2,30**	9,974	0,1003	**2,80**	16,445	0,06081
,31	,706	,2698	,81	,110	,1637	,31	10,074	,09926	,81	,610	,06020
,32	,743	,2671	,82	,172	,1620	,32	,176	,09827	,82	,777	,05961
,33	,781	,2645	,83	,234	,1604	,33	,278	,09730	,83	16,945	,05901
,34	,819	,2618	,84	,297	,1588	,34	,381	,09633	,84	17,116	,05843
1,35	3,857	0,2592	1,85	6,360	0,1572	2,35	10,486	0,09537	2,85	17,288	0,05784
,36	,896	,2567	,86	,424	,1557	,36	,591	,09442	,86	,462	,05727
,37	,935	,2541	,87	,488	,1541	,37	,697	,09348	,87	,637	,05670
,38	3,975	,2516	,88	,554	,1526	,38	,805	,09255	,88	,814	,05613
,39	4,015	,2491	,89	,619	,1511	,39	10,913	,09163	,89	17,993	,05558
1,40	4,055	0,2466	**1,90**	6,686	0,1496	**2,40**	11,023	0,09072	**2,90**	18,174	0,05502
,41	,096	,2441	,91	,753	,1481	,41	,134	,08982	,91	,357	,05448
,42	,137	,2417	,92	,821	,1466	,42	,246	,08892	,92	,541	,05393
,43	,179	,2393	,93	,890	,1451	,43	,359	,08804	,93	,728	,05340
,44	,221	,2369	,94	6,959	,1437	,44	,473	,08716	,94	18,916	,05287
1,45	4,263	0,2346	1,95	7,029	0,1423	2,45	11,588	0,08629	2,95	19,106	0,05234
,46	,306	,2322	,96	,099	,1409	,46	,705	,08543	,96	,298	,05182
,47	,349	,2299	,97	,171	,1395	,47	,822	,08458	,97	,492	,05130
,48	,393	,2276	,98	,243	,1381	,48	11,941	,08374	,98	,688	,05079
,49	,437	,2254	,99	,316	,1367	,49	12,061	,08291	,99	,886	,05029
x	e^x	e^{-x}	x	e^x	e^{-x}	x	e^x	e^{-x}	x	e^x	e^{-x}

Beispiel mit linearer Interpolation:

$$e^{-2,926} = e^{-2,92} - 6 \cdot 5{,}3\ \mathrm{E} = e^{-2,93} + 4 \cdot 5{,}3\ \mathrm{E} = 0{,}05340 + 21\ \mathrm{E} = 0{,}05361$$

$3{,}00 \leqq |x| \leqq 4{,}99$

x	e^x	e^{-x}
3,00	20,09	0,04979
,01	,29	,04929
,02	,49	,04880
,03	,70	,04832
,04	20,91	,04783
3,05	21,12	0,04736
,06	,33	,04689
,07	,54	,04642
,08	,76	,04596
,09	21,98	,0455̇0
3,10	22,20	0,04505̄
,11	,42	,04460
,12	,65̄	,04416
,13	22,87	,04372
,14	23,10	,04328
3,15	23,34	0,04285̇
,16	,57	,04243
,17	23,81	,04200
,18	24,05̄	,04159
,19	,29	,04117
3,20	24,53	0,04076
,21	24,78	,04036
,22	25,03	,03996
,23	,28	,03956
,24	,53	,03916
3,25	25,79	0,03877
,26	26,05̄	,03839
,27	,31	,03801
,28	,58	,03763
,29	26,84	,03725̇
3,30	27,11	0,03688
,31	,39	,03652
,32	,66	,03615̇
,33	27,94	,03579
,34	28,22	,03544
3,35	28,5̇0	0,03508
,36	28,79	,03474
,37	29,08	,03439
,38	,37	,03405̄
,39	,67	,03371
3,40	29,96	0,03337
,41	30,27	,03304
,42	,57	,03271
,43	30,88	,03239
,44	31,19	,03206
3,45	31,5̇0	0,03175̄
,46	31,82	,03143
,47	32,14	,03112
,48	,46	,03081
,49	,79	,0305̇0

x	e^x	e^{-x}
3,50	33,12	0,03020
,51	,45̄	,02990
,52	33,78	,02960
,53	34,12	,02930
,54	,47	,02901
3,55	34,81	0,02872
,56	35,16	,02844
,57	,52	,02816
,58	35,87	,02788
,59	36,23	,02760
3,60	36,60	0,02732
,61	36,97	,02705̇
,62	37,34	,02678
,63	37,71	,02652
,64	38,09	,02625̇
3,65	38,47	0,02599
,66	38,86	,02573
,67	39,25̇	,02548
,68	39,65̄	,02522
,69	40,04	,02497
3,70	40,45̄	0,02472
,71	40,85̇	,02448
,72	41,26	,02423
,73	41,68	,02399
,74	42,10	,02375̇
3,75	42,52	0,02352
,76	42,95̄	,02328
,77	43,38	,02305̇
,78	43,82	,02282
,79	44,26	,02260
3,80	44,70	0,02237
,81	45,15̇	,02215̄
,82	45,60	,02193
,83	46,06	,02171
,84	46,53	,02149
3,85	46,99	0,02128
,86	47,47	,02107
,87	47,94	,02086
,88	48,42	,02065̇
,89	48,91	,02045̄
3,90	49,40	0,02024
,91	49,90	,02004
,92	50,40	,01984
,93	50,91	,01964
,94	51,42	,01945̄
3,95	51,94	0,01925̇
,96	52,46	,01906
,97	52,98	,01887
,98	53,52	,01869
,99	54,05̇	,0185̄0

x	e^x	e^{-x}
4,00	54,60	0,01832
,01	55,15̄	,01813
,02	55,70	,01795̇
,03	56,26	,01777
,04	56,83	,01760
4,05	57,40	0,01742
,06	57,97	,01725̄
,07	58,56	,01708
,08	59,15̄	,01691
,09	59,74	,01674
4,10	60,34	0,01657
,11	60,95̄	,01641
,12	61,56	,01624
,13	62,18	,01608
,14	62,80	,01592
4,15	63,43	0,01576
,16	64,07	,01561
,17	64,72	,01545̇
,18	65,37	,01530
,19	66,02	,01515̄
4,20	66,69	0,015̄00
,21	67,36	,01485̄
,22	68,03	,01470
,23	68,72	,01455̇
,24	69,41	,01441
4,25	70,11	0,01426
,26	70,81	,01412
,27	71,52	,01398
,28	72,24	,01384
,29	72,97	,01370
4,30	73,70	0,01357
,31	74,44	,01343
,32	75,19	,01330
,33	75,94	,01317
,34	76,71	,01304
4,35	77,48	0,01291
,36	78,26	,01278
,37	79,04	,01265̇
,38	79,84	,01253
,39	80,64	,01240
4,40	81,45̇	0,01228
,41	82,27	,01216
,42	83,10	,01203
,43	83,93	,01191
,44	84,77	,01180
4,45	85,63	0,01168
,46	86,49	,01156
,47	87,36	,01145̄
,48	88,23	,01133
,49	89,12	,01122

x	e^x	e^{-x}
4,50	90,02	0,01111
,51	90,92	,01100
,52	91,84	,01089
,53	92,76	,01078
,54	93,69	,01067
4,55	94,63	0,01057
,56	95,58	,01046
,57	96,54	,01036
,58	97,51	,01025̇
,59	98,49	,01015̇
4,60	99,48	0,01005̇
,61	100,48	,00995̇
,62	101,49	,00985̇
,63	102,51	,00975̇
,64	103,54	,00966
4,65	104,58	0,00956
,66	105,64	,00947
,67	106,70	,00937
,68	107,77	,00928
,69	108,85̇	,00919
4,70	109,95̄	0,00910
,71	111,05̇	,00900
,72	112,17	,00892
,73	113,30	,00883
,74	114,43	,00874
4,75	115,58	0,00865̇
,76	116,75̄	,00857
,77	117,92	,00848
,78	119,10	,00840
,79	120,30	,00831
4,80	121,51	0,00823
,81	122,73	,00815̄
,82	123,97	,00807
,83	125,21	,00799
,84	126,47	,00791
4,85	127,74	0,00783
,86	129,02	,00775̇
,87	130,32	,00767
,88	131,63	,00760
,89	132,95̇	,00752
4,90	134,29	0,00745̄
,91	135,64	,00737
,92	137,00	,00730
,93	138,38	,00723
,94	139,77	,00715̇
4,95	141,17	0,00708
,96	142,59	,00701
,97	144,03	,00694
,98	145,47	,00687
,99	146,94	,00681

x e^x e^{-x} · x e^x e^{-x} · x e^x e^{-x} · x e^x e^{-x}

e^x

$5{,}0 \leqq |x| \leqq 10{,}9$

x	e^x	e^{-x}
5,0	148,4	0,006738
,1	164,0	,006097
,2	181,3	,005517
,3	200,3	,004992
,4	221,4	,004517
5,5	244,7	0,004087
,6	270,4	,003698
,7	298,9	,003346
,8	330,3	,003028
,9	36$\dot{5}$,0	,002739
6,0	403,4	0,002479
,1	445,9	,002243
,2	492,7	,002029
,3	544,6	,001836
,4	601,8	,001662
6,5	665,1	0,001503
,6	735,1	,001360
,7	812,4	,001231
,8	897,8	,001114
,9	992,3	,001008

x	e^x	e^{-x}
7,0	1 097	0,0009119
,1	1 212	,0008251
,2	1 339	,0007466
,3	1 480	,000675$\dot{5}$
,4	1 636	,0006113
7,5	1 808	0,0005531
,6	1 998	,000500$\bar{5}$
,7	2 208	,0004528
,8	2 441	,0004097
,9	2 697	,0003707
8,0	2 981	0,000335$\bar{5}$
,1	3 294	,000303$\dot{5}$
,2	3 641	,0002747
,3	4 024	,000248$\dot{5}$
,4	4 447	,0002249
8,5	4 91$\bar{5}$	0,000203$\bar{5}$
,6	5 432	,0001841
,7	6 003	,0001666
,8	6 634	,0001507
,9	7 332	,0001364

x	e^x	e^{-x}
9,0	8 103	0,0001234
,1	8 95$\dot{5}$	,0001117
,2	9 897	,0001010
,3	10 938	,0000914
,4	12 088	,0000827
9,5	13 360	0,0000749
,6	14 76$\bar{5}$	,0000677
,7	16 318	,0000613
,8	18 034	,000055$\bar{5}$
,9	19 930	,0000502
10,0	22 026	0,0000454
,1	24 343	,0000411
,2	26 903	,0000372
,3	29 733	,0000336
,4	32 860	,0000304
10,5	36 316	0,000027$\dot{5}$
,6	40 13$\bar{5}$	,0000249
,7	44 356	,000022$\dot{5}$
,8	49 021	,0000204
,9	54 176	,000018$\bar{5}$

Grenzwerte (numerisch)

Grenzwert π

n	6	12	24	48	96	192	384	768	1 536	$\longrightarrow \infty$
$\frac{U_n}{2r}$	3,46410	3,21539	3,15966	3,14609	3,14272	3,14187	3,14166	3,14161	3,14160	$\searrow$ π
$\frac{u_n}{2r}$	3,00000	3,10583	3,13263	3,1393$\dot{5}$	3,14103	3,1414$\dot{5}$	3,14156	3,14158	3,14159	$\nearrow$ π

$\frac{u_n}{2r} < \pi < \frac{U_n}{2r}$

π = 3,141 592 653 589 793 238 462 643 383 279 50 . . .

U_n (u_n): Umfang des einem Kreis vom Radius r um(ein)beschriebenen regelmäßigen n-Ecks

Grenzwert e

$$A_n = \left(1 + \frac{1}{n}\right)^{n+1}$$

$$a_n = \left(1 + \frac{1}{n}\right)^{n}$$

n	1	2	3	4	5	10	100	1 000	10 000	$\longrightarrow \infty$
A_n	4,00	3,38	3,16	3,0$\dot{5}$	2,98	2,8$\dot{5}$	2,73	2,720	2,71842	$\searrow$ e
a_n	2,00	2,25	2,37	2,44	2,49	2,59	2,70	2,717	2,7181$\bar{5}$	$\nearrow$ e

$a_{n-1} < a_n < e < A_n < A_{n-1}$

e = 2,718 281 828 459 045 235 360 287 471 353 . . .

$$\lim_{x \to 0} \frac{\sin x}{x} = 1$$

φ	5°44′	34′23″	3′26″	20,63″	$\longrightarrow$ 0″
x	0,1	0,01	0,001	0,0001	$\longrightarrow$ 0
$\frac{\sin x}{x}$	0,99833417	0,99998333	0,99999983	0,9999999983	$\longrightarrow$ 1

$$\lim_{x \to 0} \frac{e^x - 1}{x} = 1$$

x	0,1	0,01	0,001	0,0001	$\longrightarrow$ 0
$\frac{e^x - 1}{x}$	1,05170918	1,00501671	1,00050017	1,0000$\dot{5}$000	$\longrightarrow$ 1

x	e^{-x^2}	$\varphi(x)$	$J(x)$
0,0	1	0,3989	0
0,1	0,9900	,3970	0,0797
0,2	,9608	,3910	,1585
0,3	,9139	,3814	,2358
0,4	,8521	,3683	,3108
0,5	0,7788	0,3521	0,3829
0,6	,6977	,3332	,4515
0,7	,6126	,3123	,5161
0,8	,5273	,2897	,5763
0,9	,4449	,2661	,6319
1,0	0,3679	0,2420	0,6827
1,1	,2982	,2179	,7287
1,2	,2369	,1942	,7699
1,3	,1845	,1714	,8064
1,4	,1409	,1497	,8385
1,5	0,1054	0,1295	0,8664
1,6	,0773	,1109	,8904
1,7	,0556	,0941	,9109
1,8	,0392	,0790	,9281
1,9	,0271	,0656	,9426
2,0	0,0183	0,0540	0,9545
2,1	,0122	,0440	,9643
2,2	,0079	,0355	,9722
2,3	,0050	,0283	,9786
2,4	,0032	,0224	,9836
2,5	0,0019	0,0175	0,9876
2,6	,0012	,0136	,9907
2,7	,0007	,0104	,9931
2,8	,0004	,0079	,9949
2,9	,0002	,0060	,9963
3,0	0,0001	0,0044	0,9973
3,1	,0001	,0033	,9981
3,2	,0000	,0024	,9986
3,3	,0000	,0017	,9990
3,4	,0000	,0012	,9993
3,5	0,0000	0,0009	0,9995
3,6	,0000	,0006	,9997
3,7	,0000	,0004	,9998
3,8	,0000	,0003	,9999
3,9	,0000	,0002	,9999
4,0	0,0000	0,0001	0,9999
4,1	,0000	,0001	1,000
4,2	,0000	,0001	,000
4,3	,0000	,0000	,000
4,4	,0000	,0000	,000
4,5	0,0000	0,0000	1,000
4,6	,0000	,0000	,000
4,7	,0000	,0000	,000
4,8	,0000	,0000	,000
4,9	,0000	,0000	,000
5,0	0,0000·	0,0000·	1,000·

x	sinh x	cosh x	tanh x	coth x
0,0	0	1	0	∞
0,1	0,1002	1,005	0,0997	10,03
0,2	,2013	,020	,1974	5,066
0,3	,3045	,045	,2913	3,433
0,4	,4108	,081	,3799	2,632
0,5	0,5211	1,128	0,4621	2,164
0,6	,6367	,185	,5370	1,862
0,7	,7586	,255	,6044	,655
0,8	0,8881	,337	,6640	,506
0,9	1,027	,433	,7163	,396
1,0	1,175	1,543	0,7616	1,313
1,1	,336	,669	,8005	,249
1,2	,509	,811	,8337	,200
1,3	,698	1,971	,8617	,160
1,4	1,904	2,151	,8854	,129
1,5	2,129	2,352	0,9051	1,105
1,6	,376	,577	,9217	,085
1,7	,646	2,828	,9354	,069
1,8	2,942	3,107	,9468	,056
1,9	3,268	,418	,9562	,046
2,0	3,627	3,762	0,9640	1,037
2,1	4,022	4,144	,9705	,030
2,2	,457	4,568	,9757	,025
2,3	4,937	5,037	,9801	,020
2,4	5,466	5,557	,9837	,017
2,5	6,050	6,132	0,9866	1,014
2,6	6,695	6,769	,9890	,011
2,7	7,406	7,473	,9910	,009
2,8	8,192	8,253	,9926	,007
2,9	9,060	9,115	,9940	,006
3,0	10,02	10,07	0,9951	1,005
3,1	11,08	11,12	,9959	,004
3,2	12,25	12,29	,9967	,003
3,3	13,54	13,57	,9973	,003
3,4	14,97	15,00	,9978	,002
3,5	16,54	16,57	0,9982	1,002
3,6	18,29	18,31	,9985	,001
3,7	20,21	20,24	,9988	,001
3,8	22,34	22,36	,9990	,001
3,9	24,69	24,71	,9992	,001
4,0	27,29	27,31	0,9993	1,001
4,1	30,16	30,18	,9995	,001
4,2	33,34	33,35	,9996	,000
4,3	36,84	36,86	,9996	,000
4,4	40,72	40,73	,9997	,000
4,5	45,00	45,01	0,9998	1,000
4,6	49,74	49,75	,9998	,000
4,7	54,97	54,98	,9998	,000
4,8	60,75	60,76	,9999	,000
4,9	67,14	67,15	,9999	,000
5,0	74,20	74,21	0,9999·	1,000

Gaußsche Normalverteilung

Ordinaten: $\varphi(x) = \frac{1}{\sqrt{2\pi}} e^{-\frac{x^2}{2}}$

Integralwerte: $J(x) = \frac{1}{\sqrt{2\pi}} \int_{-x}^{+x} e^{-\frac{t^2}{2}} dt$

Hyperbelfunktionen

$\sinh x = \frac{1}{2}(e^x - e^{-x})$; $\cosh x = \frac{1}{2}(e^x + e^{-x})$

$\tanh x = \frac{e^x - e^{-x}}{e^x + e^{-x}}$; $\coth x = \frac{e^x + e^{-x}}{e^x - e^{-x}}$

$$b_n = \left(1 - \frac{p}{100}\right)^n$$

Abschreibungsfaktoren

Buchwerte für Anschaffungswert 1 bei degressiver Abschreibung

Jahre *n*	Abschreibungsprozentsatz *p* % 2%	2,5%	3%	4%	5%	10%	20%	25%	33¹/₃%
1	0,9800	0,9750	0,9700	0,9600	0,9500	0,9000	0,8000	0,7500	0,6667
2	,9604	,9506	,9409	,9216	,9025	,8100	,6400	,5625	,4444
3	,9412	,9269	,9127	,8847	,8574	,7290	,5120	,4219	,2963
4	,9224	,9037	,8853	,8493	,8145	,6561	,4096	,3164	,1975
5	0,9039	0,8811	0,8587	0,8154	0,7738	0,5905	0,3277	0,2373	0,1317
6	,8858	,8591	,8330	,7828	,7351	,5314	,2621	,1780	,08779
7	,8681	,8376	,8080	,7514	,6983	,4783	,2097	,1335	,05853
8	,8508	,8167	,7837	,7214	,6634	,4305	,1678	,1001	,03902
9	,8337	,7962	,7602	,6925	,6302	,3874	,1342	,07508	,02601
10	0,8171	0,7763	0,7374	0,6648	0,5987	0,3487	0,1074	0,05631	0,01734
11	,8007	,7569	,7153	,6382	,5688	,3138	,08590	,04224	,01156
12	,7847	,7380	,6938	,6127	,5404	,2824	,06872	,03168	,00771
13	,7690	,7195	,6730	,5882	,5133	,2542	,05498	,02376	,00514
14	,7536	,7016	,6528	,5647	,4877	,2288	,04398	,01782	,00343
15	0,7386	0,6840	0,6333	0,5421	0,4633	0,2059	0,03518	0,01336	0,00228
16	,7238	,6669	,6143	,5204	,4401	,1853	,02815	,01002	,00152
17	,7093	,6502	,5958	,4996	,4181	,1668	,02252	,00752	,00101
18	,6951	,6340	,5780	,4796	,3972	,1501	,01801	,00564	,00068
19	,6812	,6181	,5606	,4604	,3774	,1351	,01441	,00423	,00045
20	0,6676	0,6027	0,5438	0,4420	0,3585	0,1216	0,01153	0,00317	0,00030
21	,6543	,5876	,5275	,4243	,3406	,1094	,00922	,00238	,00020
22	,6412	,5729	,5117	,4073	,3235	,09848	,00738	,00178	,00013
23	,6283	,5586	,4963	,3911	,3074	,08863	,00590	,00134	,00009
24	,6158	,5446	,4814	,3754	,2920	,07977	,00472	,00100	,00006
25	0,6035	0,5310	0,4670	0,3604	0,2774	0,07179	0,00378	0,00075	0,00004
26	,5914	,5177	,4530	,3460	,2635	,06461	,00302	,00056	,00003
27	,5796	,5048	,4394	,3321	,2503	,05815	,00242	,00042	,00002
28	,5680	,4922	,4262	,3189	,2378	,05233	,00193	,00032	,00001
29	,5566	,4799	,4134	,3061	,2259	,04710	,00155	,00024	,00001
30	0,5455	0,4679	0,4010	0,2939	0,2146	0,04239	0,00124	0,00018	0,00001
31	,5346	,4562	,3890	,2821	,2039	,03815	,00099	,00013	,00000
32	,5239	,4448	,3773	,2708	,1937	,03434	,00079	,00010	—
33	,5134	,4337	,3660	,2600	,1840	,03090	,00063	,00008	—
34	,5031	,4228	,3550	,2496	,1748	,02781	,00051	,00006	—
35	0,4931	0,4123	0,3444	0,2396	0,1661	0,02503	0,00041	0,00004	—
36	,4832	,4019	,3340	,2300	,1578	,02253	,00032	,00003	—
37	,4735	,3919	,3240	,2208	,1499	,02028	,00026	,00002	—
38	,4641	,3821	,3143	,2120	,1424	,01825	,00021	,00002	—
39	,4548	,3725	,3049	,2035	,1353	,01642	,00017	,00001	—
40	0,4457	0,3632	0,2957	0,1954	0,1285	0,01478	0,00013	0,00001	—
45	0,4029	0,3200	0,2539	0,1593	0,09944	0,00873	0,00004	0,00000	—
50	0,3642	0,2820	0,2181	0,1299	0,07694	0,00515	0,00001	—	—

Beispiel: Bei degressiver Abschreibung von 10% (jährlich wird vom jeweiligen Buchwert 10% abgeschrieben) hat ein für $B_0 = 10\,000$ DM angeschaffter Gegenstand nach 20 Jahren den Buchwert $B_{20} = 10\,000 \text{ DM} \cdot b_{20} = 1216$ DM.

Anmerkung: Die Abschreibungsfaktoren b_n sind *antizipative Abzinsungsfaktoren*, ihre Kehrwerte $\frac{1}{b_n}$ *antizipative Aufzinsungsfaktoren.*
„*Antizipativ*" heißt, daß die Zinsen im voraus berechnet werden.

f(e^x)

%

Zinsfaktoren

$$q^n = \left(1 + \frac{p}{100}\right)^n$$

Kapitalendwerte für Anfangskapital 1

Jahre n	Zinssatz p % 3%	3,5%	4%	4,5%	5%	5,5%	6%	7%	8%
1	1,0300	1,0350	1,0400	1,0450	1,0500	1,0550	1,0600	1,0700	1,0800
2	,0609	,0712	,0816	,0920	,1025	,1130	,1236	,1449	,1664
3	,0927	,1087	,1249	,1412	,1576	,1742	,1910	,2250	,2597
4	,1255	,1475	,1699	,1925	,2155	,2388	,2625	,3108	,3605
5	1,1593	1,1877	1,2167	1,2462	1,2763	1,3070	1,3382	1,4026	1,4693
6	,1941	,2293	,2653	,3023	,3401	,3788	,4185	,5007	,5869
7	,2299	,2723	,3159	,3609	,4071	,4547	,5036	,6058	,7138
8	,2668	,3168	,3686	,4221	,4775	,5347	,5938	,7182	,8509
9	,3048	,3629	,4233	,4861	,5513	,6191	,6895	,8385	1,9990
10	1,3439	1,4106	1,4802	1,5530	1,6289	1,7081	1,7908	1,9672	2,1589
11	,3842	,4600	,5395	,6229	,7103	,8021	1,8983	2,1049	,3316
12	,4258	,5111	,6010	,6959	,7959	1,9012	2,0122	,2522	,5182
13	,4685	,5640	,6651	,7722	,8856	2,0058	,1329	,4098	,7196
14	,5126	,6187	,7317	,8519	1,9799	,1161	,2609	,5785	2,9372
15	1,5580	1,6753	1,8009	1,9353	2,0789	2,2325	2,3966	2,7590	3,1722
16	,6047	,7340	,8730	2,0224	,1829	,3553	,5404	2,9522	,4259
17	,6528	,7947	1,9479	,1134	,2920	,4848	,6928	3,1588	,7000
18	,7024	,8575	2,0258	,2085	,4066	,6215	2,8543	,3799	3,9960
19	,7535	,9225	,1068	,3079	,5270	,7656	3,0256	,6165	4,3157
20	1,8061	1,9898	2,1911	2,4117	2,6533	2,9178	3,2071	3,8697	4,6610
21	,8603	2,0594	,2788	,5202	,7860	3,0782	,3996	4,1406	5,0338
22	,9161	,1315	,3699	,6337	2,9253	,2475	,6035	,4304	,4365
23	1,9736	,2061	,4647	,7522	3,0715	,4262	3,8197	4,7405	5,8715
24	2,0328	,2833	,5633	2,8760	,2251	,6146	4,0489	5,0724	6,3412
25	2,0938	2,3632	2,6658	3,0054	3,3864	3,8134	4,2919	5,4274	6,8485
26	,1566	,4460	,7725	,1407	,5557	4,0231	,5494	5,8074	7,3964
27	,2213	,5316	,8834	,2820	,7335	,2444	4,8223	6,2139	7,9881
28	,2879	,6202	2,9987	,4297	3,9201	,4778	5,1117	6,6488	8,6271
29	,3566	,7119	3,1187	,5840	4,1161	,7241	5,4184	7,1143	9,3173
30	2,4273	2,8068	3,2434	3,7453	4,3219	4,9840	5,7435	7,6123	10,0627
31	,5001	2,9050	,3731	3,9139	,5380	5,2581	6,0881	8,1451	10,8677
32	,5751	3,0067	,5081	4,0900	4,7649	,5473	,4534	8,7153	11,7371
33	,6523	,1119	,6484	,2740	5,0032	5,8524	6,8406	9,3253	12,6760
34	,7319	,2209	,7943	,4664	,2533	6,1742	7,2510	9,9781	13,6901
35	2,8139	3,3336	3,9461	4,6673	5,5160	6,5138	7,6861	10,6766	14,7853
36	,8983	,4503	4,1039	4,8774	5,7918	6,8721	8,1473	11,4239	15,9682
37	,9852	,5710	,2681	5,0969	6,0814	7,2501	8,6361	12,2236	17,2456
38	3,0748	,6960	,4388	,3262	,3855	7,6488	9,1543	13,0793	18,6253
39	,1670	,8254	,6164	,5659	6,7048	8,0695	9,7035	13,9948	20,1153
40	3,2620	3,9593	4,8010	5,8164	7,0400	8,5133	10,2857	14,9745	21,7245
41	,3599	4,0978	4,9931	6,0781	,3920	8,9815	10,9029	16,0227	23,4625
42	,4607	,2413	5,1928	,3516	7,7616	9,4755	11,5570	17,1443	25,3395
43	,5645	,3897	,4005	,6374	8,1497	9,9967	12,2505	18,3444	27,3666
44	,6715	,5433	,6165	6,9361	,5572	10,5465	12,9855	19,6285	29,5560
45	3,7816	4,7024	5,8412	7,2482	8,9850	11,1266	13,7646	21,0025	31,9204
46	3,8950	4,8669	6,0748	,5744	9,4343	11,7385	14,5905	22,4726	34,4741
47	4,0119	5,0373	,3178	7,9153	9,9060	12,3841	15,4659	24,0457	37,2320
48	,1323	,2136	,5705	8,2715	10,4013	13,0653	16,3939	25,7289	40,2106
49	,2562	,3961	6,8333	8,6437	10,9213	13,7838	17,3775	27,5299	43,4274
50	4,3839	5,5849	7,1067	9,0326	11,4674	14,5420	18,4202	29,4570	46,9016

Beispiele: a) Bei einem Jahreszinssatz von 4,5 % wachsen 10000 DM in 16 Jahren mit Zins und Zinseszins auf $K_{16} = 10000$ DM $\cdot\, q^{16} = 20224$ DM an.

b) Bei einem Zinssatz von 4 % ist der Barwert der Zusage, nach 5 Jahren 1000 DM zu zahlen, $K_0 = 1000$ DM $\cdot \frac{1}{q^5} = 822$ DM.

Anmerkung: Die Zinsfaktoren q^n sind *dekursive Aufzinsungsfaktoren,* ihre Kehrwerte $\frac{1}{q^n}$ *dekursive Abzinsungsfaktoren.* „*Dekursiv*" heißt, daß die Zinsen nachträglich berechnet werden (Normalfall).

$$s_n = \frac{q^n - 1}{q - 1}$$

Rentenendwerte für Rente 1 bei nachschüssigen Renten

Jahre n	Zinssatz p % 3%	3,5%	4%	4,5%	5%	5,5%	6%	7%	8%
1	1,0000	1,0000	1,0000	1,0000	1,0000	1,0000	1,0000	1,0000	1,0000
2	2,0300	2,0350	2,0400	2,0450	2,0500	2,0550	2,0600	2,0700	2,0800
3	3,0909	3,1062	3,1216	3,1370	3,1525	3,1680	3,1836	3,2149	3,2464
4	4,1836	4,2149	4,2465	4,2782	4,3101	4,3423	4,3746	4,4399	4,5061
5	5,3091	5,3625	5,4163	5,4707	5,5256	5,5811	5,6371	5,7507	5,8666
6	6,4684	6,5502	6,6330	6,7169	6,8019	6,8881	6,9753	7,1533	7,3359
7	7,6625	7,7794	7,8983	8,0192	8,1420	8,2669	8,3938	8,6540	8,9228
8	8,8923	9,0517	9,2142	9,3800	9,5491	9,7216	9,8975	10,2598	10,6366
9	10,1591	10,3685	10,5828	10,8021	11,0266	11,2563	11,4913	11,9780	12,4876
10	11,4639	11,7314	12,0061	12,2882	12,5779	12,8754	13,1808	13,8164	14,4866
11	12,8078	13,1420	13,4864	13,8412	14,2068	14,5835	14,9716	15,7836	16,6455
12	14,1920	14,6020	15,0258	15,4640	15,9171	16,3856	16,8699	17,8885	18,9771
13	15,6178	16,1130	16,6268	17,1599	17,7130	18,2868	18,8821	20,1406	21,4953
14	17,0863	17,6770	18,2919	18,9321	19,5986	20,2926	21,0151	22,5505	24,2149
15	18,5989	19,2957	20,0236	20,7841	21,5786	22,4087	23,2760	25,1290	27,1521
16	20,1569	20,9710	21,8245	22,7193	23,6575	24,6411	25,6725	27,8881	30,3243
17	21,7616	22,7050	23,6975	24,7417	25,8404	26,9964	28,2129	30,8402	33,7502
18	23,4144	24,4997	25,6454	26,8551	28,1324	29,4812	30,9057	33,9990	37,4502
19	25,1169	26,3572	27,6712	29,0636	30,5390	32,1027	33,7600	37,3790	41,4463
20	26,8704	28,2797	29,7781	31,3714	33,0660	34,8683	36,7856	40,9955	45,7620
21	28,6765	30,2695	31,9692	33,7831	35,7193	37,7861	39,9927	44,8652	50,4229
22	30,5368	32,3289	34,2480	36,3034	38,5052	40,8643	43,3923	49,0057	55,4568
23	32,4529	34,4604	36,6179	38,9370	41,4305	44,1118	46,9958	53,4361	60,8933
24	34,4265	36,6665	39,0826	41,6892	44,5020	47,5380	50,8156	58,1767	66,7648
25	36,4593	38,9499	41,6459	44,5652	47,7271	51,1526	54,8645	63,2490	73,1059
26	38,5530	41,3131	44,3117	47,5706	51,1135	54,9660	59,1564	68,6765	79,9544
27	40,7096	43,7591	47,0842	50,7113	54,6691	58,9891	63,7058	74,4838	87,3508
28	42,9309	46,2906	49,9676	53,9933	58,4026	63,2335	68,5281	80,6977	95,3388
29	45,2189	48,9108	52,9663	57,4230	62,3227	67,7114	73,6398	87,3465	103,966
30	47,5754	51,6227	56,0849	61,0071	66,4388	72,4355	79,0582	94,4608	113,283
31	50,0027	54,4295	59,3283	64,7524	70,7608	77,4194	84,8017	102,073	123,346
32	52,5028	57,3345	62,7015	68,6662	75,2988	82,6775	90,8898	110,218	134,214
33	55,0778	60,3412	66,2095	72,7562	80,0638	88,2248	97,3432	118,933	145,951
34	57,7302	63,4532	69,8579	77,0303	85,0670	94,0771	104,184	128,259	158,627
35	60,4621	66,6740	73,6522	81,4966	90,3203	100,2514	111,435	138,237	172,317
36	63,2759	70,0076	77,5983	86,1640	95,8363	106,7652	119,121	148,913	187,102
37	66,1742	73,4579	81,7022	91,0413	101,628	113,6373	127,268	160,337	203,070
38	69,1594	77,0289	85,9703	96,1382	107,710	120,8873	135,904	172,561	220,316
39	72,2342	80,7249	90,4091	101,464	114,095	128,5361	145,058	185,640	238,941
40	75,4013	84,5503	95,0255	107,030	120,800	136,6056	154,762	199,635	259,057
41	78,6633	88,5095	99,8265	112,847	127,840	145,1189	165,048	214,610	280,781
42	82,0232	92,6074	104,820	118,925	135,232	154,1005	175,951	230,632	304,244
43	85,4839	96,8486	110,012	125,276	142,993	163,5760	187,508	247,776	329,583
44	89,0484	101,238	115,413	131,914	151,143	173,5727	199,758	266,121	356,950
45	92,7199	105,782	121,029	138,850	159,700	184,1192	212,744	285,749	386,506
46	96,5015	110,484	126,871	146,098	168,685	195,2457	226,508	306,752	418,426
47	100,397	115,351	132,945	153,673	178,119	206,9842	241,099	329,224	452,900
48	104,408	120,388	139,263	161,588	188,025	219,3684	256,565	353,270	490,132
49	108,541	125,602	145,834	169,859	198,427	232,4336	272,958	378,999	530,343
50	112,797	130,998	152,667	178,503	209,348	246,2175	290,336	406,529	573,770

Beispiel: Bei einem Jahreszinssatz von 3% ist der Endwert der nachschüssig bezahlten Jahresraten in Höhe von $R = 100$ DM nach 8 Jahren $S_8 = 100 \text{ DM} \cdot s_8 = 889{,}23$ DM.

Vorschüssige Rente: Werden jeweils zu Jahresanfang *(vorschüssig)* Zahlungen in Höhe 1 geleistet, so ist der Rentenendwert nach n Jahren $s_n^{\text{vor}} = q \cdot s_n = s_{n+1} - 1$. *Beispiel:* Bei 3% ist

$$s_{19}^{\text{vor}} = s_{20} - 1 = 25{,}8704.$$

Tilgungsfaktoren

Tilgungsraten (Annuitäten) für Schuld 1 bei nachschüssiger Tilgung

$$\alpha_n = q^n \frac{q-1}{q^n-1}$$

Jahre n	Zinssatz p %								
	3%	3,5%	4%	4,5%	5%	5,5%	6%	7%	8%
1	1,0300	1,0350	1,0400	1,0450	1,0500	1,0550	1,0600	1,0700	1,0800
2	0,5226	0,5264	0,5302	0,5340	0,5378	0,5416	0,5454	0,5531	0,5608
3	,3535	,3569	,3603	,3638	,3672	,3707	,3741	,3811	,3880
4	,2690	,2723	,2755	,2787	,2820	,2853	,2886	,2952	,3019
5	0,2184	0,2215	0,2246	0,2278	0,2310	0,2342	0,2374	0,2439	0,2505
6	,1846	,1877	,1908	,1939	,1970	,2002	,2034	,2098	,2163
7	,1605	,1635	,1666	,1697	,1728	,1760	,1791	,1856	,1921
8	,1425	,1455	,1485	,1516	,1547	,1579	,1610	,1675	,1740
9	,1284	,1314	,1345	,1376	,1407	,1438	,1470	,1535	,1601
10	0,1172	0,1202	0,1233	0,1264	0,1295	0,1327	0,1359	0,1424	0,1490
11	,1081	,1111	,1141	,1172	,1204	,1236	,1268	,1334	,1401
12	,1005	,1035	,1066	,1097	,1128	,1160	,1193	,1259	,1327
13	,09403	,09706	,1001	,1033	,1065	,1097	,1130	,1197	,1265
14	,08853	,09157	,09467	,09782	,1010	,1043	,1076	,1143	,1213
15	0,08377	0,08683	0,08994	0,09311	0,09634	0,09963	0,1030	0,1098	0,1168
16	,07961	,08268	,08582	,08902	,09227	,09558	,09895	,1059	,1130
17	,07595	,07904	,08220	,08542	,08870	,09204	,09544	,1024	,1096
18	,07271	,07582	,07899	,08224	,08555	,08892	,09236	,09941	,1067
19	,06981	,07294	,07614	,07941	,08275	,08615	,08962	,09675	,1041
20	0,06722	0,07036	0,07358	0,07688	0,08024	0,08368	0,08718	0,09439	0,1019
21	,06487	,06804	,07128	,07460	,07800	,08146	,08500	,09229	,09983
22	,06275	,06593	,06920	,07255	,07597	,07947	,08305	,09041	,09803
23	,06081	,06402	,06731	,07068	,07414	,07767	,08128	,08871	,09642
24	,05905	,06227	,06559	,06899	,07247	,07604	,07968	,08719	,09498
25	0,05743	0,06067	0,06401	0,06744	0,07095	0,07455	0,07823	0,08581	0,09368
26	,05594	,05921	,06257	,06602	,06956	,07319	,07690	,08456	,09251
27	,05456	,05785	,06124	,06472	,06829	,07195	,07570	,08343	,09145
28	,05329	,05660	,06001	,06352	,06712	,07081	,07459	,08239	,09049
29	,05211	,05545	,05888	,06241	,06605	,06977	,07358	,08145	,08962
30	0,05102	0,05437	0,05783	0,06139	0,06505	0,06881	0,07265	0,08059	0,08883
31	,05000	,05337	,05686	,06044	,06413	,06792	,07179	,07980	,08811
32	,04905	,05244	,05595	,05956	,06328	,06710	,07100	,07907	,08745
33	,04816	,05157	,05510	,05874	,06249	,06633	,07027	,07841	,08685
34	,04732	,05076	,05431	,05798	,06176	,06563	,06960	,07780	,08630
35	0,04654	0,05000	0,05358	0,05727	0,06107	0,06497	0,06897	0,07723	0,08580
36	,04580	,04928	,05289	,05661	,06043	,06437	,06839	,07672	,08534
37	,04511	,04861	,05224	,05598	,05984	,06380	,06786	,07624	,08492
38	,04446	,04798	,05163	,05540	,05928	,06327	,06736	,07580	,08454
39	,04384	,04739	,05106	,05486	,05876	,06278	,06689	,07539	,08419
40	0,04326	0,04683	0,05052	0,05434	0,05828	0,06232	0,06646	0,07501	0,08386
41	,04271	,04630	,05002	,05386	,05782	,06189	,06606	,07466	,08356
42	,04219	,04580	,04954	,05341	,05739	,06149	,06568	,07434	,08329
43	,04170	,04533	,04909	,05298	,05699	,06111	,06533	,07404	,08303
44	,04123	,04488	,04866	,05258	,05662	,06076	,06501	,07376	,08280
45	0,04079	0,04445	0,04826	0,05220	0,05626	0,06043	0,06470	0,07350	0,08259
46	,04036	,04405	,04788	,05184	,05593	,06012	,06441	,07326	,08239
47	,03996	,04367	,04752	,05151	,05561	,05983	,06415	,07304	,08221
48	,03958	,04331	,04718	,05119	,05532	,05956	,06390	,07283	,08204
49	,03921	,04296	,04686	,05089	,05504	,05930	,06366	,07264	,08189
50	0,03887	0,04263	0,04655	0,05060	0,05478	0,05906	0,06344	0,07246	0,08174

Beispiel: Bei 3% kann eine Schuld von 1000 DM in 20 Jahren getilgt werden, wenn am Ende jeden Jahres *(nachschüssig)* die Jahresrate $R_{20} = 1000 \text{ DM} \cdot \alpha_{20} = 67{,}22 \text{ DM}$ gezahlt wird.

Anmerkung: Der *Barwert der Zahlungszusage, n* mal *nachschüssig* die Jahresrate 1 zu zahlen, ist der Kehrwert $\frac{1}{\alpha_n}$; deshalb heißen die Werte $\frac{1}{\alpha_n} = a_n$ **Rentenbarwertfaktoren.**

Beispiel: Bei 4% ist der Barwert eines Kapitalansammlungsvertrages, wonach in den folgenden 6 Jahren am Ende jedes Jahres *(nachschüssig)* 100 DM gespart werden, $A_6 = 100 \text{ DM} \cdot \frac{1}{\alpha_6} = 100 \text{ DM} \cdot \frac{1}{0{,}1908} = 524 \text{ DM}$.

Vorschüssige Zahlung: Wird die Jahresrate 1 *vorschüssig* gezahlt, so ist der Barwertfaktor $a_n^{\text{vor}} = q \cdot a_n = a_{n-1} + 1$.

Allgemeine Logarithmen $\log_b a$

Definition	$\log_b a$	ist diejenige reelle Zahl, mit der b potenziert werden muß, damit sich a ergibt ($a > 0$; $b > 0$ und $b \neq 1$) a Numerus b Basis c Logarithmus a zur Basis b
Sonderfälle	$b = 10$	Zehnerlogarithmen (BRIGGSsche Logarithmen)
	$b = e$	Natürliche (NEPERsche) Logarithmen
	$b = 2$	Zweierlogarithmen
Schreibweise	$\log_{10} x = \lg x$; $\log_e x = \ln x$; $\log_2 x = \mathrm{lb}\, x$	(nach DIN 1302)
Umrechnung	$\log_b x = \log_b g \cdot \log_g x$	$\log_b g \cdot \log_g b = 1$
	$\lg x = M \cdot \ln x$ (s. S. 110)	$\ln x = \frac{1}{M} \cdot \lg x$ (s. S. 109)

Zehnerlogarithmen lg N

Kennzahlregel

I. **Kennzahl von lg N** (Numerus $N > 0$ ist in dezimaler Schreibweise gegeben):

1. Für $N \geqq 1$ ist die Kennzahl von lg N um 1 kleiner als die Anzahl der Stellen vor dem Komma. *Beispiel:* $N = 179{,}6$; $\lg N = \mathbf{2}.2543$
2. Für $N < 1$ ist die Kennzahl von lg N gleich der negativ genommenen Anzahl der Nullen vor der ersten geltenden Ziffer. (Die Null vor dem Komma ist mitzuzählen; erste geltende Ziffer ist die erste von Null verschiedene Ziffer.)

   Beispiel: $N = 0{,}0001796$; $\lg N = \mathbf{0}.2543 - \mathbf{4} = \mathbf{6}.2543 - \mathbf{10}$

II. **Mantisse von lg N:** Die Tafeln für lg 1000 bis lg 9999 geben jeweils die Mantisse des Logarithmus der im Eingang aufgeführten Ziffernfolge.

7stellige Zehnerlogarithmen — lg 1,001 ... lg 1,159

der Zinsfaktoren $q = 1 + \frac{p}{100}$ — $p = 0{,}1\,\% \ldots 15{,}9\,\%$

q		0	1	2	3	4	5	6	7	8	9
1,00	0.00	00000	04341	08677	13009	17337	21661	25980	3029$\bar{5}$	3460$\dot{5}$	38912
1,01		43214	47512	5180$\dot{5}$	56094	60380	64660	68937	73210	77478	81742
1,02		86002	90257	94509	98756	*03000	*07239	*11474	*15704	*19931	*24154
1,03	0.01	28372	32587	36797	41003	4520$\dot{5}$	49403	53598	57788	61974	6615$\dot{5}$
1,04		70333	74507	78677	82843	8700$\bar{5}$	91163	95317	99467	*03613	*0775$\bar{5}$
1,05	0.02	11893	16027	20157	24284	28406	3252$\bar{5}$	36639	407$\bar{5}$0	44857	48960
1,06		53059	57154	6124$\dot{5}$	65333	69416	73496	77572	81644	85713	89777
1,07		93838	9789$\bar{5}$	*01948	*05997	*10043	*1408$\bar{5}$	*18123	*22157	*26188	*30214
1,08	0.03	34238	38257	42273	4628$\bar{5}$	50293	54297	58298	6229$\dot{5}$	66289	70279
1,09		7426$\bar{5}$	78248	82226	86202	90173	94141	98106	*02066	*06023	*09977
1,10	0.04	13927	17873	21816	2575$\dot{5}$	29691	33623	37551	41476	45398	4931$\dot{5}$
1,11		53230	57141	61048	64952	68852	72749	76642	80532	84418	88301
1,12		92180	96056	99929	*03798	*07663	*1152$\dot{5}$	*15384	*19239	*23091	*26939
1,13	0.05	30784	34626	38464	42299	46131	49959	53783	5760$\bar{5}$	61423	65237
1,14		69049	72856	76661	80462	84260	8805$\bar{5}$	91846	95634	99419	*03200
1,15	0.06	06978	10753	1452$\bar{5}$	18293	22058	25820	29578	33334	37086	40834

Beispiel: Für 2,2% ist $q = 1{,}022$; $\lg q = 0.0094509$

Lg 1000 . . . Lg 1499

N	0	1	2	3	4	5	6	7	8	9	
100	0000	0004	0009	0013	0017	0022	0026	0030	0035	0039	**.0000**
101	0043	0048	0052	0056	0060	0065	0069	0073	0077	0082	
102	0086	0090	0095	0099	0103	0107	0111	0116	0120	0124	
103	0128	0133	0137	0141	0145	0149	0154	0158	0162	0166	
104	0170	0175	0179	0183	0187	0191	0195	0199	0204	0208	
105	0212	0216	0220	0224	0228	0233	0237	0241	0245	0249	
106	0253	0257	0261	0265	0269	0273	0278	0282	0286	0290	
107	0294	0298	0302	0306	0310	0314	0318	0322	0326	0330	
108	0334	0338	0342	0346	0350	0354	0358	0362	0366	0370	
109	0374	0378	0382	0386	0390	0394	0398	0402	0406	0410	
110	0414	0418	0422	0426	0430	0434	0438	0441	0445	0449	
111	0453	0457	0461	0465	0469	0473	0477	0481	0484	0488	
112	0492	0496	0500	0504	0508	0512	0515	0519	0523	0527	
113	0531	0535	0538	0542	0546	0550	0554	0558	0561	0565	
114	0569	0573	0577	0580	0584	0588	0592	0596	0599	0603	
115	0607	0611	0615	0618	0622	0626	0630	0633	0637	0641	
116	0645	0648	0652	0656	0660	0663	0667	0671	0674	0678	
117	0682	0686	0689	0693	0697	0700	0704	0708	0711	0715	
118	0719	0722	0726	0730	0734	0737	0741	0745	0748	0752	
119	0755	0759	0763	0766	0770	0774	0777	0781	0785	0788	
120	0792	0795	0799	0803	0806	0810	0813	0817	0821	0824	
121	0828	0831	0835	0839	0842	0846	0849	0853	0856	0860	
122	0864	0867	0871	0874	0878	0881	0885	0888	0892	0896	
123	0899	0903	0906	0910	0913	0917	0920	0924	0927	0931	
124	0934	0938	0941	0945	0948	0952	0955	0959	0962	0966	
125	0969	0973	0976	0980	0983	0986	0990	0993	0997	1000	
126	1004	1007	1011	1014	1017	1021	1024	1028	1031	1035	
127	1038	1041	1045	1048	1052	1055	1059	1062	1065	1069	
128	1072	1075	1079	1082	1086	1089	1092	1096	1099	1103	
129	1106	1109	1113	1116	1119	1123	1126	1129	1133	1136	
130	1139	1143	1146	1149	1153	1156	1159	1163	1166	1169	
131	1173	1176	1179	1183	1186	1189	1193	1196	1199	1202	
132	1206	1209	1212	1216	1219	1222	1225	1229	1232	1235	
133	1239	1242	1245	1248	1252	1255	1258	1261	1265	1268	
134	1271	1274	1278	1281	1284	1287	1290	1294	1297	1300	
135	1303	1307	1310	1313	1316	1319	1323	1326	1329	1332	
136	1335	1339	1342	1345	1348	1351	1355	1358	1361	1364	
137	1367	1370	1374	1377	1380	1383	1386	1389	1392	1396	
138	1399	1402	1405	1408	1411	1414	1418	1421	1424	1427	
139	1430	1433	1436	1440	1443	1446	1449	1452	1455	1458	
140	1461	1464	1467	1471	1474	1477	1480	1483	1486	1489	
141	1492	1495	1498	1501	1504	1508	1511	1514	1517	1520	
142	1523	1526	1529	1532	1535	1538	1541	1544	1547	1550	
143	1553	1556	1559	1562	1565	1569	1572	1575	1578	1581	
144	1584	1587	1590	1593	1596	1599	1602	1605	1608	1611	
145	1614	1617	1620	1623	1626	1629	1632	1635	1638	1641	
146	1644	1647	1649	1652	1655	1658	1661	1664	1667	1670	
147	1673	1676	1679	1682	1685	1688	1691	1694	1697	1700	
148	1703	1706	1708	1711	1714	1717	1720	1723	1726	1729	
149	1732	1735	1738	1741	1744	1746	1749	1752	1755	1758	**.1758**
N	0	1	2	3	4	5	6	7	8	9	

Beispiele: lg 1134 = 3.0546 lg 0,1497 = 0.1752 -1 lg N = 2.1455 ergibt: N = 139,8

N	0	1	2	3	4	5	6	7	8	9	
150	1761	1764	1767	1770	1772	1775	1778	1781	1784	1787	**.1761**
151	1790	1793	1796	1798	1801	1804	1807	1810	1813	1816	
152	1818	1821	1824	1827	1830	1833	1836	1838	1841	1844	
153	1847	1850	1853	1855	1858	1861	1864	1867	1870	1872	
154	1875	1878	1881	1884	1886	1889	1892	1895	1898	1901	
155	1903	1906	1909	1912	1915	1917	1920	1923	1926	1928	
156	1931	1934	1937	1940	1942	1945	1948	1951	1953	1956	
157	1959	1962	1965	1967	1970	1973	1976	1978	1981	1984	
158	1987	1989	1992	1995	1998	2000	2003	2006	2009	2011	
159	2014	2017	2019	2022	2025	2028	2030	2033	2036	2038	
160	2041	2044	2047	2049	2052	2055	2057	2060	2063	2066	
161	2068	2071	2074	2076	2079	2082	2084	2087	2090	2092	
162	2095	2098	2101	2103	2106	2109	2111	2114	2117	2119	
163	2122	2125	2127	2130	2133	2135	2138	2140	2143	2146	
164	2148	2151	2154	2156	2159	2162	2164	2167	2170	2172	
165	2175	2177	2180	2183	2185	2188	2191	2193	2196	2198	
166	2201	2204	2206	2209	2212	2214	2217	2219	2222	2225	
167	2227	2230	2232	2235	2238	2240	2243	2245	2248	2251	
168	2253	2256	2258	2261	2263	2266	2269	2271	2274	2276	
169	2279	2281	2284	2287	2289	2292	2294	2297	2299	2302	
170	2304	2307	2310	2312	2315	2317	2320	2322	2325	2327	
171	2330	2333	2335	2338	2340	2343	2345	2348	2350	2353	
172	2355	2358	2360	2363	2365	2368	2370	2373	2375	2378	
173	2380	2383	2385	2388	2390	2393	2395	2398	2400	2403	
174	2405	2408	2410	2413	2415	2418	2420	2423	2425	2428	
175	2430	2433	2435	2438	2440	2443	2445	2448	2450	2453	
176	2455	2458	2460	2463	2465	2467	2470	2472	2475	2477	
177	2480	2482	2485	2487	2490	2492	2494	2497	2499	2502	
178	2504	2507	2509	2512	2514	2516	2519	2521	2524	2526	
179	2529	2531	2533	2536	2538	2541	2543	2545	2548	2550	
180	2553	2555	2558	2560	2562	2565	2567	2570	2572	2574	
181	2577	2579	2582	2584	2586	2589	2591	2594	2596	2598	
182	2601	2603	2605	2608	2610	2613	2615	2617	2620	2622	
183	2625	2627	2629	2632	2634	2636	2639	2641	2643	2646	
184	2648	2651	2653	2655	2658	2660	2662	2665	2667	2669	
185	2672	2674	2676	2679	2681	2683	2686	2688	2690	2693	
186	2695	2697	2700	2702	2704	2707	2709	2711	2714	2716	
187	2718	2721	2723	2725	2728	2730	2732	2735	2737	2739	
188	2742	2744	2746	2749	2751	2753	2755	2758	2760	2762	
189	2765	2767	2769	2772	2774	2776	2778	2781	2783	2785	
190	2788	2790	2792	2794	2797	2799	2801	2804	2806	2808	
191	2810	2813	2815	2817	2819	2822	2824	2826	2828	2831	
192	2833	2835	2838	2840	2842	2844	2847	2849	2851	2853	
193	2856	2858	2860	2862	2865	2867	2869	2871	2874	2876	
194	2878	2880	2882	2885	2887	2889	2891	2894	2896	2898	
195	2900	2903	2905	2907	2909	2911	2914	2916	2918	2920	
196	2923	2925	2927	2929	2931	2934	2936	2938	2940	2942	
197	2945	2947	2949	2951	2953	2956	2958	2960	2962	2964	
198	2967	2969	2971	2973	2975	2978	2980	2982	2984	2986	
199	2989	2991	2993	2995	2997	2999	3002	3004	3006	3008	**.3008**
N	0	1	2	3	4	5	6	7	8	9	

N	0	1	2	3	4	5	6	7	8	9	
200	3010	3012	3015	3017	3019	3021	3023	3025	3028	3030	**.3010**
201	3032	3034	3036	3038	3041	3043	3045	3047	3049	3051	
202	3054	3056	3058	3060	3062	3064	3066	3069	3071	3073	
203	3075	3077	3079	3081	3084	3086	3088	3090	3092	3094	
204	3096	3098	3101	3103	3105	3107	3109	3111	3113	3115	
205	3118	3120	3122	3124	3126	3128	3130	3132	3134	3137	
206	3139	3141	3143	3145	3147	3149	3151	3153	3156	3158	
207	3160	3162	3164	3166	3168	3170	3172	3174	3176	3179	
208	3181	3183	3185	3187	3189	3191	3193	3195	3197	3199	
209	3201	3204	3206	3208	3210	3212	3214	3216	3218	3220	
210	3222	3224	3226	3228	3230	3233	3235	3237	3239	3241	
211	3243	3245	3247	3249	3251	3253	3255	3257	3259	3261	
212	3263	3265	3267	3269	3272	3274	3276	3278	3280	3282	
213	3284	3286	3288	3290	3292	3294	3296	3298	3300	3302	
214	3304	3306	3308	3310	3312	3314	3316	3318	3320	3322	
215	3324	3326	3328	3330	3332	3334	3336	3339	3341	3343	
216	3345	3347	3349	3351	3353	3355	3357	3359	3361	3363	
217	3365	3367	3369	3371	3373	3375	3377	3379	3381	3383	
218	3385	3387	3389	3391	3393	3395	3397	3398	3400	3402	
219	3404	3406	3408	3410	3412	3414	3416	3418	3420	3422	
220	3424	3426	3428	3430	3432	3434	3436	3438	3440	3442	
221	3444	3446	3448	3450	3452	3454	3456	3458	3460	3462	
222	3464	3465	3467	3469	3471	3473	3475	3477	3479	3481	
223	3483	3485	3487	3489	3491	3493	3495	3497	3499	3501	
224	3502	3504	3506	3508	3510	3512	3514	3516	3518	3520	
225	3522	3524	3526	3528	3530	3531	3533	3535	3537	3539	
226	3541	3543	3545	3547	3549	3551	3553	3555	3556	3558	
227	3560	3562	3564	3566	3568	3570	3572	3574	3576	3577	
228	3579	3581	3583	3585	3587	3589	3591	3593	3595	3596	
229	3598	3600	3602	3604	3606	3608	3610	3612	3614	3615	
230	3617	3619	3621	3623	3625	3627	3629	3630	3632	3634	
231	3636	3638	3640	3642	3644	3646	3647	3649	3651	3653	
232	3655	3657	3659	3660	3662	3664	3666	3668	3670	3672	
233	3674	3675	3677	3679	3681	3683	3685	3687	3688	3690	
234	3692	3694	3696	3698	3700	3701	3703	3705	3707	3709	
235	3711	3713	3714	3716	3718	3720	3722	3724	3725	3727	
236	3729	3731	3733	3735	3736	3738	3740	3742	3744	3746	
237	3747	3749	3751	3753	3755	3757	3758	3760	3762	3764	
238	3766	3768	3769	3771	3773	3775	3777	3779	3780	3782	
239	3784	3786	3788	3789	3791	3793	3795	3797	3798	3800	
240	3802	3804	3806	3808	3809	3811	3813	3815	3817	3818	
241	3820	3822	3824	3826	3827	3829	3831	3833	3835	3836	
242	3838	3840	3842	3844	3845	3847	3849	3851	3852	3854	
243	3856	3858	3860	3861	3863	3865	3867	3869	3870	3872	
244	3874	3876	3877	3879	3881	3883	3885	3886	3888	3890	
245	3892	3893	3895	3897	3899	3901	3902	3904	3906	3908	
246	3909	3911	3913	3915	3916	3918	3920	3922	3923	3925	
247	3927	3929	3930	3932	3934	3936	3938	3939	3941	3943	
248	3945	3946	3948	3950	3952	3953	3955	3957	3959	3960	
249	3962	3964	3965	3967	3969	3971	3972	3974	3976	3978	**.3978**
N	0	1	2	3	4	5	6	7	8	9	

N	0	1	2	3	4	5	6	7	8	9	
250	3979	3981	3983	3985	3986	3988	3990	3992	3993	3995	**.3979**
251	3997	3998	4000	4002	4004	4005	4007	4009	4011	4012	
252	4014	4016	4017	4019	4021	4023	4024	4026	4028	4029	
253	4031	4033	4035	4036	4038	4040	4041	4043	4045	4047	
254	4048	4050	4052	4053	4055	4057	4059	4060	4062	4064	
255	4065	4067	4069	4071	4072	4074	4076	4077	4079	4081	
256	4082	4084	4086	4087	4089	4091	4093	4094	4096	4098	
257	4099	4101	4103	4104	4106	4108	4109	4111	4113	4115	
258	4116	4118	4120	4121	4123	4125	4126	4128	4130	4131	
259	4133	4135	4136	4138	4140	4141	4143	4145	4146	4148	
260	4150	4151	4153	4155	4156	4158	4160	4161	4163	4165	
261	4166	4168	4170	4171	4173	4175	4176	4178	4180	4181	
262	4183	4185	4186	4188	4190	4191	4193	4195	4196	4198	
263	4200	4201	4203	4205	4206	4208	4209	4211	4213	4214	
264	4216	4218	4219	4221	4223	4224	4226	4228	4229	4231	
265	4232	4234	4236	4237	4239	4241	4242	4244	4246	4247	
266	4249	4250	4252	4254	4255	4257	4259	4260	4262	4263	
267	4265	4267	4268	4270	4272	4273	4275	4276	4278	4280	
268	4281	4283	4285	4286	4288	4289	4291	4293	4294	4296	
269	4298	4299	4301	4302	4304	4306	4307	4309	4310	4312	
270	4314	4315	4317	4318	4320	4322	4323	4325	4326	4328	
271	4330	4331	4333	4334	4336	4338	4339	4341	4342	4344	
272	4346	4347	4349	4350	4352	4354	4355	4357	4358	4360	
273	4362	4363	4365	4366	4368	4370	4371	4373	4374	4376	
274	4378	4379	4381	4382	4384	4385	4387	4389	4390	4392	
275	4393	4395	4396	4398	4400	4401	4403	4404	4406	4408	
276	4409	4411	4412	4414	4415	4417	4419	4420	4422	4423	
277	4425	4426	4428	4429	4431	4433	4434	4436	4437	4439	
278	4440	4442	4444	4445	4447	4448	4450	4451	4453	4454	
279	4456	4458	4459	4461	4462	4464	4465	4467	4468	4470	
280	4472	4473	4475	4476	4478	4479	4481	4482	4484	4486	
281	4487	4489	4490	4492	4493	4495	4496	4498	4499	4501	
282	4502	4504	4506	4507	4509	4510	4512	4513	4515	4516	
283	4518	4519	4521	4522	4524	4526	4527	4529	4530	4532	
284	4533	4535	4536	4538	4539	4541	4542	4544	4545	4547	
285	4548	4550	4551	4553	4555	4556	4558	4559	4561	4562	
286	4564	4565	4567	4568	4570	4571	4573	4574	4576	4577	
287	4579	4580	4582	4583	4585	4586	4588	4589	4591	4592	
288	4594	4595	4597	4598	4600	4601	4603	4604	4606	4607	
289	4609	4610	4612	4613	4615	4616	4618	4619	4621	4622	
290	4624	4625	4627	4628	4630	4631	4633	4634	4636	4637	
291	4639	4640	4642	4643	4645	4646	4648	4649	4651	4652	
292	4654	4655	4657	4658	4660	4661	4663	4664	4666	4667	
293	4669	4670	4672	4673	4675	4676	4678	4679	4681	4682	
294	4683	4685	4686	4688	4689	4691	4692	4694	4695	4697	
295	4698	4700	4701	4703	4704	4706	4707	4709	4710	4711	
296	4713	4714	4716	4717	4719	4720	4722	4723	4725	4726	
297	4728	4729	4730	4732	4733	4735	4736	4738	4739	4741	
298	4742	4744	4745	4747	4748	4749	4751	4752	4754	4755	
299	4757	4758	4760	4761	4763	4764	4765	4767	4768	4770	**.4770**
N	0	1	2	3	4	5	6	7	8	9	

N	0	1	2	3	4	5	6	7	8	9	
300	4771	4773	4774	4776	4777	4778	4780	4781	4783	4784	**.4771**
301	4786	4787	4789	4790	4791	4793	4794	4796	4797	4799	
302	4800	4802	4803	4804	4806	4807	4809	4810	4812	4813	
303	4814	4816	4817	4819	4820	4822	4823	4824	4826	4827	
304	4829	4830	4832	4833	4834	4836	4837	4839	4840	4842	
305	4843	4844	4846	4847	4849	4850	4852	4853	4854	4856	
306	4857	4859	4860	4861	4863	4864	4866	4867	4869	4870	
307	4871	4873	4874	4876	4877	4878	4880	4881	4883	4884	
308	4886	4887	4888	4890	4891	4893	4894	4895	4897	4898	
309	4900	4901	4902	4904	4905	4907	4908	4909	4911	4912	
310	4914	4915	4916	4918	4919	4921	4922	4923	4925	4926	
311	4928	4929	4930	4932	4933	4935	4936	4937	4939	4940	
312	4942	4943	4944	4946	4947	4949	4950	4951	4953	4954	
313	4955	4957	4958	4960	4961	4962	4964	4965	4967	4968	
314	4969	4971	4972	4973	4975	4976	4978	4979	4980	4982	
315	4983	4984	4986	4987	4989	4990	4991	4993	4994	4995	
316	4997	4998	5000	5001	5002	5004	5005	5006	5008	5009	
317	5011	5012	5013	5015	5016	5017	5019	5020	5022	5023	
318	5024	5026	5027	5028	5030	5031	5032	5034	5035	5037	
319	5038	5039	5041	5042	5043	5045	5046	5047	5049	5050	
320	5051	5053	5054	5056	5057	5058	5060	5061	5062	5064	
321	5065	5066	5068	5069	5070	5072	5073	5075	5076	5077	
322	5079	5080	5081	5083	5084	5085	5087	5088	5089	5091	
323	5092	5093	5095	5096	5097	5099	5100	5101	5103	5104	
324	5105	5107	5108	5109	5111	5112	5113	5115	5116	5117	
325	5119	5120	5122	5123	5124	5126	5127	5128	5130	5131	
326	5132	5134	5135	5136	5138	5139	5140	5141	5143	5144	
327	5145	5147	5148	5149	5151	5152	5153	5155	5156	5157	
328	5159	5160	5161	5163	5164	5165	5167	5168	5169	5171	
329	5172	5173	5175	5176	5177	5179	5180	5181	5183	5184	
330	5185	5186	5188	5189	5190	5192	5193	5194	5196	5197	
331	5198	5200	5201	5202	5204	5205	5206	5207	5209	5210	
332	5211	5213	5214	5215	5217	5218	5219	5221	5222	5223	
333	5224	5226	5227	5228	5230	5231	5232	5234	5235	5236	
334	5237	5239	5240	5241	5243	5244	5245	5247	5248	5249	
335	5250	5252	5253	5254	5256	5257	5258	5260	5261	5262	
336	5263	5265	5266	5267	5269	5270	5271	5272	5274	5275	
337	5276	5278	5279	5280	5281	5283	5284	5285	5287	5288	
338	5289	5290	5292	5293	5294	5296	5297	5298	5299	5301	
339	5302	5303	5305	5306	5307	5308	5310	5311	5312	5314	
340	5315	5316	5317	5319	5320	5321	5322	5324	5325	5326	
341	5328	5329	5330	5331	5333	5334	5335	5336	5338	5339	
342	5340	5342	5343	5344	5345	5347	5348	5349	5350	5352	
343	5353	5354	5355	5357	5358	5359	5361	5362	5363	5364	
344	5366	5367	5368	5369	5371	5372	5373	5374	5376	5377	
345	5378	5379	5381	5382	5383	5384	5386	5387	5388	5390	
346	5391	5392	5393	5395	5396	5397	5398	5400	5401	5402	
347	5403	5405	5406	5407	5408	5410	5411	5412	5413	5415	
348	5416	5417	5418	5420	5421	5422	5423	5425	5426	5427	
349	5428	5429	5431	5432	5433	5434	5436	5437	5438	5439	**.5439**
N	0	1	2	3	4	5	6	7	8	9	

N	0	1	2	3	4	5	6	7	8	9	
350	5441	5442	5443	5444	5446	5447	5448	5449	5451	5452	**.5441**
351	5453	5454	5456	5457	5458	5459	5460	5462	5463	5464	
352	5465	5467	5468	5469	5470	5472	5473	5474	5475	5477	
353	5478	5479	5480	5481	5483	5484	5485	5486	5488	5489	
354	5490	5491	5492	5494	5495	5496	5497	5499	5500	5501	
355	5502	5504	5505	5506	5507	5508	5510	5511	5512	5513	
356	5514	5516	5517	5518	5519	5521	5522	5523	5524	5525	
357	5527	5528	5529	5530	5532	5533	5534	5535	5536	5538	
358	5539	5540	5541	5542	5544	5545	5546	5547	5549	5550	
359	5551	5552	5553	5555	5556	5557	5558	5559	5561	5562	
360	5563	5564	5565	5567	5568	5569	5570	5571	5573	5574	
361	5575	5576	5577	5579	5580	5581	5582	5583	5585	5586	
362	5587	5588	5589	5591	5592	5593	5594	5595	5597	5598	
363	5599	5600	5601	5603	5604	5605	5606	5607	5609	5610	
364	5611	5612	5613	5615	5616	5617	5618	5619	5621	5622	
365	5623	5624	5625	5626	5628	5629	5630	5631	5632	5634	
366	5635	5636	5637	5638	5640	5641	5642	5643	5644	5645	
367	5647	5648	5649	5650	5651	5653	5654	5655	5656	5657	
368	5658	5660	5661	5662	5663	5664	5666	5667	5668	5669	
369	5670	5671	5673	5674	5675	5676	5677	5678	5680	5681	
370	5682	5683	5684	5686	5687	5688	5689	5690	5691	5693	
371	5694	5695	5696	5697	5698	5700	5701	5702	5703	5704	
372	5705	5707	5708	5709	5710	5711	5712	5714	5715	5716	
373	5717	5718	5719	5721	5722	5723	5724	5725	5726	5728	
374	5729	5730	5731	5732	5733	5735	5736	5737	5738	5739	
375	5740	5741	5743	5744	5745	5746	5747	5748	5750	5751	
376	5752	5753	5754	5755	5756	5758	5759	5760	5761	5762	
377	5763	5765	5766	5767	5768	5769	5770	5771	5773	5774	
378	5775	5776	5777	5778	5780	5781	5782	5783	5784	5785	
379	5786	5788	5789	5790	5791	5792	5793	5794	5796	5797	
380	5798	5799	5800	5801	5802	5804	5805	5806	5807	5808	
381	5809	5810	5812	5813	5814	5815	5816	5817	5818	5819	
382	5821	5822	5823	5824	5825	5826	5827	5829	5830	5831	
383	5832	5833	5834	5835	5837	5838	5839	5840	5841	5842	
384	5843	5844	5846	5847	5848	5849	5850	5851	5852	5853	
385	5855	5856	5857	5858	5859	5860	5861	5862	5864	5865	
386	5866	5867	5868	5869	5870	5871	5873	5874	5875	5876	
387	5877	5878	5879	5880	5882	5883	5884	5885	5886	5887	
388	5888	5889	5891	5892	5893	5894	5895	5896	5897	5898	
389	5899	5901	5902	5903	5904	5905	5906	5907	5908	5910	
390	5911	5912	5913	5914	5915	5916	5917	5918	5920	5921	
391	5922	5923	5924	5925	5926	5927	5928	5930	5931	5932	
392	5933	5934	5935	5936	5937	5938	5940	5941	5942	5943	
393	5944	5945	5946	5947	5948	5949	5951	5952	5953	5954	
394	5955	5956	5957	5958	5959	5960	5962	5963	5964	5965	
395	5966	5967	5968	5969	5970	5971	5973	5974	5975	5976	
396	5977	5978	5979	5980	5981	5982	5984	5985	5986	5987	
397	5988	5989	5990	5991	5992	5993	5994	5996	5997	5998	
398	5999	6000	6001	6002	6003	6004	6005	6006	6008	6009	
399	6010	6011	6012	6013	6014	6015	6016	6017	6018	6020	**.6020**
N	0	1	2	3	4	5	6	7	8	9	

N	0	1	2	3	4	5	6	7	8	9	
400	6021	6022	6023	6024	6025	6026	6027	6028	6029	6030	**.6021**
401	6031	6033	6034	6035	6036	6037	6038	6039	6040	6041	
402	6042	6043	6044	6046	6047	6048	6049	6050	6051	6052	
403	6053	6054	6055	6056	6057	6058	6060	6061	6062	6063	
404	6064	6065	6066	6067	6068	6069	6070	6071	6072	6073	
405	6075	6076	6077	6078	6079	6080	6081	6082	6083	6084	
406	6085	6086	6087	6088	6090	6091	6092	6093	6094	6095	
407	6096	6097	6098	6099	6100	6101	6102	6103	6104	6106	
408	6107	6108	6109	6110	6111	6112	6113	6114	6115	6116	
409	6117	6118	6119	6120	6121	6123	6124	6125	6126	6127	
410	6128	6129	6130	6131	6132	6133	6134	6135	6136	6137	
411	6138	6139	6141	6142	6143	6144	6145	6146	6147	6148	
412	6149	6150	6151	6152	6153	6154	6155	6156	6157	6158	
413	6160	6161	6162	6163	6164	6165	6166	6167	6168	6169	
414	6170	6171	6172	6173	6174	6175	6176	6177	6178	6179	
415	6180	6182	6183	6184	6185	6186	6187	6188	6189	6190	
416	6191	6192	6193	6194	6195	6196	6197	6198	6199	6200	
417	6201	6202	6203	6204	6206	6207	6208	6209	6210	6211	
418	6212	6213	6214	6215	6216	6217	6218	6219	6220	6221	
419	6222	6223	6224	6225	6226	6227	6228	6229	6230	6231	
420	6232	6234	6235	6236	6237	6238	6239	6240	6241	6242	
421	6243	6244	6245	6246	6247	6248	6249	6250	6251	6252	
422	6253	6254	6255	6256	6257	6258	6259	6260	6261	6262	
423	6263	6264	6265	6266	6268	6269	6270	6271	6272	6273	
424	6274	6275	6276	6277	6278	6279	6280	6281	6282	6283	
425	6284	6285	6286	6287	6288	6289	6290	6291	6292	6293	
426	6294	6295	6296	6297	6298	6299	6300	6301	6302	6303	
427	6304	6305	6306	6307	6308	6309	6310	6311	6312	6313	
428	6314	6315	6316	6317	6318	6320	6321	6322	6323	6324	
429	6325	6326	6327	6328	6329	6330	6331	6332	6333	6334	
430	6335	6336	6337	6338	6339	6340	6341	6342	6343	6344	
431	6345	6346	6347	6348	6349	6350	6351	6352	6353	6354	
432	6355	6356	6357	6358	6359	6360	6361	6362	6363	6364	
433	6365	6366	6367	6368	6369	6370	6371	6372	6373	6374	
434	6375	6376	6377	6378	6379	6380	6381	6382	6383	6384	
435	6385	6386	6387	6388	6389	6390	6391	6392	6393	6394	
436	6395	6396	6397	6398	6399	6400	6401	6402	6403	6404	
437	6405	6406	6407	6408	6409	6410	6411	6412	6413	6414	
438	6415	6416	6417	6418	6419	6420	6421	6422	6423	6424	
439	6425	6426	6427	6428	6429	6430	6431	6432	6433	6434	
440	6435	6436	6437	6437•	6438	6439	6440	6441	6442	6443	
441	6444	6445	6446	6447	6448	6449	6450	6451	6452	6453	
442	6454	6455	6456	6457	6458	6459	6460	6461	6462	6463	
443	6464	6465	6466	6467	6468	6469	6470	6471	6472	6473	
444	6474	6475	6476	6477	6478	6479	6480	6481	6482	6483	
445	6484	6485	6486	6487	6488	6488•	6489	6490	6491	6492	
446	6493	6494	6495	6496	6497	6498	6499	6500	6501	6502	
447	6503	6504	6505	6506	6507	6508	6509	6510	6511	6512	
448	6513	6514	6515	6516	6517	6518	6519	6520	6521•	6521	
449	6522	6523	6524	6525	6526	6527	6528	6529	6530	6531	**.6531**
N	0	1	2	3	4	5	6	7	8	9	

N	0	1	2	3	4	5	6	7	8	9	
450	6532	6533	6534	6535	6536	6537	6538	6539	6540	6541	**.6532**
451	6542	6543	6544	6545	6546	6547	6548	6549	6549·	6550	
452	6551	6552	6553	6554	6555	6556	6557	6558	6559	6560	
453	6561	6562	6563	6564	6565	6566	6567	6568	6569	6570	
454	6571	6572	6572·	6573	6574	6575	6576	6577	6578	6579	
455	6580	6581	6582	6583	6584	6585	6586	6587	6588	6589	
456	6590	6591	6592	6593	6593·	6594	6595	6596	6597	6598	
457	6599	6600	6601	6602	6603	6604	6605	6606	6607	6608	
458	6609	6610	6611·	6611	6612	6613	6614	6615	6616	6617	
459	6618	6619	6620	6621	6622	6623	6624	6625	6626	6627	
460	6628	6629	6629·	6630	6631	6632	6633	6634	6635	6636	
461	6637	6638	6639	6640	6641	6642	6643	6644	6645·	6645	
462	6646	6647	6648	6649	6650	6651	6652	6653	6654	6655	
463	6656	6657	6658	6659	6660·	6660	6661	6662	6663	6664	
464	6665	6666	6667	6668	6669	6670	6671	6672	6673	6674	
465	6675	6675·	6676	6677	6678	6679	6680	6681	6682	6683	
466	6684	6685	6686	6687	6688	6689	6689·	6690	6691	6692	
467	6693	6694	6695	6696	6697	6698	6699	6700	6701	6702	
468	6702·	6703	6704	6705	6706	6707	6708	6709	6710	6711	
469	6712	6713	6714	6715	6715·	6716	6717	6718	6719	6720	
470	6721	6722	6723	6724	6725	6726	6727	6727·	6728	6729	
471	6730	6731	6732	6733	6734	6735	6736	6737	6738·	6738	
472	6739	6740	6741	6742	6743	6744	6745	6746	6747	6748	
473	6749	6750	6750·	6751	6752	6753	6754	6755	6756	6757	
474	6758	6759	6760	6761	6761·	6762	6763	6764	6765	6766	
475	6767	6768	6769	6770	6771	6772	6772·	6773	6774	6775	
476	6776	6777	6778	6779	6780	6781	6782	6782·	6783	6784	
477	6785	6786	6787	6788	6789	6790	6791	6792·	6792	6793	
478	6794	6795	6796	6797	6798	6799	6800	6801	6802	6802·	
479	6803	6804	6805	6806	6807	6808	6809	6810	6811	6812	
480	6812·	6813	6814	6815	6816	6817	6818	6819	6820	6821	
481	6821·	6822	6823	6824	6825	6826	6827	6828	6829	6830·	
482	6830	6831	6832	6833	6834	6835	6836	6837	6838	6839·	
483	6839	6840	6841	6842	6843	6844	6845	6846	6847	6848·	
484	6848	6849	6850	6851	6852	6853	6854	6855	6856	6857	
485	6857·	6858	6859	6860	6861	6862	6863	6864	6865·	6865	
486	6866	6867	6868	6869	6870	6871	6872	6873	6874	6874·	
487	6875	6876	6877	6878	6879	6880	6881	6882	6882·	6883	
488	6884	6885	6886	6887	6888	6889	6890	6890·	6891	6892	
489	6893	6894	6895	6896	6897	6898	6898·	6899	6900	6901	
490	6902	6903	6904	6905	6906	6906·	6907	6908	6909	6910	
491	6911	6912	6913·	6913	6914	6915	6916	6917	6918	6919	
492	6920	6921	6921·	6922	6923	6924	6925	6926	6927	6928·	
493	6928	6929	6930	6931	6932	6933	6934	6935	6936	6936·	
494	6937	6938	6939	6940	6941	6942	6943	6943·	6944	6945	
495	6946	6947	6948	6949	6950	6950·	6951	6952	6953	6954	
496	6955	6956	6957·	6957	6958	6959	6960	6961	6962	6963	
497	6964·	6964	6965	6966	6967	6968	6969	6970	6971	6971·	
498	6972	6973	6974	6975	6976	6977	6978	6978·	6979	6980	
499	6981	6982	6983	6984·	6984	6985	6986	6987	6988	6989	**.6989**
N	0	1	2	3	4	5	6	7	8	9	

N	0	1	2	3	4	5	6	7	8	9	
500	6990	6991·	6991	6992	6993	6994	6995	6996	6997	6998	**.6990**
501	6998·	6999	7000	7001	7002	7003	7004·	7004	7005	7006	
502	7007	7008	7009	7010·	7010	7011	7012	7013	7014	7015	
503	7016	7017	7017·	7018	7019	7020	7021	7022	7023·	7023	
504	7024	7025	7026	7027	7028	7029·	7029	7030	7031	7032	
505	7033	7034	7035·	7035	7036	7037	7038	7039	7040	7041	
506	7042	7042·	7043	7044	7045	7046	7047	7048	7048·	7049	
507	7050	7051	7052	7053	7054	7054·	7055	7056	7057	7058	
508	7059·	7059	7060	7061	7062	7063	7064	7065·	7065	7066	
509	7067	7068	7069	7070	7071·	7071	7072	7073	7074	7075	
510	7076	7077	7077·	7078	7079	7080	7081	7082	7083	7083·	
511	7084	7085	7086	7087	7088·	7088	7089	7090	7091	7092	
512	7093	7094	7094·	7095	7096	7097	7098	7099·	7099	7100	
513	7101	7102	7103	7104	7105	7105·	7106	7107	7108	7109	
514	7110·	7110	7111	7112	7113	7114	7115	7116	7116·	7117	
515	7118	7119	7120	7121·	7121	7122	7123	7124	7125	7126·	
516	7126	7127	7128	7129	7130	7131	7132	7132·	7133	7134	
517	7135	7136	7137·	7137	7138	7139	7140	7141	7142·	7142	
518	7143	7144	7145	7146	7147·	7147	7148	7149	7150	7151	
519	7152	7153	7153·	7154	7155	7156	7157	7158	7158·	7159	
520	7160	7161	7162	7163	7163·	7164	7165	7166	7167	7168	
521	7168·	7169	7170	7171	7172	7173	7173·	7174	7175	7176	
522	7177	7178	7178·	7179	7180	7181	7182	7183	7183·	7184	
523	7185	7186	7187	7188	7188·	7189	7190	7191	7192·	7192	
524	7193	7194	7195	7196	7197·	7197	7198	7199	7200	7201	
525	7202·	7202	7203	7204	7205	7206	7207	7207·	7208	7209	
526	7210	7211	7212	7212·	7213	7214	7215	7216·	7216	7217	
527	7218	7219	7220	7221	7221·	7222	7223	7224	7225	7226	
528	7226·	7227	7228	7229	7230·	7230	7231	7232	7233	7234	
529	7235	7235·	7236	7237	7238	7239·	7239	7240	7241	7242	
530	7243	7244	7244·	7245	7246	7247	7248·	7248	7249	7250	
531	7251	7252	7253	7253·	7254	7255	7256	7257·	7257	7258	
532	7259	7260	7261	7262	7262·	7263	7264	7265	7266·	7266	
533	7267	7268	7269	7270	7271	7271·	7272	7273	7274	7275·	
534	7275	7276	7277	7278	7279·	7279	7280	7281	7282	7283	
535	7284	7284·	7285	7286	7287	7288·	7288	7289	7290	7291	
536	7292·	7292	7293	7294	7295	7296	7297	7297·	7298	7299	
537	7300	7301	7301·	7302	7303	7304	7305	7305·	7306	7307	
538	7308	7309·	7309	7310	7311	7312	7313·	7313	7314	7315	
539	7316	7317·	7317	7318	7319	7320	7321	7322	7322·	7323	
540	7324	7325	7326	7326·	7327	7328	7329	7330	7330·	7331	
541	7332	7333	7334	7334·	7335	7336	7337	7338	7338·	7339	
542	7340	7341	7342	7342·	7343	7344	7345	7346	7346·	7347	
543	7348	7349	7350	7350·	7351	7352	7353	7354	7354·	7355	
544	7356	7357	7358	7358·	7359	7360	7361	7362	7362·	7363	
545	7364	7365	7366	7366·	7367	7368	7369	7370	7370·	7371	
546	7372	7373	7374	7374·	7375	7376	7377·	7377	7378	7379	
547	7380	7381·	7381	7382	7383	7384	7385·	7385	7386	7387	
548	7388	7389	7389·	7390	7391	7392	7393	7393·	7394	7395	
549	7396	7397	7397·	7398	7399	7400·	7400	7401	7402	7403	**.7403**
N	0	1	2	3	4	5	6	7	8	9	

N	0	1	2	3	4	5	6	7	8	9	
550	7404·	7404	7405	7406	7407	7408	7408·	7409	7410	7411	**.7404**
551	7412	7412·	7413	7414	7415·	7415	7416	7417	7418	7419	
552	7419·	7420	7421	7422	7423	7423·	7424	7425	7426·	7426	
553	7427	7428	7429	7430	7430·	7431	7432	7433	7434	7434·	
554	7435	7436	7437·	7437	7438	7439	7440	7441	7441·	7442	
555	7443	7444·	7444	7445	7446	7447	7448·	7448	7449	7450	
556	7451	7452	7452·	7453	7454	7455·	7455	7456	7457	7458	
557	7459	7459·	7460	7461	7462·	7462	7463	7464	7465	7466	
558	7466·	7467	7468	7469·	7469	7470	7471	7472	7473	7473·	
559	7474	7475	7476·	7476	7477	7478	7479	7480	7480·	7481	
560	7482	7483·	7483	7484	7485	7486	7487	7487·	7488	7489	
561	7490·	7490	7491	7492	7493·	7493	7494	7495	7496	7497	
562	7497·	7498	7499	7500·	7500	7501	7502	7503	7504	7504·	
563	7505	7506	7507·	7507	7508	7509	7510·	7510	7511	7512	
564	7513	7514	7514·	7515	7516	7517·	7517	7518	7519	7520·	
565	7520	7521	7522	7523	7524	7524·	7525	7526	7527·	7527	
566	7528	7529	7530·	7530	7531	7532	7533	7534	7534·	7535	
567	7536	7537	7537·	7538	7539	7540·	7540	7541	7542	7543·	
568	7543	7544	7545	7546	7547	7547·	7548	7549	7550	7550·	
569	7551	7552	7553·	7553	7554	7555	7556·	7556	7557	7558	
570	7559	7560	7560·	7561	7562	7563	7563·	7564	7565	7566	
571	7566·	7567	7568	7569·	7569	7570	7571	7572·	7572	7573	
572	7574	7575·	7575	7576	7577	7578	7579	7579·	7580	7581	
573	7582	7582·	7583	7584	7585	7585·	7586	7587	7588	7588·	
574	7589	7590	7591·	7591	7592	7593	7594·	7594	7595	7596	
575	7597·	7597	7598	7599	7600·	7600	7601	7602	7603·	7603	
576	7604	7605	7606·	7606	7607	7608	7609·	7609	7610	7611	
577	7612	7613	7613·	7614	7615	7616	7616·	7617	7618	7619	
578	7619·	7620	7621	7622	7622·	7623	7624	7625	7625·	7626	
579	7627	7628	7628·	7629	7630	7631	7631·	7632	7633	7634	
580	7634·	7635	7636	7637	7637·	7638	7639	7640	7640·	7641	
581	7642	7643	7643·	7644	7645·	7645	7646	7647	7648·	7648	
582	7649	7650	7651·	7651	7652	7653	7654·	7654	7655	7656	
583	7657·	7657	7658	7659	7660·	7660	7661	7662	7663·	7663	
584	7664	7665	7666	7666·	7667	7668	7669	7669·	7670	7671	
585	7672	7672·	7673	7674	7675	7675·	7676	7677·	7677	7678	
586	7679	7680·	7680	7681	7682	7683·	7683	7684	7685	7686·	
587	7686	7687	7688	7689	7689·	7690	7691	7692	7692·	7693	
588	7694	7695	7695·	7696	7697·	7697	7698	7699	7700·	7700	
589	7701	7702	7703	7703·	7704	7705	7706	7706·	7707	7708	
590	7709	7709·	7710	7711·	7711	7712	7713	7714·	7714	7715	
591	7716	7717	7717·	7718	7719	7720	7720·	7721	7722·	7722	
592	7723	7724	7725·	7725	7726	7727	7728	7728·	7729	7730	
593	7731	7731·	7732	7733·	7733	7734	7735	7736·	7736	7737	
594	7738	7739	7739·	7740	7741	7742	7742·	7743	7744·	7744	
595	7745	7746	7747	7747·	7748	7749	7750	7750·	7751	7752·	
596	7752	7753	7754	7755·	7755	7756	7757	7758	7758·	7759	
597	7760·	7760	7761	7762	7763·	7763	7764	7765	7766	7766·	
598	7767	7768·	7768	7769	7770	7771·	7771	7772	7773	7774	
599	7774·	7775	7776·	7776	7777	7778	7779	7779·	7780	7781	**.7781**
N	0	1	2	3	4	5	6	7	8	9	

N	0	1	2	3	4	5	6	7	8	9	
600	7782	7782·	7783	7784·	7784	7785	7786	7787	7787·	7788	**.7782**
601	7789·	7789	7790	7791	7792	7792·	7793	7794	7795	7795·	
602	7796	7797·	7797	7798	7799	7800	7800·	7801	7802·	7802	
603	7803	7804	7805	7805·	7806	7807·	7807	7808	7809	7810·	
604	7810	7811	7812	7813	7813·	7814	7815·	7815	7816	7817	
605	7818	7818·	7819	7820·	7820	7821	7822	7823	7823·	7824	
606	7825·	7825	7826	7827	7828	7828·	7829	7830·	7830	7831	
607	7832	7833	7833·	7834	7835·	7835	7836	7837	7838	7838·	
608	7839	7840·	7840	7841	7842	7843	7843·	7844	7845·	7845	
609	7846	7847	7848	7848·	7849	7850·	7850	7851	7852	7853	
610	7853·	7854	7855·	7855	7856	7857	7858	7858·	7859	7860·	
611	7860	7861	7862	7863	7863·	7864	7865·	7865	7866	7867	
612	7868	7868·	7869	7870	7870·	7871	7872·	7872	7873	7874	
613	7875	7875·	7876	7877·	7877	7878	7879	7880	7880·	7881	
614	7882·	7882	7883	7884	7885	7885·	7886	7887	7887·	7888	
615	7889·	7889	7890	7891	7892	7892·	7893	7894·	7894	7895	
616	7896	7897	7897·	7898	7899	7899·	7900	7901·	7901	7902	
617	7903	7904	7904·	7905	7906·	7906	7907	7908·	7908	7909	
618	7910	7911	7911·	7912	7913·	7913	7914	7915	7916	7916·	
619	7917	7918	7918·	7919	7920·	7920	7921	7922	7923	7923·	
620	7924	7925	7925·	7926	7927·	7927	7928	7929	7930	7930·	
621	7931	7932	7932·	7933	7934·	7934	7935	7936	7937	7937·	
622	7938	7939	7939·	7940	7941·	7941	7942	7943·	7943	7944	
623	7945	7946	7946·	7947	7948·	7948	7949	7950·	7950	7951	
624	7952	7953	7953·	7954	7955	7955·	7956	7957·	7957	7958	
625	7959·	7959	7960	7961	7962	7962·	7963	7964·	7964	7965	
626	7966·	7966	7967	7968	7969	7969·	7970	7971	7971·	7972	
627	7973·	7973	7974	7975·	7975	7976	7977	7978	7978·	7979	
628	7980	7980·	7981	7982·	7982	7983	7984·	7984	7985	7986	
629	7987	7987·	7988	7989	7989·	7990	7991	7991·	7992	7993·	
630	7993	7994	7995·	7995	7996	7997	7998	7998·	7999	8000	
631	8000·	8001	8002·	8002	8003	8004·	8004	8005	8006·	8006	
632	8007	8008	8009	8009·	8010	8011	8011·	8012	8013·	8013	
633	8014	8015·	8015	8016	8017·	8017	8018	8019	8020	8020·	
634	8021	8022	8022·	8023	8024	8024·	8025	8026·	8026	8027	
635	8028·	8028	8029	8030·	8030	8031	8032	8033	8033·	8034	
636	8035	8035·	8036	8037	8037·	8038	8039·	8039	8040	8041·	
637	8041	8042	8043·	8043	8044	8045·	8045	8046	8047	8048	
638	8048·	8049	8050	8050·	8051	8052	8052·	8053	8054	8054·	
639	8055	8056·	8056	8057	8058·	8058	8059	8060·	8060	8061	
640	8062·	8062	8063	8064	8065	8065·	8066	8067	8067·	8068	
641	8069	8069·	8070	8071	8071·	8072	8073	8073·	8074	8075·	
642	8075	8076	8077·	8077	8078	8079·	8079	8080	8081·	8081	
643	8082	8083·	8083	8084	8085·	8085	8086	8087	8088	8088·	
644	8089	8090	8090·	8091	8092	8092·	8093	8094	8094·	8095	
645	8096	8096·	8097	8098	8098·	8099	8100	8100·	8101	8102	
646	8102·	8103	8104·	8104	8105	8106·	8106	8107	8108·	8108	
647	8109	8110·	8110	8111	8112·	8112	8113	8114·	8114	8115	
648	8116·	8116	8117	8118·	8118	8119	8120·	8120	8121	8122·	
649	8122	8123	8124·	8124	8125	8126·	8126	8127	8128·	8128	**.8128**
N	0	1	2	3	4	5	6	7	8	9	

N	0	1	2	3	4	5	6	7	8	9	
650	8129	8130˙	8130	8131	8132˙	8132	8133	8134˙	8134	8135	**.8129**
651	8136˙	8136	8137	8138˙	8138	8139	8140˙	8140	8141	8142˙	
652	8142	8143	8144˙	8144	8145	8146˙	8146	8147	8148˙	8148	
653	8149	8150˙	8150	8151	8152˙	8152	8153	8154˙	8154	8155	
654	8156˙	8156	8157	8158˙	8158	8159	8160˙	8160	8161	8162˙	
655	8162	8163	8164˙	8164	8165	8166˙	8166	8167	8168˙	8168	
656	8169	8170˙	8170	8171	8172˙	8172	8173	8174˙	8174	8175	
657	8176	8176˙	8177	8178	8178˙	8179	8180	8180˙	8181	8182	
658	8182˙	8183	8184	8184˙	8185	8186	8186˙	8187	8188	8188˙	
659	8189	8190	8190˙	8191˙	8191	8192	8193˙	8193	8194	8195˙	
660	8195	8196	8197˙	8197	8198	8199˙	8199	8200	8201˙	8201	
661	8202	8203˙	8203	8204	8205	8205˙	8206	8207	8207˙	8208	
662	8209	8209˙	8210	8211	8211˙	8212	8213	8213˙	8214˙	8214	
663	8215	8216˙	8216	8217	8218˙	8218	8219	8220˙	8220	8221	
664	8222˙	8222	8223	8224	8224˙	8225	8226	8226˙	8227	8228	
665	8228˙	8229	8230	8230˙	8231˙	8231	8232	8233˙	8233	8234	
666	8235˙	8235	8236	8237˙	8237	8238	8239	8239˙	8240	8241	
667	8241˙	8242	8243	8243˙	8244	8245	8245˙	8246˙	8246	8247	
668	8248˙	8248	8249	8250˙	8250	8251	8252	8252˙	8253	8254	
669	8254˙	8255	8256	8256˙	8257	8258	8258˙	8259˙	8259	8260	
670	8261˙	8261	8262	8263˙	8263	8264	8265	8265˙	8266	8267	
671	8267˙	8268	8269	8269˙	8270˙	8270	8271	8272˙	8272	8273	
672	8274˙	8274	8275	8276	8276˙	8277	8278	8278˙	8279	8280	
673	8280˙	8281˙	8281	8282	8283˙	8283	8284	8285	8285˙	8286	
674	8287	8287˙	8288	8289	8289˙	8290˙	8290	8291	8292˙	8292	
675	8293	8294˙	8294	8295	8296	8296˙	8297	8298	8298˙	8299˙	
676	8299	8300	8301˙	8301	8302	8303	8303˙	8304	8305	8305˙	
677	8306	8307	8307˙	8308˙	8308	8309	8310˙	8310	8311	8312	
678	8312˙	8313	8314	8314˙	8315˙	8315	8316	8317˙	8317	8318	
679	8319˙	8319	8320	8321	8321˙	8322	8323	8323˙	8324˙	8324	
680	8325	8326˙	8326	8327	8328	8328˙	8329	8330	8330˙	8331˙	
681	8331	8332	8333˙	8333	8334	8335	8335˙	8336	8337	8337˙	
682	8338˙	8338	8339	8340˙	8340	8341	8342	8342˙	8343	8344	
683	8344˙	8345˙	8345	8346	8347˙	8347	8348	8349	8349˙	8350	
684	8351	8351˙	8352˙	8352	8353	8354˙	8354	8355	8356	8356˙	
685	8357	8358	8358˙	8359˙	8359	8360	8361˙	8361	8362	8363	
686	8363˙	8364	8365	8365˙	8366˙	8366	8367	8368	8368˙	8369	
687	8370	8370˙	8371˙	8371	8372	8373˙	8373	8374	8375	8375˙	
688	8376	8377	8377˙	8378˙	8378	8379	8380	8380˙	8381	8382	
689	8382˙	8383˙	8383	8384	8385˙	8385	8386	8387	8387˙	8388˙	
690	8388	8389	8390˙	8390	8391	8392	8392˙	8393	8394	8394˙	
691	8395˙	8395	8396	8397	8397˙	8398	8399	8399˙	8400˙	8400	
692	8401	8402˙	8402	8403	8404	8404˙	8405˙	8405	8406	8407˙	
693	8407	8408	8409	8409˙	8410˙	8410	8411	8412˙	8412	8413	
694	8414	8414˙	8415˙	8415	8416	8417˙	8417	8418	8419	8419˙	
695	8420˙	8420	8421	8422˙	8422	8423	8424	8424˙	8425˙	8425	
696	8426	8427˙	8427	8428	8429	8429˙	8430˙	8430	8431	8432˙	
697	8432	8433	8434	8434˙	8435˙	8435	8436	8437	8437˙	8438	
698	8439	8439˙	8440˙	8440	8441	8442	8442˙	8443	8444	8444˙	
699	8445˙	8445	8446	8447	8447˙	8448˙	8448	8449	8450˙	8450	**.8450**
N	0	1	2	3	4	5	6	7	8	9	

N	0	1	2	3	4	5	6	7	8	9	
700	8451	8452	8452˙	8453˙	8453	8454	8455˙	8455	8456	8457	**.8451**
701	8457˙	8458˙	8458	8459	8460	8460˙	8461	8462	8462˙	8463˙	
702	8463	8464	8465	8465˙	8466˙	8466	8467	8468˙	8468	8469	
703	8470	8470˙	8471˙	8471	8472	8473	8473˙	8474˙	8474	8475	
704	8476˙	8476	8477	8478	8478˙	8479˙	8479	8480	8481	8481˙	
705	8482	8483	8483˙	8484˙	8484	8485	8486	8486˙	8487˙	8487	
706	8488	8489	8489˙	8490	8491	8491˙	8492˙	8492	8493	8494	
707	8494˙	8495˙	8495	8496	8497	8497˙	8498˙	8498	8499	8500˙	
708	8500	8501	8502	8502˙	8503˙	8503	8504	8505	8505˙	8506˙	
709	8506	8507	8508	8508˙	8509	8510	8510˙	8511˙	8511	8512	
710	8513	8513˙	8514˙	8514	8515	8516	8516˙	8517˙	8517	8518	
711	8519˙	8519	8520	8521	8521˙	8522˙	8522	8523	8524	8524˙	
712	8525˙	8525	8526	8527	8527˙	8528˙	8528	8529	8530	8530˙	
713	8531	8532	8532˙	8533˙	8533	8534	8535	8535˙	8536˙	8536	
714	8537	8538	8538˙	8539˙	8539	8540	8541	8541˙	8542˙	8542	
715	8543	8544	8544˙	8545˙	8545	8546	8547˙	8547	8548	8549	
716	8549˙	8550˙	8550	8551	8552	8552˙	8553˙	8553	8554	8555	
717	8555˙	8556˙	8556	8557	8558	8558˙	8559˙	8559	8560	8561	
718	8561˙	8562˙	8562	8563	8564	8564˙	8565˙	8565	8566	8567	
719	8567˙	8568˙	8568	8569	8570˙	8570	8571	8572	8572˙	8573˙	
720	8573	8574	8575	8575˙	8576˙	8576	8577	8578	8578˙	8579˙	
721	8579	8580	8581	8581˙	8582˙	8582	8583	8584	8584˙	8585˙	
722	8585	8586	8587	8587˙	8588˙	8588	8589	8590	8590˙	8591˙	
723	8591	8592	8593	8593˙	8594˙	8594	8595	8596	8596˙	8597˙	
724	8597	8598	8599	8599˙	8600˙	8600	8601	8602	8602˙	8603˙	
725	8603	8604	8605	8605˙	8606˙	8606	8607	8608	8608˙	8609˙	
726	8609	8610	8611	8611˙	8612˙	8612	8613	8614	8614˙	8615˙	
727	8615	8616	8617	8617˙	8618˙	8618	8619	8620	8620˙	8621˙	
728	8621	8622	8623	8623˙	8624	8624˙	8625˙	8625	8626	8627	
729	8627˙	8628˙	8628	8629	8630	8630˙	8631˙	8631	8632	8633	
730	8633˙	8634˙	8634	8635	8636	8636˙	8637˙	8637	8638	8639	
731	8639˙	8640˙	8640	8641	8642	8642˙	8643˙	8643	8644	8645	
732	8645˙	8646˙	8646	8647˙	8647	8648	8649	8649˙	8650˙	8650	
733	8651	8652	8652˙	8653˙	8653	8654	8655	8655˙	8656˙	8656	
734	8657	8658	8658˙	8659˙	8659	8660	8661	8661˙	8662	8662˙	
735	8663˙	8663	8664	8665	8665˙	8666˙	8666	8667	8668	8668˙	
736	8669˙	8669	8670	8671	8671˙	8672˙	8672	8673˙	8673	8674	
737	8675	8675˙	8676˙	8676	8677	8678	8678˙	8679˙	8679	8680	
738	8681	8681˙	8682˙	8682	8683	8684	8684˙	8685	8685˙	8686˙	
739	8686	8687	8688	8688˙	8689˙	8689	8690	8691	8691˙	8692˙	
740	8692	8693˙	8693	8694	8695	8695˙	8696˙	8696	8697	8698	
741	8698˙	8699˙	8699	8700	8701	8701˙	8702	8702˙	8703˙	8703	
742	8704	8705	8705˙	8706˙	8706	8707	8708	8708˙	8709˙	8709	
743	8710˙	8710	8711	8712	8712˙	8713˙	8713	8714	8715	8715˙	
744	8716˙	8716	8717˙	8717	8718	8719	8719˙	8720˙	8720	8721	
745	8722	8722˙	8723˙	8723	8724˙	8724	8725	8726	8726˙	8727˙	
746	8727	8728	8729	8729˙	8730˙	8730	8731˙	8731	8732	8733	
747	8733˙	8734˙	8734	8735	8736	8736˙	8737	8737˙	8738˙	8738	
748	8739	8740	8740˙	8741˙	8741	8742˙	8742	8743	8744	8744˙	
749	8745˙	8745	8746	8747	8747˙	8748˙	8748	8749˙	8749	8750	**.8750**
N	0	1	2	3	4	5	6	7	8	9	

N	0	1	2	3	4	5	6	7	8	9	
750	8751	8751·	8752·	8752	8753	8754	8754·	8755	8755·	8756·	**.8751**
751	8756	8757	8758	8758·	8759·	8759	8760·	8760	8761	8762	
752	8762·	8763·	8763	8764·	8764	8765	8766	8766·	8767·	8767	
753	8768	8769	8769·	8770	8770·	8771·	8771	8772	8773	8773·	
754	8774·	8774	8775·	8775	8776	8777	8777·	8778·	8778	8779·	
755	8779	8780	8781	8781·	8782·	8782	8783·	8783	8784	8785	
756	8785·	8786·	8786	8787	8788	8788·	8789	8789·	8790·	8790	
757	8791	8792	8792·	8793	8793·	8794·	8794	8795	8796	8796·	
758	8797	8797·	8798·	8798	8799	8800	8800·	8801	8801·	8802·	
759	8802	8803	8804	8804·	8805	8805·	8806·	8806	8807	8808	
760	8808·	8809	8809·	8810·	8810	8811	8812	8812·	8813	8813·	
761	8814·	8814	8815	8816	8816·	8817	8817·	8818·	8818	8819	
762	8820	8820·	8821	8821·	8822·	8822	8823	8824	8824·	8825	
763	8825·	8826·	8826	8827	8828	8828·	8829	8829·	8830·	8830	
764	8831	8832	8832·	8833	8833·	8834·	8834	8835·	8835	8836	
765	8837	8837·	8838·	8838	8839·	8839	8840	8841	8841·	8842·	
766	8842	8843·	8843	8844	8845	8845·	8846	8846·	8847·	8847	
767	8848	8849	8849·	8850	8850·	8851·	8851	8852·	8852	8853	
768	8854	8854·	8855·	8855	8856·	8856	8857	8858	8858·	8859	
769	8859·	8860·	8860	8861	8862	8862·	8863	8863·	8864·	8864	
770	8865·	8865	8866	8867	8867·	8868·	8868	8869·	8869	8870	
771	8871	8871·	8872	8872·	8873·	8873	8874·	8874	8875	8876	
772	8876·	8877·	8877	8878·	8878	8879	8880	8880·	8881	8881·	
773	8882·	8882	8883·	8883	8884	8885	8885·	8886·	8886	8887·	
774	8887	8888	8889	8889·	8890	8890·	8891·	8891	8892·	8892	
775	8893	8894	8894·	8895	8895·	8896·	8896	8897·	8897	8898	
776	8899	8899·	8900·	8900	8901·	8901	8902	8903	8903·	8904	
777	8904·	8905·	8905	8906·	8906	8907	8908	8908·	8909	8909·	
778	8910·	8910	8911·	8911	8912	8913	8913·	8914	8914·	8915·	
779	8915	8916·	8916	8917	8918	8918·	8919	8919·	8920·	8920	
780	8921	8922	8922·	8923	8923·	8924·	8924	8925·	8925	8926	
781	8927	8927·	8928	8928·	8929·	8929	8930·	8930	8931	8932	
782	8932·	8933	8933·	8934·	8934	8935·	8935	8936	8937	8937·	
783	8938	8938·	8939·	8939	8940·	8940	8941·	8941	8942	8943	
784	8943·	8944	8944·	8945·	8945	8946·	8946	8947	8948	8948·	
785	8949	8949·	8950·	8950	8951·	8951	8952	8953	8953·	8954	
786	8954·	8955·	8955	8956·	8956	8957	8958	8958·	8959	8959·	
787	8960·	8960	8961·	8961	8962	8963	8963·	8964	8964·	8965	
788	8965·	8966·	8966	8967·	8967	8968	8969	8969·	8970	8970·	
789	8971·	8971	8972·	8972	8973	8974	8974·	8975	8975·	8976	
790	8976·	8977·	8977	8978·	8978	8979	8980	8980·	8981	8981·	
791	8982·	8982	8983·	8983	8984	8985	8985·	8986	8986·	8987	
792	8987·	8988·	8988	8989·	8989	8990	8991	8991·	8992	8992·	
793	8993·	8993	8994·	8994	8995·	8995	8996	8997	8997·	8998	
794	8998·	8999·	8999	9000·	9000	9001·	9001	9002	9003	9003·	
795	9004	9004·	9005·	9005	9006·	9006	9007·	9007	9008	9009	
796	9009·	9010	9010·	9011·	9011	9012·	9012	9013·	9013	9014	
797	9015	9015·	9016	9016·	9017·	9017	9018·	9018	9019·	9019	
798	9020	9021	9021·	9022	9022·	9023·	9023	9024·	9024	9025·	
799	9025	9026	9027	9027·	9028	9028·	9029	9029·	9030·	9030	**.9030**
N	0	1	2	3	4	5	6	7	8	9	

Lg 8000 . . . Lg 8499

N	0	1	2	3	4	5	6	7	8	9	
800	9031·	9031	9032	9033	9033·	9034	9034·	9035	9035·	9036·	**.9031**
801	9036	9037·	9037	9038·	9038	9039	9040	9040·	9041	9041·	
802	9042·	9042	9043·	9043	9044·	9044	9045	9046	9046·	9047	
803	9047·	9048	9048·	9049·	9049	9050·	9050	9051·	9051	9052	
804	9053	9053·	9054	9054·	9055	9055·	9056·	9056	9057·	9057	
805	9058·	9058	9059	9060	9060·	9061	9061·	9062·	9062	9063·	
806	9063	9064·	9064	9065	9066	9066·	9067	9067·	9068	9068·	
807	9069·	9069	9070·	9070	9071·	9071	9072	9073	9073·	9074	
808	9074·	9075	9075·	9076	9076·	9077·	9077	9078·	9078	9079·	
809	9079	9080	9081	9081·	9082	9082·	9083	9083·	9084·	9084	
810	9085·	9085	9086·	9086	9087	9088	9088·	9089	9089·	9090	
811	9090·	9091·	9091	9092·	9092	9093·	9093	9094·	9094	9095	
812	9096	9096·	9097	9097·	9098	9098·	9099·	9099	9100·	9100	
813	9101·	9101	9102	9103	9103·	9104	9104·	9105	9105·	9106	
814	9106·	9107·	9107	9108·	9108	9109·	9109	9110	9111	9111·	
815	9112	9112·	9113	9113·	9114	9114·	9115·	9115	9116·	9116	
816	9117·	9117	9118·	9118	9119	9120	9120·	9121	9121·	9122	
817	9122·	9123·	9123	9124·	9124	9125·	9125	9126·	9126	9127	
818	9128	9128·	9129	9129·	9130	9130·	9131	9131·	9132·	9132	
819	9133·	9133	9134·	9134	9135·	9135	9136	9137	9137·	9138	
820	9138·	9139	9139·	9140	9140·	9141·	9141	9142·	9142	9143·	
821	9143	9144·	9144	9145	9146	9146·	9147	9147·	9148	9148·	
822	9149	9149·	9150·	9150	9151·	9151	9152·	9152	9153·	9153	
823	9154	9155	9155·	9156	9156·	9157	9157·	9158	9158·	9159·	
824	9159	9160·	9160	9161·	9161	9162·	9162	9163·	9163	9164	
825	9165	9165·	9166	9166·	9167	9167·	9168	9168·	9169·	9169	
826	9170·	9170	9171·	9171	9172·	9172	9173·	9173	9174	9175	
827	9175·	9176	9176·	9177	9177·	9178	9178·	9179	9179·	9180·	
828	9180	9181·	9181	9182·	9182	9183·	9183	9184·	9184	9185	
829	9186	9186·	9187	9187·	9188	9188·	9189	9189·	9190	9190·	
830	9191·	9191	9192·	9192	9193·	9193	9194·	9194	9195·	9195	
831	9196	9197	9197·	9198	9198·	9199	9199·	9200	9200·	9201	
832	9201·	9202·	9202	9203·	9203	9204·	9204	9205·	9205	9206·	
833	9206	9207·	9207	9208	9209	9209·	9210	9210·	9211	9211·	
834	9212	9212·	9213	9213·	9214·	9214	9215·	9215	9216·	9216	
835	9217·	9217	9218·	9218	9219·	9219	9220	9221	9221·	9222	
836	9222·	9223	9223·	9224	9224·	9225	9225·	9226	9226·	9227	
837	9227·	9228·	9228	9229·	9229	9230·	9230	9231·	9231	9232·	
838	9232	9233·	9233	9234	9235	9235·	9236	9236·	9237	9237·	
839	9238	9238·	9239	9239·	9240	9240·	9241	9241·	9242·	9242	
840	9243·	9243	9244·	9244	9245·	9245	9246·	9246	9247·	9247	
841	9248·	9248	9249	9250	9250·	9251	9251·	9252	9252·	9253	
842	9253·	9254	9254·	9255	9255·	9256	9256·	9257	9257·	9258·	
843	9258	9259·	9259	9260·	9260	9261·	9261	9262·	9262	9263·	
844	9263	9264·	9264	9265·	9265	9266	9267	9267·	9268	9268·	
845	9269	9269·	9270	9270·	9271	9271·	9272	9272·	9273	9273·	
846	9274	9274·	9275	9275·	9276·	9276	9277·	9277	9278·	9278	
847	9279·	9279	9280·	9280	9281·	9281	9282·	9282	9283·	9283	
848	9284·	9284	9285·	9285	9286	9287	9287·	9288	9288·	9289	
849	9289·	9290	9290·	9291	9291·	9292	9292·	9293	9293·	9294	**.9294**
N	0	1	2	3	4	5	6	7	8	9	

N	0	1	2	3	4	5	6	7	8	9	
850	9294·	9295	9295·	9296	9296·	9297	9297·	9298·	9298	9299·	**.9294**
851	9299	9300·	9300	9301·	9301	9302·	9302	9303·	9303	9304·	
852	9304	9305·	9305	9306·	9306	9307·	9307	9308·	9308	9309·	
853	9309	9310	9311	9311·	9312	9312·	9313	9313·	9314	9314·	
854	9315	9315·	9316	9316·	9317	9317·	9318	9318·	9319	9319·	
855	9320	9320·	9321	9321·	9322	9322·	9323	9323·	9324	9324·	
856	9325	9325·	9326·	9326	9327·	9327	9328·	9328	9329·	9329	
857	9330·	9330	9331·	9331	9332·	9332	9333·	9333	9334·	9334	
858	9335·	9335	9336·	9336	9337·	9337	9338·	9338	9339·	9339	
859	9340·	9340	9341·	9341	9342·	9342	9343·	9343	9344·	9344	
860	9345·	9345	9346·	9346	9347	9348	9348·	9349	9349·	9350	
861	9350·	9351	9351·	9352	9352·	9353	9353·	9354	9354·	9355	
862	9355·	9356	9356·	9357	9357·	9358	9358·	9359	9359·	9360	
863	9360·	9361	9361·	9362	9362·	9363	9363·	9364	9364·	9365	
864	9365·	9366	9366·	9367	9367·	9368	9368·	9369	9369·	9370	
865	9370·	9371	9371·	9372	9372·	9373	9373·	9374	9374·	9375	
866	9375·	9376	9376·	9377	9377·	9378	9378·	9379	9379·	9380	
867	9380·	9381	9381·	9382	9382·	9383	9383·	9384	9384·	9385	
868	9385·	9386	9386·	9387	9387·	9388	9388·	9389	9389·	9390	
869	9390·	9391	9391·	9392	9392·	9393	9393·	9394	9394·	9395	
870	9395·	9396	9396·	9397	9397·	9398	9398·	9399	9399·	9400	
871	9400·	9401	9401·	9402	9402·	9403	9403·	9404	9404·	9405	
872	9405·	9406	9406·	9407	9407·	9408	9408·	9409	9409·	9410	
873	9410·	9411	9411·	9412	9412·	9413	9413·	9414	9414·	9415	
874	9415·	9416	9416·	9417	9417·	9418	9418·	9419	9419·	9420	
875	9420·	9421	9421·	9422	9422·	9423	9423·	9424	9424·	9425	
876	9425·	9426	9426·	9427	9427·	9428	9428·	9429	9429·	9430	
877	9430·	9430	9431·	9431	9432·	9432	9433·	9433	9434·	9434	
878	9435·	9435	9436·	9436	9437·	9437	9438·	9438	9439·	9439	
879	9440·	9440	9441·	9441	9442·	9442	9443·	9443	9444·	9444	
880	9445·	9445	9446·	9446	9447·	9447	9448·	9448	9449·	9449	
881	9450·	9450	9451	9451·	9452	9452·	9453	9453·	9454	9454·	
882	9455	9455·	9456	9456·	9457	9457·	9458	9458·	9459	9459·	
883	9460	9460·	9461	9461·	9462	9462·	9463	9463·	9464	9464·	
884	9465	9465·	9466	9466·	9466	9467·	9467	9468·	9468	9469·	
885	9469	9470·	9470	9471·	9471	9472·	9472	9473·	9473	9474·	
886	9474	9475·	9475	9476·	9476	9477·	9477	9478·	9478	9479	
887	9479	9480	9480·	9481	9481·	9482	9482·	9483	9483·	9484	
888	9484·	9485	9485·	9486	9486·	9487	9487·	9488	9488·	9489	
889	9489·	9490	9490·	9490	9491·	9491	9492·	9492	9493·	9493	
890	9494·	9494	9495·	9495	9496·	9496	9497·	9497	9498·	9498	
891	9499·	9499	9500	9500	9501	9501·	9502	9502·	9503	9503·	
892	9504	9504·	9505	9505·	9506	9506·	9507	9507·	9508	9508·	
893	9509	9509·	9509	9510·	9510	9511·	9511	9512·	9512	9513·	
894	9513	9514·	9514	9515·	9515	9516·	9516	9517·	9517	9518	
895	9518·	9519	9519·	9520	9520·	9521	9521·	9522	9522·	9523	
896	9523·	9524	9524·	9525	9525·	9526	9526·	9526	9527·	9527	
897	9528·	9528	9529·	9529	9530·	9530	9531·	9531	9532·	9532	
898	9533·	9533	9534	9534·	9535	9535·	9536	9536·	9537	9537·	
899	9538	9538·	9539	9539·	9540	9540·	9540	9541·	9541	9542·	**.9542**
N	0	1	2	3	4	5	6	7	8	9	

Lg 9000 . . . Lg 9499

N	0	1	2	3	4	5	6	7	8	9	
900	9542	9543*	9543	9544*	9544	9545*	9545	9546*	9546	9547*	**.9542**
901	9547	9548	9548*	9549	9549*	9550	9550*	9551	9551*	9552	
902	9552*	9553	9553*	9554	9554*	9554	9555*	9555	9556*	9556	
903	9557*	9557	9558*	9558	9559*	9559	9560*	9560	9561	9561*	
904	9562	9562*	9563	9563*	9564	9564*	9565	9565*	9566	9566*	
905	9566	9567*	9567	9568*	9568	9569*	9569	9570*	9570	9571*	
906	9571	9572*	9572	9573	9573*	9574	9574*	9575	9575*	9576	
907	9576*	9577	9577*	9578	9578*	9578	9579*	9579	9580*	9580	
908	9581*	9581	9582*	9582	9583*	9583	9584	9584*	9585	9585*	
909	9586	9586*	9587	9587*	9588	9588*	9589	9589*	9589	9590*	
910	9590	9591*	9591	9592**	9592	9593*	9593	9594	9594*	9595	
911	9595*	9596	9596*	9597	9597*	9598	9598*	9599	9599*	9599	
912	9600*	9600	9601*	9601	9602*	9602	9603*	9603	9604	9604*	
913	9605	9605*	9606	9606*	9607	9607*	9608	9608*	9609	9609*	
914	9609	9610*	9610	9611*	9611	9612*	9612	9613*	9613	9614	
915	9614*	9615	9615*	9616	9616*	9617	9617*	9618	9618*	9618	
916	9619*	9619	9620*	9620	9621*	9621	9622*	9622	9623	9623*	
917	9624	9624*	9625	9625*	9626	9626*	9627	9627*	9627	9628*	
918	9628	9629*	9629	9630*	9630	9631*	9631	9632	9632*	9633	
919	9633*	9634	9634*	9635	9635*	9636	9636*	9636	9637*	9637	
920	9638*	9638	9639*	9639	9640*	9640	9641	9641*	9642	9642*	
921	9643	9643*	9644	9644*	9644	9645*	9645	9646*	9646	9647*	
922	9647	9648*	9648	9649	9649*	9650	9650*	9651	9651*	9652	
923	9652*	9652	9653*	9653	9654*	9654	9655*	9655	9656*	9656	
924	9657	9657*	9658	9658*	9659	9659*	9660	9660*	9660	9661*	
925	9661	9662*	9662	9663*	9663	9664	9664*	9665	9665*	9666	
926	9666*	9667	9667*	9668	9668*	9668	9669*	9669	9670*	9670	
927	9671*	9671	9672	9672*	9673	9673*	9674	9674*	9675	9675*	
928	9675	9676*	9676	9677*	9677	9678*	9678	9679	9679*	9680	
929	9680*	9681	9681*	9682	9682*	9682	9683*	9683	9684*	9684	
930	9685*	9685	9686	9686*	9687	9687*	9688	9688*	9689	9689*	
931	9689	9690*	9690	9691*	9691	9692*	9692	9693	9693*	9694	
932	9694*	9695	9695*	9696	9696*	9696	9697*	9697	9698*	9698	
933	9699*	9699	9700	9700*	9701	9701*	9702	9702*	9703	9703*	
934	9703	9704*	9704	9705*	9705	9706*	9706	9707	9707*	9708	
935	9708*	9709	9709*	9710	9710*	9710	9711*	9711	9712*	9712	
936	9713	9713*	9714	9714*	9715	9715*	9716	9716*	9716	9717*	
937	9717	9718*	9718	9719*	9719	9720	9720*	9721	9721*	9722	
938	9722*	9722	9723*	9723	9724*	9724	9725*	9725	9726	9726*	
939	9727	9727*	9728	9728*	9729	9729*	9729	9730*	9730	9731*	
940	9731	9732	9732*	9733	9733*	9734	9734*	9735	9735*	9735	
941	9736*	9736	9737*	9737	9738	9738*	9739	9739*	9740	9740*	
942	9741	9741*	9741	9742*	9742	9743*	9743	9744	9744*	9745	
943	9745*	9746	9746*	9746	9747*	9747	9748*	9748	9749*	9749	
944	9750	9750*	9751	9751*	9752	9752*	9752	9753*	9753	9754*	
945	9754	9755*	9755	9756	9756*	9757	9757*	9758	9758*	9758	
946	9759*	9759	9760*	9760	9761	9761*	9762	9762*	9763	9763*	
947	9763	9764*	9764	9765*	9765	9766*	9766	9767	9767*	9768	
948	9768*	9769	9769*	9769	9770*	9770	9771*	9771	9772	9772*	
949	9773	9773*	9774	9774*	9774	9775*	9775	9776	9776	9777*	**.9777**
N	0	1	2	3	4	5	6	7	8	9	

N	0	1	2	3	4	5	6	7	8	9	
950	9777	9778	9778·	9779	9779·	9780	9780·	9780	9781·	9781	**.9777**
951	9782·	9782	9783	9783·	9784	9784·	9785	9785·	9785	9786·	
952	9786	9787·	9787	9788	9788·	9789	9789·	9790	9790·	9790	
953	9791·	9791	9792·	9792	9793	9793·	9794	9794·	9795	9795·	
954	9795	9796·	9796	9797·	9797	9798	9798·	9799	9799·	9800	
955	9800·	9800	9801·	9801	9802·	9802	9803	9803·	9804	9804·	
956	9805	9805·	9805	9806·	9806	9807·	9807	9808	9808·	9809	
957	9809·	9810	9810·	9810	9811·	9811	9812·	9812	9813	9813·	
958	9814	9814·	9815	9815·	9815	9816·	9816	9817·	9817	9818	
959	9818·	9819	9819·	9820	9820·	9820	9821·	9821	9822·	9822	
960	9823	9823·	9824	9824·	9825	9825·	9825	9826·	9826	9827·	
961	9827	9828	9828·	9829	9829·	9829	9830·	9830	9831·	9831	
962	9832	9832·	9833	9833·	9834	9834·	9834	9835·	9835	9836·	
963	9836	9837	9837·	9838	9838·	9839	9839·	9839	9840·	9840	
964	9841	9841·	9842	9842·	9843	9843·	9843	9844·	9844	9845·	
965	9845	9846	9846·	9847	9847·	9848	9848·	9848	9849·	9849	
966	9850	9850·	9851	9851·	9852	9852·	9852	9853·	9853	9854·	
967	9854	9855	9855·	9856	9856·	9857	9857·	9857	9858·	9858	
968	9859	9859·	9860	9860·	9861	9861·	9861	9862·	9862	9863·	
969	9863	9864	9864·	9865	9865·	9865	9866·	9866	9867·	9867	
970	9868	9868·	9869	9869·	9870	9870·	9870	9871·	9871	9872	
971	9872·	9873	9873·	9874	9874·	9874	9875·	9875	9876	9876·	
972	9877	9877·	9878	9878·	9878	9879·	9879	9880·	9880	9881	
973	9881·	9882	9882·	9882	9883·	9883	9884·	9884	9885	9885·	
974	9886	9886·	9886	9887·	9887	9888·	9888	9889	9889·	9890	
975	9890·	9890	9891·	9891	9892·	9892	9893	9893·	9894	9894·	
976	9894	9895·	9895	9896·	9896	9897	9897·	9898	9898·	9899	
977	9899·	9899	9900·	9900	9901	9901·	9902	9902·	9903	9903·	
978	9903	9904·	9904	9905	9905·	9906	9906·	9906	9907·	9907	
979	9908·	9908	9909	9909·	9910	9910·	9910	9911·	9911	9912·	
980	9912	9913	9913·	9914	9914·	9914	9915·	9915	9916·	9916	
981	9917	9917·	9918	9918·	9918	9919·	9919	9920·	9920	9921	
982	9921·	9922	9922·	9922	9923·	9923	9924	9924·	9925	9925·	
983	9926	9926·	9926	9927·	9927	9928	9928·	9929	9929·	9930	
984	9930·	9930	9931·	9931	9932	9932·	9933	9933·	9933	9934·	
985	9934	9935·	9935	9936	9936·	9937	9937·	9937	9938·	9938	
986	9939	9939·	9940	9940·	9941	9941·	9941	9942·	9942	9943	
987	9943·	9944	9944·	9944	9945·	9945	9946·	9946	9947	9947·	
988	9948	9948·	9948	9949·	9949	9950	9950·	9951	9951·	9952	
989	9952·	9952	9953·	9953	9954	9954·	9955	9955·	9955	9956·	
990	9956	9957·	9957	9958	9958·	9959	9959·	9959	9960·	9960	
991	9961	9961·	9962	9962·	9962	9963·	9963	9964·	9964	9965	
992	9965·	9966	9966·	9966	9967·	9967	9968	9968·	9969	9969·	
993	9969	9970·	9970	9971·	9971	9972	9972·	9973	9973·	9973	
994	9974·	9974	9975	9975·	9976	9976·	9976	9977·	9977	9978·	
995	9978	9979	9979·	9980	9980·	9980	9981·	9981	9982	9982·	
996	9983	9983·	9983	9984·	9984	9985	9985·	9986	9986·	9987	
997	9987·	9987	9988·	9988	9989	9989·	9990	9990·	9990	9991·	
998	9991	9992	9992·	9993	9993·	9993	9994·	9994	9995·	9995	
999	9996	9996·	9997	9997·	9997	9998·	9998	9999	9999·	0000	**.0000**
N	0	1	2	3	4	5	6	7	8	9	

Zehnerlogarithmen von Fakultäten

lg 1! . . . lg 200!

n	lg $n!$	n	lg $n!$	n	lg $n!$	n	lg $n!$
1	0.0000	51	66.1906	101	159.9743	151	264.9359
2	0.3010	52	67.9066	102	161.9829	152	267.1177
3	0.7782	53	69.6309	103	163.9958	153	269.3024
4	1.3802	54	71.3633	104	166.0128	154	271.4899
5	2.0792	55	73.1037	105	168.0340	155	273.6803
6	2.8573	56	74.8519	106	170.0593	156	275.8734
7	3.7024	57	76.6077	107	172.0887	157	278.0693
8	4.6055	58	78.3712	108	174.1221	158	280.2679
9	5.5598	59	80.1420	109	176.1595	159	282.4693
10	6.5598	**60**	81.9202	**110**	178.2009	**160**	284.6735
11	7.6012	61	83.7055	111	180.2462	161	286.8803
12	8.6803	62	85.4979	112	182.2955	162	289.0898
13	9.7943	63	87.2972	113	184.3485	163	291.3020
14	10.9404	64	89.1034	114	186.4054	164	293.5168
15	12.1165	65	90.9163	115	188.4661	165	295.7343
16	13.3206	66	92.7359	116	190.5306	166	297.9544
17	14.5511	67	94.5619	117	192.5988	167	300.1771
18	15.8063	68	96.3945	118	194.6707	168	302.4024
19	17.0851	69	98.2333	119	196.7462	169	304.6303
20	18.3861	**70**	100.0784	**120**	198.8254	**170**	306.8608
21	19.7083	71	101.9297	121	200.9082	171	309.0938
22	21.0508	72	103.7870	122	202.9945	172	311.3293
23	22.4125	73	105.6503	123	205.0844	173	313.5674
24	23.7927	74	107.5196	124	207.1779	174	315.8079
25	25.1906	75	109.3946	125	209.2748	175	318.0509
26	26.6056	76	111.2754	126	211.3751	176	320.2965
27	28.0370	77	113.1619	127	213.4790	177	322.5444
28	29.4841	78	115.0540	128	215.5862	178	324.7948
29	30.9465	79	116.9516	129	217.6967	179	327.0477
30	32.4237	**80**	118.8547	**130**	219.8107	**180**	329.3030
31	33.9150	81	120.7632	131	221.9280	181	331.5606
32	35.4202	82	122.6770	132	224.0485	182	333.8207
33	36.9387	83	124.5961	133	226.1724	183	336.0832
34	38.4702	84	126.5204	134	228.2995	184	338.3480
35	40.0142	85	128.4498	135	230.4298	185	340.6152
36	41.5705	86	130.3843	136	232.5634	186	342.8847
37	43.1387	87	132.3238	137	234.7001	187	345.1565
38	44.7185	88	134.2683	138	236.8400	188	347.4307
39	46.3096	89	136.2177	139	238.9830	189	349.7071
40	47.9116	**90**	138.1719	**140**	241.1291	**190**	351.9859
41	49.5244	91	140.1310	141	243.2783	191	354.2669
42	51.1477	92	142.0948	142	245.4306	192	356.5502
43	52.7811	93	144.0632	143	247.5860	193	358.8358
44	54.4246	94	146.0364	144	249.7443	194	361.1236
45	56.0778	95	148.0141	145	251.9057	195	363.4136
46	57.7406	96	149.9964	146	254.0700	196	365.7059
47	59.4127	97	151.9831	147	256.2374	197	368.0003
48	61.0939	98	153.9744	148	258.4076	198	370.2970
49	62.7841	99	155.9700	149	260.5808	199	372.5959
50	64.4831	**100**	157.9700	**150**	262.7569	**200**	374.8969

Mit dieser Tafel lassen sich auch Binomialkoeffizienten berechnen: $\binom{n}{k} = \frac{n!}{k!\,(n-k)!}$; *Beispiel:* $x = \binom{81}{35} = \frac{81!}{35! \cdot 46!}$

$\lg x = \lg 81! - \lg 35! - \lg 46! = 120.7632 - 40.0142 - 57.7406 = 23.0084; \; x = 1{,}0195 \cdot 10^{23}$

0°	0′	1′	2′	3′	
	lg sin φ, lg tan φ				
0″	— ∞	6.4637	6.7648	6.9408	**60″**
1″	4.6856	.4709	.7684	.9433	59″
2″	4.9866	.4780	.7719	.9456	58″
3″	5.1627	.4849	.7755	.9480	57″
4″	.2876	.4918	.7790	.9504	56″
5″	5.3845	6.4985	6.7825	6.9527	55″
6″	.4637	.5051	.7859	.9551	54″
7″	.5307	.5116	.7894	.9574	53″
8″	.5887	.5181	.7928	.9597	52″
9″	.6398	.5244	.7962	.9620	51″
10″	5.6856	6.5307	6.7995	6.9643	**50″**
11″	.7270	.5368	.8028	.9666	49″
12″	.7648	.5429	.8061	.9689	48″
13″	.7995	.5489	.8094	.9711	47″
14″	.8317	.5548	.8127	.9734	46″
15″	5.8617	6.5606	6.8159	6.9756	45″
16″	.8897	.5664	.8191	.9778	44″
17″	.9160	.5721	.8223	.9800	43″
18″	.9408	.5777	.8255	.9822	42″
19″	.9643	.5832	.8286	.9844	41″
20″	5.9866	6.5887	6.8317	6.9866	**40″**
21″	6.0078	.5941	.8348	.9888	39″
22″	.0280	.5994	.8379	.9909	38″
23″	.0473	.6047	.8409	.9931	37″
24″	.0658	.6099	.8439	.9952	36″
25″	6.0835	6.6150	6.8469	6.9973	35″
26″	.1005	.6201	.8499	6.9994	34″
27″	.1169	.6251	.8529	7.0015	33″
28″	.1327	.6301	.8558	.0036	32″
29″	.1480	.6350	.8588	.0057	31″
30″	6.1627	6.6398	6.8617	7.0078	**30″**
31″	.1769	.6446	.8646	.0099	29″
32″	.1907	.6494	.8674	.0119	28″
33″	.2041	.6541	.8703	.0140	27″
34″	.2171	.6587	.8731	.0160	26″
35″	6.2296	6.6633	6.8759	7.0180	25″
36″	.2419	.6678	.8787	.0200	24″
37″	.2538	.6723	.8815	.0220	23″
38″	.2654	.6768	.8842	.0240	22″
39″	.2766	.6812	.8870	.0260	21″
40″	6.2876	6.6856	6.8897	7.0280	**20″**
41″	.2984	.6899	.8924	.0300	19″
42″	.3088	.6942	.8951	.0319	18″
43″	.3190	.6984	.8978	.0339	17″
44″	.3290	.7026	.9004	.0358	16″
45″	6.3388	6.7068	6.9031	7.0378	15″
46″	.3483	.7109	.9057	.0397	14″
47″	.3577	.7150	.9083	.0416	13″
48″	.3668	.7190	.9109	.0435	12″
49″	.3758	.7230	.9135	.0454	11″
50″	6.3845	6.7270	6.9160	7.0473	**10″**
51″	.3931	.7309	.9186	.0492	9″
52″	.4016	.7348	.9211	.0511	8″
53″	.4099	.7387	.9236	.0529	7″
54″	.4180	.7425	.9261	.0548	6″
55″	6.4259	6.7463	6.9286	7.0566	5″
56″	.4338	.7500	.9311	.0585	4″
57″	.4414	.7538	.9335	.0603	3″
58″	.4490	.7575	.9360	.0622	2″
59″	.4564	.7611	.9384	.0640	1″
60″	6.4637	6.7648	6.9408	7.0658	**0″**
	lg cos φ, lg cot φ				
	59′	58′	57′	56′	89°

0°	lg sin φ	lg tan φ	lg cot φ	lg cos φ	
0′	— ∞	— ∞	∞	0.0000·	**60′**
1′	6.4637	6.4637	3.5363	.0000	59′
2′	.7648	.7648	.2352	.0000	58′
3′	6.9408	6.9408	3.0592	.0000	57′
4′	7.0658	7.0658	2.9342	.0000	56′
5′	7.1627	7.1627	2.8373	0.0000	55′
6′	.2419	.2419	.7581	.0000	54′
7′	.3088	.3088	.6912	.0000	53′
8′	.3668	.3668	.6332	.0000	52′
9′	.4180	.4180	.5820	.0000	51′
10′	7.4637	7.4637	2.5363	0.0000	**50′**
11′	.5051	.5051	.4949	.0000	49′
12′	.5429	.5429	.4571	.0000	48′
13′	.5777	.5777	.4223	.0000	47′
14′	.6099	.6099	.3901	.0000	46′
15′	7.6398	7.6398	2.3602	0.0000	45′
16′	.6678	.6678	.3322	.0000	44′
17′	.6942	.6942	.3058	.0000	43′
18′	.7190	.7190	.2810	.0000	42′
19′	.7425	.7425	.2575	.0000	41′
20′	7.7648	7.7648	2.2352	0.0000	**40′**
21′	.7859	.7860	.2140	.0000	39′
22′	.8061	.8062	.1938	.0000	38′
23′	.8255	.8255	.1745	.0000	37′
24′	.8439	.8439	.1561	.0000	36′
25′	7.8617	7.8617	2.1383	0.0000	35′
26′	.8787	.8787	.1213	.0000	34′
27′	.8951	.8951	.1049	.0000	33′
28′	.9109	.9109	.0891	.0000	32′
29′	.9261	.9261	.0739	.0000	31′
30′	7.9408	7.9409	2.0591	0.0000	**30′**
31′	.9551	.9551	.0449	.0000	29′
32′	.9689	.9689	.0311	.0000	28′
33′	.9822	.9823	.0177	.0000	27′
34′	7.9952	7.9952	2.0048	.0000	26′
35′	8.0078	8.0078	1.9922	0.0000	25′
36′	.0200	.0200	.9800	.0000	24′
37′	.0319	.0319	.9681	.0000	23′
38′	.0435	.0435	.9565	.0000	22′
39′	.0548	.0548	.9452	.0000	21′
40′	8.0658	8.0658	1.9342	0.0000	**20′**
41′	.0765	.0765	.9235	.0000	19′
42′	.0870	.0870	.9130	.0000	18′
43′	.0972	.0972	.9028	.0000	17′
44′	.1072	.1072	.8928	.0000	16′
45′	8.1169	8.1170	1.8830	0.0000	15′
46′	.1265	.1265	.8735	.0000	14′
47′	.1358	.1359	.8641	.0000	13′
48′	.1450	.1450	.8550	.0000	12′
49′	.1539	.1540	.8460	.0000	11′
50′	8.1627	8.1627	1.8373	0.0000	**10′**
51′	.1713	.1713	.8287	.0000	9′
52′	.1797	.1798	.8202	0.0000	8′
53′	.1880	.1880	.8120	9.9999	7′
54′	.1961	.1962	.8038	.9999	6′
55′	8.2041	8.2041	1.7959	9.9999	5′
56′	.2119	.2120	.7880	.9999	4′
57′	.2196	.2196	.7804	.9999	3′
58′	.2271	.2272	.7728	.9999	2′
59′	.2346	.2346	.7654	.9999	1′
60′	8.2419	8.2419	1.7581	9.9999	**0′**
	lg cos φ	lg cot φ	lg tan φ	lg sin φ	89°

Beispiel: lg sin 0°2′6″ = 6.7859—10; Kennzahl bedeutet: zum Tafelwert —10 addieren

1°

	lg sin φ	lg tan φ	lg cot φ	lg cos φ	
0′	8.2419	8.2419	1.7581	9.9999	60′
1′	.2490	.2491	.7509	.9999	59′
2′	.2561	.2562	.7438	.9999	58′
3′	.2630	.2631	.7369	.9999	57′
4′	.2699	.2700	.7300	.9999	56′
5′	8.2766	8.2767	1.7233	9.9999	55′
6′	.2832	.2833	.7167	.9999	54′
7′	.2898	.2899	.7101	.9999	53′
8′	.2962	.2963	.7037	.9999	52′
9′	.3025	.3026	.6974	.9999	51′
10′	8.3088	8.3089	1.6911	9.9999	50′
11′	.3150	.3150	.6850	.9999	49′
12′	.3210	.3211	.6789	.9999	48′
13′	.3270	.3271	.6729	.9999	47′
14′	.3329	.3330	.6670	.9999·	46′
15′	8.3388	8.3389	1.6611	9.9999	45′
16′	.3445	.3446	.6554	.9999	44′
17′	.3502	.3503	.6497	.9999	43′
18′	.3558	.3559	.6441	.9999	42′
19′	.3613	.3614	.6386	.9999	41′
20′	8.3668	8.3669	1.6331	9.9999	40′
21′	.3722	.3723	.6277	.9999	39′
22′	.3775	.3776	.6224	.9999	38′
23′	.3828	.3829	.6171	.9999	37′
24′	.3880	.3881	.6119	.9999	36′
25′	8.3931	8.3932	1.6068	9.9999	35′
26′	.3982	.3983	.6017	.9999	34′
27′	.4032	.4033	.5967	.9999	33′
28′	.4082	.4083	.5917	.9999	32′
29′	.4131	.4132	.5868	.9999	31′
30′	8.4179	8.4181	1.5819	9.9999	30′
31′	.4227	.4229	.5771	.9998	29′
32′	.4275	.4276	.5724	.9998	28′
33′	.4322	.4323	.5677	.9998	27′
34′	.4368	.4370	.5630	.9998	26′
35′	8.4414	8.4416	1.5584	9.9998	25′
36′	.4459	.4461	.5539	.9998	24′
37′	.4504	.4506	.5494	.9998	23′
38′	.4549	.4551	.5449	.9998	22′
39′	.4593	.4595	.5405	.9998	21′
40′	8.4637	8.4638	1.5362	9.9998	20′
41′	.4680	.4682	.5318	.9998	19′
42′	.4723	.4725	.5275	.9998	18′
43′	.4765	.4767	.5233	.9998	17′
44′	.4807	.4809	.5191	.9998·	16′
45′	8.4848	8.4851	1.5149	9.9998	15′
46′	.4890	.4892	.5108	.9998	14′
47′	.4930	.4933	.5067	.9998	13′
48′	.4971	.4973	.5027	.9998	12′
49′	.5011	.5013	.4987	.9998	11′
50′	8.5050	8.5053	1.4947	9.9998	10′
51′	.5090	.5092	.4908	.9998	9′
52′	.5129	.5131	.4869	.9998	8′
53′	.5167	.5170	.4830	.9998	7′
54′	.5206	.5208	.4792	.9998	6′
55′	8.5243	8.5246	1.4754	9.9998	5′
56′	.5281	.5283	.4717	.9998	4′
57′	.5318	.5321	.4679	.9997	3′
58′	.5355	.5358	.4642	.9997	2′
59′	.5392	.5394	.4606	.9997	1′
60′	8.5428	8.5431	1.4569	9.9997	0′
	lg cos φ	lg cot φ	lg tan φ	lg sin φ	88°

2°

	lg sin φ	lg tan φ	lg cot φ	lg cos φ	
0′	8.5428	8.5431	1.4569	9.9997	60′
1′	.5464	.5467	.4533	.9997	59′
2′	.5500	.5503	.4497	.9997	58′
3′	.5535	.5538	.4462	.9997	57′
4′	.5571	.5573	.4427	.9997	56′
5′	8.5605	8.5608	1.4392	9.9997	55′
6′	.5640	.5643	.4357	.9997	54′
7′	.5674	.5677	.4323	.9997	53′
8′	.5708	.5711	.4289	.9997·	52′
9′	.5742	.5745	.4255	.9997	51′
10′	8.5776	8.5779	1.4221	9.9997	50′
11′	.5809	.5812	.4188	.9997	49′
12′	.5842	.5845	.4155	.9997	48′
13′	.5875	.5878	.4122	.9997	47′
14′	.5907	.5911	.4089	.9997	46′
15′	8.5939	8.5943	1.4057	9.9997	45′
16′	.5972	.5975	.4025	.9997	44′
17′	.6003	.6007	.3993	.9997	43′
18′	.6035	.6038	.3962	.9996	42′
19′	.6066	.6070	.3930	.9996	41′
20′	8.6097	8.6101	1.3899	9.9996	40′
21′	.6128	.6132	.3868	.9996	39′
22′	.6159	.6163	.3837	.9996	38′
23′	.6189	.6193	.3807	.9996	37′
24′	.6220	.6223	.3777	.9996	36′
25′	8.6250	8.6254	1.3746	9.9996	35′
26′	.6279	.6283	.3717	.9996	34′
27′	.6309	.6313	.3687	.9996	33′
28′	.6339	.6343	.3657	.9996·	32′
29′	.6368	.6372	.3628	.9996	31′
30′	8.6397	8.6401	1.3599	9.9996	30′
31′	.6426	.6430	.3570	.9996	29′
32′	.6454	.6459	.3541	.9996	28′
33′	.6483	.6487	.3513	.9996	27′
34′	.6511	.6515	.3485	.9996	26′
35′	8.6539	8.6544	1.3456	9.9996	25′
36′	.6567	.6571	.3429	.9996	24′
37′	.6595	.6599	.3401	.9995	23′
38′	.6622	.6627	.3373	.9995	22′
39′	.6650	.6654	.3346	.9995	21′
40′	8.6677	8.6682	1.3318	9.9995	20′
41′	.6704	.6709	.3291	.9995	19′
42′	.6731	.6736	.3264	.9995	18′
43′	.6758	.6762	.3238	.9995	17′
44′	.6784	.6789	.3211	.9995	16′
45′	8.6810	8.6815	1.3185	9.9995·	15′
46′	.6837	.6842	.3158	.9995	14′
47′	.6863	.6868	.3132	.9995	13′
48′	.6889	.6894	.3106	.9995	12′
49′	.6914	.6920	.3080	.9995	11′
50′	8.6940	8.6945	1.3055	9.9995	10′
51′	.6965	.6971	.3029	.9995	9′
52′	.6991	.6996	.3004	.9995	8′
53′	.7016	.7021	.2979	.9994	7′
54′	.7041	.7046	.2954	.9994	6′
55′	8.7066	8.7071	1.2929	9.9994	5′
56′	.7090	.7096	.2904	.9994	4′
57′	.7115	.7121	.2879	.9994	3′
58′	.7140	.7145	.2855	.9994	2′
59′	.7164	.7170	.2830	.9994	1′
60′	8.7188	8.7194	1.2806	9.9994	0′
	lg cos φ	lg cot φ	lg tan φ	lg sin φ	87°

Beispiele: lg tan 1°9′ = 8.3026 — 10   lg tan 87°21′ = 1.3346

3°

	lg sin φ	lg tan φ	lg cot φ	lg cos φ	
0′	8.7188	8.7194	1.2806	9.9994	**60′**
1′	.7212	.7218	.2782	.9994·	59′
2′	.7236	.7242	.2758	.9994	58′
3′	.7260	.7266	.2734	.9994	57′
4′	.7283	.7290	.2710	.9994	56′
5′	8.7307	8.7313	1.2687	9.9994	55′
6′	.7330	.7337	.2663	.9994	54′
7′	.7354	.7360	.2640	.9994	53′
8′	.7377	.7383	.2617	.9994	52′
9′	.7400	.7406	.2594	.9993	51′
10′	8.7423	8.7429	1.2571	9.9993	**50′**
11′	.7445	.7452	.2548	.9993	49′
12′	.7468	.7475	.2525	.9993	48′
13′	.7491	.7497	.2503	.9993	47′
14′	.7513	.7520	.2480	.9993	46′
15′	8.7535	8.7542	1.2458	9.9993·	45′
16′	.7557	.7565	.2435	.9993	44′
17′	.7580	.7587	.2413	.9993	43′
18′	.7602	.7609	.2391	.9993	42′
19′	.7623	.7631	.2369	.9993	41′
20′	8.7645	8.7652	1.2348	9.9993	**40′**
21′	.7667	.7674	.2326	.9993	39′
22′	.7688	.7696	.2304	.9992	38′
23′	.7710	.7717	.2283	.9992	37′
24′	.7731	.7739	.2261	.9992	36′
25′	8.7752	8.7760	1.2240	9.9992	35′
26′	.7773	.7781	.2219	.9992	34′
27′	.7794	.7802	.2198	.9992	33′
28′	.7815	.7823	.2177	.9992	32′
29′	.7836	.7844	.2156	.9992·	31′
30′	8.7857	8.7865	1.2135	9.9992	**30′**
31′	.7877	.7886	.2114	.9992	29′
32′	.7898	.7906	.2094	.9992	28′
33′	.7918	.7927	.2073	.9992	27′
34′	.7939	.7947	.2053	.9992	26′
35′	8.7959	8.7967	1.2033	9.9992	25′
36′	.7979	.7988	.2012	.9991	24′
37′	.7999	.8008	.1992	.9991	23′
38′	.8019	.8028	.1972	.9991	22′
39′	.8039	.8048	.1952	.9991	21′
40′	8.8059	8.8067	1.1933	9.9991	**20′**
41′	.8078	.8087	.1913	.9991·	19′
42′	.8098	.8107	.1893	.9991	18′
43′	.8117	.8126	.1874	.9991	17′
44′	.8137	.8146	.1854	.9991	16′
45′	8.8156	8.8165	1.1835	9.9991	15′
46′	.8175	.8185	.1815	.9991	14′
47′	.8194	.8204	.1796	.9991	13′
48′	.8213	.8223	.1777	.9990	12′
49′	.8232	.8242	.1758	.9990	11′
50′	8.8251	8.8261	1.1739	9.9990	**10′**
51′	.8270	.8280	.1720	.9990	9′
52′	.8289	.8299	.1701	.9990	8′
53′	.8307	.8317	.1683	.9990·	7′
54′	.8326	.8336	.1664	.9990	6′
55′	8.8345	8.8355	1.1645	9.9990	5′
56′	.8363	.8373	.1627	.9990	4′
57′	.8381	.8392	.1608	.9990	3′
58′	.8400	.8410	.1590	.9990	2′
59′	.8418	.8428	.1572	.9989	1′
60′	8.8436	8.8446	1.1554	9.9989	**0′**
	lg cos φ	lg cot φ	lg tan φ	lg sin φ	**86°**

4°

	lg sin φ	lg tan φ	lg cot φ	lg cos φ	
0′	8.8436	8.8446	1.1554	9.9989	**60′**
1′	.8454	.8465	.1535	.9989	59′
2′	.8472	.8483	.1517	.9989	58′
3′	.8490	.8501	.1499	.9989	57′
4′	.8508	.8518	.1482	.9989	56′
5′	8.8525	8.8536	1.1464	9.9989·	55′
6′	.8543	.8554	.1446	.9989	54′
7′	.8560	.8572	.1428	.9989	53′
8′	.8578	.8589	.1411	.9989	52′
9′	.8595	.8607	.1393	.9989	51′
10′	8.8613	8.8624	1.1376	9.9989	**50′**
11′	.8630	.8642	.1358	.9988	49′
12′	.8647	.8659	.1341	.9988	48′
13′	.8665	.8676	.1324	.9988	47′
14′	.8682	.8694	.1306	.9988	46′
15′	8.8699	8.8711	1.1289	9.9988·	45′
16′	.8716	.8728	.1272	.9988	44′
17′	.8733	.8745	.1255	.9988	43′
18′	.8749	.8762	.1238	.9988	42′
19′	.8766	.8778	.1222	.9988	41′
20′	8.8783	8.8795	1.1205	9.9988	**40′**
21′	.8799	.8812	.1188	.9987	39′
22′	.8816	.8829	.1171	.9987	38′
23′	.8833	.8845	.1155	.9987	37′
24′	.8849	.8862	.1138	.9987	36′
25′	8.8865	8.8878	1.1122	9.9987	35′
26′	.8882	.8895	.1105	.9987·	34′
27′	.8898	.8911	.1089	,9987	33′
28′	.8914	.8927	.1073	.9987	32′
29′	.8930	.8944	.1056	.9987	31′
30′	8.8946	8.8960	1.1040	9.9987	**30′**
31′	.8962	.8976	.1024	.9986	29′
32′	.8978	.8992	.1008	.9986	28′
33′	.8994	.9008	.0992	.9986	27′
34′	.9010	.9024	.0976	.9986	26′
35′	8.9026	8.9040	1.0960	9.9986	25′
36′	.9042	.9056	.0944	.9986·	24′
37′	.9057	.9071	.0929	.9986	23′
38′	.9073	.9087	.0913	.9986	22′
39′	.9089	.9103	.0897	.9986	21′
40′	8.9104	8.9118	1.0882	9.9986	**20′**
41′	.9119	.9134	.0866	.9985	19′
42′	.9135	.9150	.0850	.9985	18′
43′	.9150	.9165	.0835	.9985	17′
44′	.9166	.9180	.0820	.9985	16′
45′	8.9181	8.9196	1.0804	9.9985	15′
46′	.9196	.9211	.0789	.9985·	14′
47′	.9211	.9226	.0774	.9985	13′
48′	.9226	.9241	.0759	.9985	12′
49′	.9241	.9256	.0744	.9985	11′
50′	8.9256	8.9272	1.0728	9.9985	**10′**
51′	.9271	.9287	.0713	.9984	9′
52′	.9286	.9302	.0698	.9984	8′
53′	.9301	.9316	.0684	.9984	7′
54′	.9315	.9331	.0669	.9984	6′
55′	8.9330	8.9346	1.0654	9.9984·	5′
56′	.9345	.9361	.0639	.9984	4′
57′	.9359	.9376	.0624	.9984	3′
58′	.9374	.9390	.0610	.9984	2′
59′	.9388	.9405	.0595	.9984	1′
60′	8.9403	8.9420	1.0580	9.9983	**0′**
	lg cos φ	lg cot φ	lg tan φ	lg sin φ	**85°**

5°

5°	lg sin φ	lg tan φ	lg cot φ	lg cos φ	
0′	8.9403	8.9420	1.0580	9.9983	60′
1′	.9417	.9434	.0566	.9983	59′
2′	.9432	.9449	.0551	.9983	58′
3′	.9446	.9463	.0537	.9983	57′
4′	.9460	.9477	.0523	.9983·	56′
5′	8.9475	8.9492	1.0508	9.9983	55′
6′	.9489	.9506	.0494	.9983	54′
7′	.9503	.9520	.0480	.9983	53′
8′	.9517	.9534	.0466	.9983	52′
9′	.9531	.9549	.0451	.9982	51′
10′	8.9545	8.9563	1.0437	9.9982	50′
11′	.9559	.9577	.0423	.9982	49′
12′	.9573	.9591	.0409	.9982	48′
13′	.9587	.9605	.0395	.9982·	47′
14′	.9601	.9619	.0381	.9982	46′
15′	8.9614	8.9633	1.0367	9.9982	45′
16′	.9628	.9646	.0354	.9982	44′
17′	.9642	.9660	.0340	.9982	43′
18′	.9655	.9674	.0326	.9981	42′
19′	.9669	.9688	.0312	.9981	41′
20′	8.9682	8.9701	1.0299	9.9981	40′
21′	.9696	.9715	.0285	.9981·	39′
22′	.9709	.9729	.0271	.9981	38′
23′	.9723	.9742	.0258	.9981	37′
24′	.9736	.9756	.0244	.9981	36′
25′	8.9750	8.9769	1.0231	9.9981	35′
26′	.9763	.9782	.0218	.9980	34′
27′	.9776	.9796	.0204	.9980	33′
28′	.9789	.9809	.0191	.9980	32′
29′	.9803	.9823	.0177	.9980	31′
30′	8.9816	8.9836	1.0164	9.9980·	30′
31′	.9829	.9849	.0151	.9980	29′
32′	.9842	.9862	.0138	.9980	28′
33′	.9855	.9875	.0125	.9980	27′
34′	.9868	.9888	.0112	.9979	26′
35′	8.9881	8.9901	1.0099	9.9979	25′
36′	.9894	.9915	.0085	.9979	24′
37′	.9907	.9928	.0072	.9979	23′
38′	.9919	.9940	.0060	.9979·	22′
39′	.9932	.9953	.0047	.9979	21′
40′	8.9945	8.9966	1.0034	9.9979	20′
41′	.9958	.9979	.0021	.9979	19′
42′	.9970	8.9992	1.0008	.9978	18′
43′	.9983	9.0005	0.9995	.9978	17′
44′	8.9996	.0017	.9983	.9978	16′
45′	9.0008	9.0030	0.9970	9.9978	15′
46′	.0021	.0043	.9957	.9978·	14′
47′	.0033	.0055	.9945	.9978	13′
48′	.0046	.0068	.9932	.9978	12′
49′	.0058	.0080	.9920	.9978	11′
50′	9.0070	9.0093	0.9907	9.9977	10′
51′	.0083	.0105	.9895	.9977	9′
52′	.0095	.0118	.9882	.9977	8′
53′	.0107	.0130	.9870	.9977·	7′
54′	.0120	.0143	.9857	.9977	6′
55′	9.0132	9.0155	0.9845	9.9977	5′
56′	.0144	.0167	.9833	.9977	4′
57′	.0156	.0180	.9820	.9977	3′
58′	.0168	.0192	.9808	.9976	2′
59′	.0180	.0204	.9796	.9976	1′
60′	9.0192	9.0216	0.9784	9.9976	0′
	lg cos φ	lg cot φ	lg tan φ	lg sin φ	84°

6°

6°	lg sin φ	lg tan φ	lg cot φ	lg cos φ	
0′	9.0192	9.0216	0.9784	9.9976	60′
1′	.0204	.0228	.9772	.9976·	59′
2′	.0216	.0240	.9760	.9976	58′
3′	.0228	.0253	.9747	.9976	57′
4′	.0240	.0265	.7935	.9976	56′
5′	9.0252	9.0277	0.9723	9.9975	55′
6′	.0264	.0289	.9711	.9975	54′
7′	.0276	.0300	.9700	.9975	53′
8′	.0287	.0312	.9688	.9975	52′
9′	.0299	.0324	.9676	.9975·	51′
10′	9.0311	9.0336	0.9664	9.9975	50′
11′	.0323	.0348	.9652	.9975	49′
12′	.0334	.0360	.9640	.9975	48′
13′	.0346	.0371	.9629	.9974	47′
14′	.0357	.0383	.9617	.9974	46′
15′	9.0369	9.0395	0.9605	9.9974	45′
16′	.0380	.0407	.9593	.9974·	44′
17′	.0392	.0418	.9582	.9974	43′
18′	.0403	.0430	.9570	.9974	42′
19′	.0415	.0441	.9559	.9974	41′
20′	9.0426	9.0453	0.9547	9.9973	40′
21′	.0438	.0464	.9536	.9973	39′
22′	.0449	.0476	.9524	.9973	38′
23′	.0460	.0487	.9513	.9973·	37′
24′	.0472	.0499	.9501	.9973	36′
25′	9.0483	9.0510	0.9490	9.9973	35′
26′	.0494	.0521	.9479	.9973	34′
27′	.0505	.0533	.9467	.9972	33′
28′	.0516	.0544	.9456	.9972	32′
29′	.0527	.0555	.9445	.9972	31′
30′	9.0539	9.0567	0.9433	9.9972·	30′
31′	.0550	.0578	.9422	.9972	29′
32′	.0561	.0589	.9411	.9972	28′
33′	.0572	.0600	.9400	.9972	27′
34′	.0583	.0611	.9389	.9971	26′
35′	9.0594	9.0622	0.9378	9.9971	25′
36′	.0605	.0633	.9367	.9971	24′
37′	.0616	.0645	.9355	.9971·	23′
38′	.0626	.0656	.9344	.9971	22′
39′	.0637	.0667	.9333	.9971	21′
40′	9.0648	9.0678	0.9322	9.9971	20′
41′	.0659	.0688	.9312	.9970	19′
42′	.0670	.0699	.9301	.9970	18′
43′	.0680	.0710	.9290	.9970	17′
44′	.0691	.0721	.9279	.9970·	16′
45′	9.0702	9.0732	0.9268	9.9970	15′
46′	.0712	.0743	.9257	.9970	14′
47′	.0723	.0754	.9246	.9969	13′
48′	.0734	.0764	.9236	.9969	12′
49′	.0744	.0775	.9225	.9969	11′
50′	9.0755	9.0786	0.9214	9.9969·	10′
51′	.0765	.0796	.9204	.9969	9′
52′	.0776	.0807	.9193	.9969	8′
53′	.0786	.0818	.9182	.9969	7′
54′	.0797	.0828	.9172	.9968	6′
55′	9.0807	9.0839	0.9161	9.9968	5′
56′	.0818	.0849	.9151	.9968	4′
57′	.0828	.0860	.9140	.9968·	3′
58′	.0838	.0871	.9129	.9968	2′
59′	.0849	.0881	.9119	.9968	1′
60′	9.0859	9.0891	0.9109	9.9968	0′
	lg cos φ	lg cot φ	lg tan φ	lg sin φ	83°

7°	lg sin φ	lg tan φ	lg cot φ	lg cos φ	
0′	9.0859	9.0891	0.9109	9.9968	60′
1′	.0869	.0902	.9098	.9967	59′
2′	.0879	.0912	.9088	.9967	58′
3′	.0890	.0923	.9077	.9967·	57′
4′	.0900	.0933	.9067	.9967	56′
5′	9.0910	9.0943	0.9057	9.9967	55′
6′	.0920	.0954	.9046	.9967	54′
7′	.0930	.0964	.9036	.9966	53′
8′	.0940	.0974	.9026	.9966	52′
9′	.0951	.0984	.9016	.9966	51′
10′	9.0961	9.0995	0.9005	9.9966·	50′
11′	.0971	.1005	.8995	.9966	49′
12′	.0981	.1015	.8985	.9966	48′
13′	.0991	.1025	.8975	.9965	47′
14′	.1001	.1035	.8965	.9965	46′
15′	9.1011	9.1045	0.8955	9.9965	45′
16′	.1020	.1055	.8945	.9965·	44′
17′	.1030	.1066	.8934	.9965	43′
18′	.1040	.1076	.8924	.9965	42′
19′	.1050	.1086	.8914	.9964	41′
20′	9.1060	9.1096	0.8904	9.9964	40′
21′	.1070	.1106	.8894	.9964	39′
22′	.1080	.1116	.8884	.9964·	38′
23′	.1089	.1125	.8875	.9964	37′
24′	.1099	.1135	.8865	.9964	36′
25′	9.1109	9.1145	0.8855	9.9964	35′
26′	.1118	.1155	.8845	.9963	34′
27′	.1128	.1165	.8835	.9963	33′
28′	.1138	.1175	.8825	.9963·	32′
29′	.1147	.1185	.8815	.9963	31′
30′	9.1157	9.1194	0.8806	9.9963	30′
31′	.1167	.1204	.8796	.9963	29′
32′	.1176	.1214	.8786	.9962	28′
33′	.1186	.1223	.8777	.9962	27′
34′	.1195	.1233	.8767	.9962·	26′
35′	9.1205	9.1243	0.8757	9.9962	25′
36′	.1214	.1252	.8748	.9962	24′
37′	.1224	.1262	.8738	.9962	23′
38′	.1233	.1272	.8728	.9961	22′
39′	.1242	.1281	.8719	.9961	21′
40′	9.1252	9.1291	0.8709	9.9961·	20′
41′	.1261	.1300	.8700	.9961	19′
42′	.1271	.1310	.8690	.9961	18′
43′	.1280	.1319	.8681	.9960	17′
44′	.1289	.1329	.8671	.9960	16′
45′	9.1299	9.1338	0.8662	9.9960	15′
46′	.1308	.1348	.8652	.9960·	14′
47′	.1317	.1357	.8643	.9960	13′
48′	.1326	.1367	.8633	.9960	12′
49′	.1336	.1376	.8624	.9959	11′
50′	9.1345	9.1385	0.8615	9.9959	10′
51′	.1354	.1395	.8605	.9959	9′
52′	.1363	.1404	.8596	.9959·	8′
53′	.1372	.1413	.8587	.9959	7′
54′	.1381	.1423	.8577	.9959	6′
55′	9.1390	9.1432	0.8568	9.9958	5′
56′	.1399	.1441	.8559	.9958	4′
57′	.1409	.1450	.8550	.9958·	3′
58′	.1418	.1460	.8540	.9958	2′
59′	.1427	.1469	.8531	.9958	1′
60′	9.1436	9.1478	0.8522	9.9958	0′
	lg cos φ	lg cot φ	lg tan φ	lg sin φ	82°

8°	lg sin φ	lg tan φ	lg cot φ	lg cos φ	
0′	9.1436	9.1478	0.8522	9.9958	60′
1′	.1445	.1487	.8513	.9957	59′
2′	.1453	.1496	.8504	.9957	58′
3′	.1462	.1505	.8495	.9957·	57′
4′	.1471	.1515	.8485	.9957	56′
5′	9.1480	9.1524	0.8476	9.9957	55′
6′	.1489	.1533	.8467	.9956	54′
7′	.1498	.1542	.8458	.9956	53′
8′	.1507	.1551	.8449	.9956	52′
9′	.1516	.1560	.8440	.9956·	51′
10′	9.1525	9.1569	0.8431	9.9956	50′
11′	.1533	.1578	.8422	.9956	49′
12′	.1542	.1587	.8413	.9955	48′
13′	.1551	.1596	.8404	.9955	47′
14′	.1560	.1605	.8395	.9955·	46′
15′	9.1568	9.1613	0.8387	9.9955	45′
16′	.1577	.1622	.8378	.9955	44′
17′	.1586	.1631	.8369	.9954	43′
18′	.1594	.1640	.8360	.9954	42′
19′	.1603	.1649	.8351	.9954·	41′
20′	9.1612	9.1658	0.8342	9.9954	40′
21′	.1620	.1667	.8333	.9954	39′
22′	.1629	.1675	.8325	.9954	38′
23′	.1637	.1684	.8316	.9953	37′
24′	.1646	.1693	.8307	.9953	36′
25′	9.1655	9.1702	0.8298	9.9953·	35′
26′	.1663	.1710	.8290	.9953	34′
27′	.1672	.1719	.8281	.9953	33′
28′	.1680	.1728	.8272	.9952	32′
29′	.1689	.1736	.8264	.9952	31′
30′	9.1697	9.1745	0.8255	9.9952·	30′
31′	.1705	.1754	.8246	.9952	29′
32′	.1714	.1762	.8238	.9952	28′
33′	.1722	.1771	.8229	.9951	27′
34′	.1731	.1779	.8221	.9951	26′
35′	9.1739	9.1788	0.8212	9.9951·	25′
36′	.1747	.1797	.8203	.9951	24′
37′	.1756	.1805	.8195	.9951	23′
38′	.1764	.1814	.8186	.9951	22′
39′	.1772	.1822	.8178	.9950	21′
40′	9.1781	9.1831	0.8169	9.9950	20′
41′	.1789	.1839	.8161	.9950·	19′
42′	.1797	.1848	.8152	.9950	18′
43′	.1806	.1856	.8144	.9950	17′
44′	.1814	.1864	.8136	.9949	16′
45′	9.1822	9.1873	0.8127	9.9949	15′
46′	.1830	.1881	.8119	.9949·	14′
47′	.1838	.1890	.8110	.9949	13′
48′	.1847	.1898	.8102	.9949	12′
49′	.1855	.1906	.8094	.9948	11′
50′	9.1863	9.1915	0.8085	9.9948	10′
51′	.1871	.1923	.8077	.9948·	9′
52′	.1879	.1931	.8069	.9948	8′
53′	.1887	.1940	.8060	.9948	7′
54′	.1895	.1948	.8052	.9947	6′
55′	9.1903	9.1956	0.8044	9.9947	5′
56′	.1911	.1964	.8036	.9947·	4′
57′	.1919	.1973	.8027	.9947	3′
58′	.1927	.1981	.8019	.9947	2′
59′	.1935	.1989	.8011	.9946	1′
60′	9.1943	9.1997	0.8003	9.9946	0′
	lg cos φ	lg cot φ	lg tan φ	lg sin φ	81°

9°	lg sin φ	lg tan φ	lg cot φ	lg cos φ	
0′	9.1943	9.1997	0.8003	9.9946	60′
1′	.1951	.2005	.7995	.9946·	59′
2′	.1959	.2013	.7987	.9946	58′
3′	.1967	.2022	.7978	.9946	57′
4′	.1975	.2030	.7970	.9945	56′
5′	9.1983	9.2038	0.7962	9.9945	55′
6′	.1991	.2046	.7954	.9945·	54′
7′	.1999	.2054	.7946	.9945	53′
8′	.2007	.2062	.7938	.9945	52′
9′	.2015	.2070	.7930	.9944	51′
10′	9.2022	9.2078	0.7922	9.9944	50′
11′	.2030	.2086	.7914	.9944·	49′
12′	.2038	.2094	.7906	.9944	48′
13′	.2046	.2102	.7898	.9944	47′
14′	.2054	.2110	.7890	.9943	46′
15′	9.2061	9.2118	0.7882	9.9943	45′
16′	.2069	.2126	.7874	.9943·	44′
17′	.2077	.2134	.7866	.9943	43′
18′	.2085	.2142	.7858	.9943	42′
19′	.2092	.2150	.7850	.9942	41′
20′	9.2100	9.2158	0.7842	9.9942	40′
21′	.2108	.2166	.7834	.9942·	39′
22′	.2115	.2174	.7826	.9942	38′
23′	.2123	.2181	.7819	.9941	37′
24′	.2131	.2189	.7811	.9941	36′
25′	9.2138	9.2197	0.7803	9.9941·	35′
26′	.2146	.2205	.7795	.9941	34′
27′	.2153	.2213	.7787	.9941	33′
28′	.2161	.2221	.7779	.9940	32′
29′	.2169	.2228	.7772	.9940	31′
30′	9.2176	9.2236	0.7764	9.9940·	30′
31′	.2184	.2244	.7756	.9940	29′
32′	.2191	.2252	.7748	.9940	28′
33′	.2199	.2259	.7741	.9939	27′
34′	.2206	.2267	.7733	.9939	26′
35′	9.2214	9.2275	0.7725	9.9939·	25′
36′	.2221	.2282	.7718	.9939	24′
37′	.2229	.2290	.7710	.9939	23′
38′	.2236	.2298	.7702	.9938	22′
39′	.2243	.2305	.7695	.9938	21′
40′	9.2251	9.2313	0.7687	9.9938·	20′
41′	.2258	.2321	.7679	.9938	19′
42′	.2266	.2328	.7672	.9937	18′
43′	.2273	.2336	.7664	.9937	17′
44′	.2280	.2343	.7657	.9937·	16′
45′	9.2288	9.2351	0.7649	9.9937	15′
46′	.2295	.2359	.7641	.9937	14′
47′	.2303	.2366	.7634	.9936	13′
48′	.2310	.2374	.7626	.9936	12′
49′	.2317	.2381	.7619	.9936·	11′
50′	9.2324	9.2389	0.7611	9.9936	10′
51′	.2332	.2396	.7604	.9936	9′
52′	.2339	.2404	.7596	.9935	8′
53′	.2346	.2411	.7589	.9935·	7′
54′	.2353	.2419	.7581	.9935	6′
55′	9.2361	9.2426	0.7574	9.9935	5′
56′	.2368	.2434	.7566	.9934	4′
57′	.2375	.2441	.7559	.9934	3′
58′	.2382	.2448	.7552	.9934·	2′
59′	.2390	.2456	.7544	.9934	1′
60′	9.2397	9.2463	0.7537	9.9934	0′
	lg cos φ	lg cot φ	lg tan φ	lg sin φ	80°

10°	lg sin φ	lg tan φ	lg cot φ	lg cos φ	
0′	9.2397	9.2463	0.7537	9.9934	60′
1′	.2404	.2471	.7529	.9933	59′
2′	.2411	.2478	.7522	.9933·	58′
3′	.2418	.2485	.7515	.9933	57′
4′	.2425	.2493	.7507	.9933	56′
5′	9.2432	9.2500	0.7500	9.9932	55′
6′	.2439	.2507	.7493	.9932	54′
7′	.2447	.2515	.7485	.9932·	53′
8′	.2454	.2522	.7478	.9932	52′
9′	.2461	.2529	.7471	.9931	51′
10′	9.2468	9.2536	0.7464	9.9931	50′
11′	.2475	.2544	.7456	.9931·	49′
12′	.2482	.2551	.7449	.9931	48′
13′	.2489	.2558	.7442	.9931	47′
14′	.2496	.2565	.7435	.9930	46′
15′	9.2503	9.2573	0.7427	9.9930	45′
16′	.2510	.2580	.7420	.9930·	44′
17′	.2517	.2587	.7413	.9930	43′
18′	.2524	.2594	.7406	.9929	42′
19′	.2531	.2601	.7399	.9929	41′
20′	9.2538	9.2609	0.7391	9.9929·	40′
21′	.2545	.2616	.7384	.9929	39′
22′	.2551	.2623	.7377	.9929	38′
23′	.2558	.2630	.7370	.9928	37′
24′	.2565	.2637	.7363	.9928·	36′
25′	9.2572	9.2644	0.7356	9.9928	35′
26′	.2579	.2651	.7349	.9928	34′
27′	.2586	.2658	.7342	.9927	33′
28′	.2593	.2666	.7334	.9927	32′
29′	.2600	.2673	.7327	.9927·	31′
30′	9.2606	9.2680	0.7320	9.9927	30′
31′	.2613	.2687	.7313	.9926	29′
32′	.2620	.2694	.7306	.9926	28′
33′	.2627	.2701	.7299	.9926·	27′
34′	.2634	.2708	.7292	.9926	26′
35′	9.2640	9.2715	0.7285	9.9925	25′
36′	.2647	.2722	.7278	.9925	24′
37′	.2654	.2729	.7271	.9925·	23′
38′	.2661	.2736	.7264	.9925	22′
39′	.2667	.2743	.7257	.9925	21′
40′	9.2674	9.2750	0.7250	9.9924	20′
41′	.2681	.2757	.7243	.9924·	19′
42′	.2687	.2764	.7236	.9924	18′
43′	.2694	.2770	.7230	.9924	17′
44′	.2701	.2777	.7223	.9923	16′
45′	9.2707	9.2784	0.7216	9.9923·	15′
46′	.2714	.2791	.7209	.9923	14′
47′	.2721	.2798	.7202	.9923	13′
48′	.2727	.2805	.7195	.9922	12′
49′	.2734	.2812	.7188	.9922	11′
50′	9.2740	9.2819	0.7181	9.9922·	10′
51′	.2747	.2825	.7175	.9922	9′
52′	.2754	.2832	.7168	.9921	8′
53′	.2760	.2839	.7161	.9921	7′
54′	.2767	.2846	.7154	.9921·	6′
55′	9.2773	9.2853	0.7147	9.9921	5′
56′	.2780	.2859	.7141	.9920	4′
57′	.2786	.2866	.7134	.9920	3′
58′	.2793	.2873	.7127	.9920·	2′
59′	.2799	.2880	.7120	.9920	1′
60′	9.2806	9.2887	0.7113	9.9919	0′
	lg cos φ	lg cot φ	lg tan φ	lg sin φ	79°

11°

	lg sin φ	lg tan φ	lg cot φ	lg cos φ	
0′	9.2806	9.2887	0.7113	9.9919	60′
1′	.2812	.2893	.7107	.9919	59′
2′	.2819	.2900	.7100	.9919·	58′
3′	.2825	.2907	.7093	.9919	57′
4′	.2832	.2913	.7087	.9918	56′
5′	9.2838	9.2920	0.7080	9.9918	55′
6′	.2845	.2927	.7073	.9918·	54′
7′	.2851	.2933	.7067	.9918	53′
8′	.2858	.2940	.7060	.9917	52′
9′	.2864	.2947	.7053	.9917	51′
10′	9.2870	9.2953	0.7047	9.9917·	50′
11′	.2877	.2960	.7040	.9917	49′
12′	.2883	.2967	.7033	.9916	48′
13′	.2890	.2973	.7027	.9916	47′
14′	.2896	.2980	.7020	.9916·	46′
15′	9.2902	9.2987	0.7013	9.9916	45′
16′	.2909	.2993	.7007	.9915	44′
17′	.2915	.3000	.7000	.9915	43′
18′	.2921	.3006	.6994	.9915·	42′
19′	.2928	.3013	.6987	.9915	41′
20′	9.2934	9.3020	0.6980	9.9914	40′
21′	.2940	.3026	.6974	.9914	39′
22′	.2947	.3033	.6967	.9914·	38′
23′	.2953	.3039	.6961	.9914	37′
24′	.2959	.3046	.6954	.9913	36′
25′	9.2965	9.3052	0.6948	9.9913	35′
26′	.2972	.3059	.6941	.9913·	34′
27′	.2978	.3065	.6935	.9913	33′
28′	.2984	.3072	.6928	.9912	32′
29′	.2990	.3078	.6922	.9912	31′
30′	9.2997	9.3085	0.6915	9.9912·	30′
31′	.3003	.3091	.6909	.9912	29′
32′	.3009	.3098	.6902	.9911	28′
33′	.3015	.3104	.6896	.9911	27′
34′	.3021	.3110	.6890	.9911·	26′
35′	9.3027	9.3117	0.6883	9.9911	25′
36′	.3034	.3123	.6877	.9910	24′
37′	.3040	.3130	.6870	.9910·	23′
38′	.3046	.3136	.6864	.9910	22′
39′	.3052	.3142	.6858	.9910	21′
40′	9.3058	9.3149	0.6851	9.9909	20′
41′	.3064	.3155	.6845	.9909·	19′
42′	.3070	.3162	.6838	.9909	18′
43′	.3077	.3168	.6832	.9909	17′
44′	.3083	.3174	.6826	.9908	16′
45′	9.3089	9.3181	0.6819	9.9908·	15′
46′	.3095	.3187	.6813	.9908	14′
47′	.3101	.3193	.6807	.9908	13′
48′	.3107	.3200	.6800	.9907	12′
49′	.3113	.3206	.6794	.9907·	11′
50′	9.3119	9.3212	0.6788	9.9907	10′
51′	.3125	.3219	.6781	.9906	9′
52′	.3131	.3225	.6775	.9906	8′
53′	.3137	.3231	.6769	.9906·	7′
54′	.3143	.3237	.6763	.9906	6′
55′	9.3149	9.3244	0.6756	9.9905	5′
56′	.3155	.3250	.6750	.9905·	4′
57′	.3161	.3256	.6744	.9905	3′
58′	.3167	.3262	.6738	.9905	2′
59′	.3173	.3269	.6731	.9904	1′
60′	9.3179	9.3275	0.6725	9.9904·	0′
	lg cos φ	lg cot φ	lg tan φ	lg sin φ	78°

12°

	lg sin φ	lg tan φ	lg cot φ	lg cos φ	
0′	9.3179	9.3275	0.6725	9.9904·	60′
1′	.3185	.3281	.6719	.9904	59′
2′	.3191	.3287	.6713	.9904	58′
3′	.3197	.3293	.6707	.9903	57′
4′	.3202	.3300	.6700	.9903·	56′
5′	9.3208	9.3306	0.6694	9.9903	55′
6′	.3214	.3312	.6688	.9902	54′
7′	.3220	.3318	.6682	.9902	53′
8′	.3226	.3324	.6676	.9902·	52′
9′	.3232	.3330	.6670	.9902	51′
10′	9.3238	9.3336	0.6664	9.9901	50′
11′	.3244	.3343	.6657	.9901·	49′
12′	.3250	.3349	.6651	.9901	48′
13′	.3255	.3355	.6645	.9901	47′
14′	.3261	.3361	.6639	.9900	46′
15′	9.3267	9.3367	0.6633	9.9900·	45′
16′	.3273	.3373	.6627	.9900	44′
17′	.3279	.3379	.6621	.9899	43′
18′	.3284	.3385	.6615	.9899	42′
19′	.3290	.3391	.6609	.9899·	41′
20′	9.3296	9.3397	0.6603	9.9899	40′
21′	.3302	.3403	.6597	.9898	39′
22′	.3308	.3409	.6591	.9898·	38′
23′	.3313	.3416	.6584	.9898	37′
24′	.3319	.3422	.6578	.9897	36′
25′	9.3325	9.3428	0.6572	9.9897	35′
26′	.3331	.3434	.6566	.9897·	34′
27′	.3336	.3440	.6560	.9897	33′
28′	.3342	.3446	.6554	.9896	32′
29′	.3348	.3452	.6548	.9896·	31′
30′	9.3353	9.3458	0.6542	9.9896	30′
31′	.3359	.3464	.6536	.9896	29′
32′	.3365	.3469	.6531	.9895	28′
33′	.3370	.3475	.6525	.9895·	27′
34′	.3376	.3481	.6519	.9895	26′
35′	9.3382	9.3487	0.6513	9.9894	25′
36′	.3387	.3493	.6507	.9894·	24′
37′	.3393	.3499	.6501	.9894	23′
38′	.3399	.3505	.6495	.9894	22′
39′	.3404	.3511	.6489	.9893	21′
40′	9.3410	9.3517	0.6483	9.9893·	20′
41′	.3416	.3523	.6477	.9893	19′
42′	.3421	.3529	.6471	.9892	18′
43′	.3427	.3535	.6465	.9892·	17′
44′	.3432	.3541	.6459	.9892	16′
45′	9.3438	9.3546	0.6454	9.9892	15′
46′	.3444	.3552	.6448	.9891	14′
47′	.3449	.3558	.6442	.9891·	13′
48′	.3455	.3564	.6436	.9891	12′
49′	.3460	.3570	.6430	.9890	11′
50′	9.3466	9.3576	0.6424	9.9890·	10′
51′	.3471	.3581	.6419	.9890	9′
52′	.3477	.3587	.6413	.9890	8′
53′	.3482	.3593	.6407	.9889	7′
54′	.3488	.3599	.6401	.9889·	6′
55′	9.3493	9.3605	0.6395	9.9889	5′
56′	.3499	.3611	.6389	.9888	4′
57′	.3504	.3616	.6384	.9888·	3′
58′	.3510	.3622	.6378	.9888	2′
59′	.3515	.3628	.6372	.9888	1′
60′	9.3521	9.3634	0.6366	9.9887	0′
	lg cos φ	lg cot φ	lg tan φ	lg sin φ	77°

13°	lg sin φ	lg tan φ	lg cot φ	lg cos φ	
0′	9.3521	9.3634	0.6366	9.9887	60′
1′	.3526	.3639	.6361	.9887·	59′
2′	.3532	.3645	.6355	.9887	58′
3′	.3537	.3651	.6349	.9886	57′
4′	.3543	.3657	.6343	.9886·	56′
5′	9.3548	9.3662	0.6338	9.9886	55′
6′	.3554	.3668	.6332	.9885	54′
7′	.3559	.3674	.6326	.9885	53′
8′	.3564	.3680	.6320	.9885·	52′
9′	.3570	.3685	.6315	.9885	51′
10′	9.3575	9.3691	0.6309	9.9884	50′
11′	.3581	.3697	.6303	.9884·	49′
12′	.3586	.3702	.6298	.9884	48′
13′	.3591	.3708	.6292	.9883	47′
14′	.3597	.3714	.6286	.9883·	46′
15′	9.3602	9.3719	0.6281	9.9883	45′
16′	.3608	.3725	.6275	.9883	44′
17′	.3613	.3731	.6269	.9882	43′
18′	.3618	.3736	.6264	.9882·	42′
19′	.3624	.3742	.6258	.9882	41′
20′	9.3629	9.3748	0.6252	9.9881	40′
21′	.3634	.3753	.6247	.9881·	39′
22′	.3640	.3759	.6241	.9881	38′
23′	.3645	.3764	.6236	.9880	37′
24′	.3650	.3770	.6230	.9880·	36′
25′	9.3655	9.3776	0.6224	9.9880	35′
26′	.3661	.3781	.6219	.9880	34′
27′	.3666	.3787	.6213	.9879	33′
28′	.3671	.3792	.6208	.9879·	32′
29′	.3677	.3798	.6202	.9879	31′
30′	9.3682	9.3804	0.6196	9.9878	30′
31′	.3687	.3809	.6191	.9878·	29′
32′	.3692	.3815	.6185	.9878	28′
33′	.3698	.3820	.6180	.9877	27′
34′	.3703	.3826	.6174	.9877·	26′
35′	9.3708	9.3831	0.6169	9.9877	25′
36′	.3713	.3837	.6163	.9876	24′
37′	.3719	.3842	.6158	.9876	23′
38′	.3724	.3848	.6152	.9876·	22′
39′	.3729	.3853	.6147	.9876	21′
40′	9.3734	9.3859	0.6141	9.9875	20′
41′	.3739	.3864	.6136	.9875·	19′
42′	.3745	.3870	.6130	.9875	18′
43′	.3750	.3875	.6125	.9874	17′
44′	.3755	.3881	.6119	.9874·	16′
45′	9.3760	9.3886	0.6114	9.9874	15′
46′	.3765	.3892	.6108	.9873	14′
47′	.3770	.3897	.6103	.9873·	13′
48′	.3775	.3903	.6097	.9873	12′
49′	.3781	.3908	.6092	.9872	11′
50′	9.3786	9.3914	0.6086	9.9872	10′
51′	.3791	.3919	.6081	.9872·	9′
52′	.3796	.3924	.6076	.9872	8′
53′	.3801	.3930	.6070	.9871	7′
54′	.3806	.3935	.6065	.9871·	6′
55′	9.3811	9.3941	0.6059	9.9871	5′
56′	.3816	.3946	.6054	.9870	4′
57′	.3822	.3952	.6048	.9870·	3′
58′	.3827	.3957	.6043	.9870	2′
59′	.3832	.3962	.6038	.9869	1′
60′	9.3837	9.3968	0.6032	9.9869·	0′
	lg cos φ	lg cot φ	lg tan φ	lg sin φ	76°

14°	lg sin φ	lg tan φ	lg cot φ	lg cos φ	
0′	9.3837	9.3968	0.6032	9.9869·	60′
1′	.3842	.3973	.6027	.9869	59′
2′	.3847	.3978	.6022	.9868	58′
3′	.3852	.3984	.6016	.9868·	57′
4′	.3857	.3989	.6011	.9868	56′
5′	9.3862	9.3995	0.6005	9.9867	55′
6′	.3867	.4000	.6000	.9867·	54′
7′	.3872	.4005	.5995	.9867	53′
8′	.3877	.4011	.5989	.9867	52′
9′	.3882	.4016	.5984	.9866	51′
10′	9.3887	9.4021	0.5979	9.9866·	50′
11′	.3892	.4027	.5973	.9866	49′
12′	.3897	.4032	.5968	.9865	48′
13′	.3902	.4037	.5963	.9865·	47′
14′	.3907	.4042	.5958	.9865	46′
15′	9.3912	9.4048	0.5952	9.9864	45′
16′	.3917	.4053	.5947	.9864·	44′
17′	.3922	.4058	.5942	.9864	43′
18′	.3927	.4064	.5936	.9863	42′
19′	.3932	.4069	.5931	.9863·	41′
20′	9.3937	9.4074	0.5926	9.9863	40′
21′	.3942	.4079	.5921	.9862	39′
22′	.3947	.4085	.5915	.9862·	38′
23′	.3952	.4090	.5910	.9862	37′
24′	.3957	.4095	.5905	.9861	36′
25′	9.3961	9.4100	0.5900	9.9861·	35′
26′	.3966	.4106	.5894	.9861	34′
27′	.3971	.4111	.5889	.9860	33′
28′	.3976	.4116	.5884	.9860·	32′
29′	.3981	.4121	.5879	.9860	31′
30′	9.3986	9.4127	0.5873	9.9859	30′
31′	.3991	.4132	.5868	.9859·	29′
32′	.3996	.4137	.5863	.9859	28′
33′	.4001	.4142	.5858	.9858	27′
34′	.4005	.4147	.5853	.9858·	26′
35′	9.4010	9.4153	0.5847	9.9858	25′
36′	.4015	.4158	.5842	.9857	24′
37′	.4020	.4163	.5837	.9857·	23′
38′	.4025	.4168	.5832	.9857	22′
39′	.4030	.4173	.5827	.9856	21′
40′	9.4035	9.4178	0.5822	9.9856·	20′
41′	.4039	.4184	.5816	.9856	19′
42′	.4044	.4189	.5811	.9855	18′
43′	.4049	.4194	.5806	.9855·	17′
44′	.4054	.4199	.5801	.9855	16′
45′	9.4059	9.4204	0.5796	9.9854	15′
46′	.4063	.4209	.5791	.9854·	14′
47′	.4068	.4214	.5786	.9854	13′
48′	.4073	.4220	.5780	.9853	12′
49′	.4078	.4225	.5775	.9853·	11′
50′	9.4083	9.4230	0.5770	9.9853	10′
51′	.4087	.4235	.5765	.9852	9′
52′	.4092	.4240	.5760	.9852·	8′
53′	.4097	.4245	.5755	.9852	7′
54′	.4102	.4250	.5750	.9851	6′
55′	9.4106	9.4255	0.5745	9.9851·	5′
56′	.4111	.4260	.5740	.9851	4′
57′	.4116	.4265	.5735	.9850	3′
58′	.4121	.4270	.5730	.9850·	2′
59′	.4125	.4275	.5725	.9850	1′
60′	9.4130	9.4281	0.5719	9.9849	0′
	lg cos φ	lg cot φ	lg tan φ	lg sin φ	75°

15°	lg sin φ	lg tan φ	lg cot φ	lg cos φ	
0′	9.4130	9.4281	0.5719	9.9849	60′
1′	.4135	.4286	.5714	.9849·	59′
2′	.4139	.4291	.5709	.9849	58′
3′	.4144	.4296	.5704	.9848	57′
4′	.4149	.4301	.5699	.9848·	56′
5′	9.4153	9.4306	0.5694	9.9848	55′
6′	.4158	.4311	.5689	.9847	54′
7′	.4163	.4316	.5684	.9847·	53′
8′	.4168	.4321	.5679	.9847	52′
9′	.4172	.4326	.5674	.9846	51′
10′	9.4177	9.4331	0.5669	9.9846·	50′
11′	.4181	.4336	.5664	.9846	49′
12′	.4186	.4341	.5659	.9845	48′
13′	.4191	.4346	.5654	.9845·	47′
14′	.4195	.4351	.5649	.9845	46′
15′	9.4200	9.4356	0.5644	9.9844	45′
16′	.4205	.4361	.5639	.9844·	44′
17′	.4209	.4366	.5634	.9844	43′
18′	.4214	.4371	.5629	.9843	42′
19′	.4219	.4376	.5624	.9843·	41′
20′	9.4223	9.4381	0.5619	9.9843	40′
21′	.4228	.4386	.5614	.9842	39′
22′	.4232	.4390	.5610	.9842·	38′
23′	.4237	.4395	.5605	.9842	37′
24′	.4242	.4400	.5600	.9841	36′
25′	9.4246	9.4405	0.5595	9.9841·	35′
26′	.4251	.4410	.5590	.9841	34′
27′	.4255	.4415	.5585	.9840·	33′
28′	.4260	.4420	.5580	.9840	32′
29′	.4264	.4425	.5575	.9839	31′
30′	9.4269	9.4430	0.5570	9.9839·	30′
31′	.4274	.4435	.5565	.9839	29′
32′	.4278	.4440	.5560	.9838	28′
33′	.4283	.4445	.5555	.9838·	27′
34′	.4287	.4449	.5551	.9838	26′
35′	9.4292	9.4454	0.5546	9.9837	25′
36′	.4296	.4459	.5541	.9837·	24′
37′	.4301	.4464	.5536	.9837	23′
38′	.4305	.4469	.5531	.9836	22′
39′	.4310	.4474	.5526	.9836·	21′
40′	9.4314	9.4479	0.5521	9.9836	20′
41′	.4319	.4484	.5516	.9835	19′
42′	.4323	.4488	.5512	.9835·	18′
43′	.4328	.4493	.5507	.9835	17′
44′	.4332	.4498	.5502	.9834·	16′
45′	9.4337	9.4503	0.5497	9.9834	15′
46′	.4341	.4508	.5492	.9833	14′
47′	.4346	.4513	.5487	.9833·	13′
48′	.4350	.4517	.5483	.9833	12′
49′	.4355	.4522	.5478	.9832	11′
50′	9.4359	9.4527	0.5473	9.9832·	10′
51′	.4364	.4532	.5468	.9832	9′
52′	.4368	.4537	.5463	.9831	8′
53′	.4372	.4541	.5459	.9831·	7′
54′	.4377	.4546	.5454	.9831	6′
55′	9.4381	9.4551	0.5449	9.9830	5′
56′	.4386	.4556	.5444	.9830·	4′
57′	.4390	.4561	.5439	.9830	3′
58′	.4395	.4565	.5435	.9829·	2′
59′	.4399	.4570	.5430	.9829	1′
60′	9.4403	9.4575	0.5425	9.9828	0′
	lg cos φ	lg cot φ	lg tan φ	lg sin φ	74°

16°	lg sin φ	lg tan φ	lg cot φ	lg cos φ	
0′	9.4403	9.4575	0.5425	9.9828	60′
1′	.4408	.4580	.5420	.9828·	59′
2′	.4412	.4584	.5416	.9828	58′
3′	.4417	.4589	.5411	.9827	57′
4′	.4421	.4594	.5406	.9827·	56′
5′	9.4425	9.4599	0.5401	9.9827	55′
6′	.4430	.4603	.5397	.9826	54′
7′	.4434	.4608	.5392	.9826·	53′
8′	.4438	.4613	.5387	.9826	52′
9′	.4443	.4618	.5382	.9825·	51′
10′	9.4447	9.4622	0.5378	9.9825	50′
11′	.4452	.4627	.5373	.9824	49′
12′	.4456	.4632	.5368	.9824·	48′
13′	.4460	.4637	.5363	.9824	47′
14′	.4465	.4641	.5359	.9823	46′
15′	9.4469	9.4646	0.5354	9.9823·	45′
16′	.4473	.4651	.5349	.9823	44′
17′	.4478	.4655	.5345	.9822	43′
18′	.4482	.4660	.5340	.9822·	42′
19′	.4486	.4665	.5335	.9821	41′
20′	9.4491	9.4669	0.5331	9.9821·	40′
21′	.4495	.4674	.5326	.9821	39′
22′	.4499	.4679	.5321	.9820	38′
23′	.4503	.4683	.5317	.9820·	37′
24′	.4508	.4688	.5312	.9820	36′
25′	9.4512	9.4693	0.5307	9.9819	35′
26′	.4516	.4697	.5303	.9819·	34′
27′	.4521	.4702	.5298	.9818	33′
28′	.4525	.4707	.5293	.9818·	32′
29′	.4529	.4711	.5289	.9818	31′
30′	9.4533	9.4716	0.5284	9.9817	30′
31′	.4538	.4721	.5279	.9817·	29′
32′	.4542	.4725	.5275	.9817	28′
33′	.4546	.4730	.5270	.9816	27′
34′	.4550	.4735	.5265	.9816·	26′
35′	9.4555	9.4739	0.5261	9.9815	25′
36′	.4559	.4744	.5256	.9815·	24′
37′	.4563	.4748	.5252	.9815	23′
38′	.4567	.4753	.5247	.9814	22′
39′	.4572	.4758	.5242	.9814·	21′
40′	9.4576	9.4762	0.5238	9.9814	20′
41′	.4580	.4767	.5233	.9813	19′
42′	.4584	.4771	.5229	.9813·	18′
43′	.4588	.4776	.5224	.9812	17′
44′	.4593	.4781	.5219	.9812·	16′
45′	9.4597	9.4785	0.5215	9.9812	15′
46′	.4601	.4790	.5210	.9811	14′
47′	.4605	.4794	.5206	.9811·	13′
48′	.4609	.4799	.5201	.9811	12′
49′	.4614	.4803	.5197	.9810·	11′
50′	9.4618	9.4808	0.5192	9.9810	10′
51′	.4622	.4813	.5187	.9809	9′
52′	.4626	.4817	.5183	.9809·	8′
53′	.4630	.4822	.5178	.9809	7′
54′	.4634	.4826	.5174	.9808	6′
55′	9.4639	9.4831	0.5169	9.9808·	5′
56′	.4643	.4835	.5165	.9808	4′
57′	.4647	.4840	.5160	.9807·	3′
58′	.4651	.4844	.5156	.9807	2′
59′	.4655	.4849	.5151	.9806	1′
60′	9.4659	9.4853	0.5147	9.9806·	0′
	lg cos φ	lg cot φ	lg tan φ	lg sin φ	73°

17°

	lg sin φ	lg tan φ	lg cot φ	lg cos φ	
0′	9.4659	9.4853	0.5147	9.9806·	60′
1′	.4663	.4858	.5142	.9806	59′
2′	.4668	.4862	.5138	.9805·	58′
3′	.4672	.4867	.5133	.9805	57′
4′	.4676	.4871	.5129	.9804	56′
5′	9.4680	9.4876	0.5124	9.9804·	55′
6′	.4684	.4880	.5120	.9804	54′
7′	.4688	.4885	.5115	.9803	53′
8′	.4692	.4889	.5111	.9803·	52′
9′	.4696	.4894	.5106	.9802	51′
10′	9.4700	9.4898	0.5102	9.9802·	50′
11′	.4705	.4903	.5097	.9802	49′
12′	.4709	.4907	.5093	.9801	48′
13′	.4713	.4912	.5088	.9801·	47′
14′	.4717	.4916	.5084	.9801	46′
15′	9.4721	9.4921	0.5079	9.9800·	45′
16′	.4725	.4925	.5075	.9800	44′
17′	.4729	.4930	.5070	.9799	43′
18′	.4733	.4934	.5066	.9799·	42′
19′	.4737	.4939	.5061	.9799	41′
20′	9.4741	9.4943	0.5057	9.9798·	40′
21′	.4745	.4947	.5053	.9798	39′
22′	.4749	.4952	.5048	.9797	38′
23′	.4753	.4956	.5044	.9797·	37′
24′	.4757	.4961	.5039	.9797	36′
25′	9.4761	9.4965	0.5035	9.9796·	35′
26′	.4765	.4970	.5030	.9796	34′
27′	.4769	.4974	.5026	.9795	33′
28′	.4773	.4978	.5022	.9795·	32′
29′	.4777	.4983	.5017	.9795	31′
30′	9.4781	9.4987	0.5013	9.9794·	30′
31′	.4785	.4992	.5008	.9794	29′
32′	.4789	.4996	.5004	.9793	28′
33′	.4793	.5000	.5000	.9793·	27′
34′	.4797	.5005	.4995	.9793	26′
35′	9.4801	9.5009	0.4991	9.9792·	25′
36′	.4805	.5014	.4986	.9792	24′
37′	.4809	.5018	.4982	.9791	23′
38′	.4813	.5022	.4978	.9791·	22′
39′	.4817	.5027	.4973	.9791	21′
40′	9.4821	9.5031	0.4969	9.9790·	20′
41′	.4825	.5035	.4965	.9790	19′
42′	.4829	.5040	.4960	.9789	18′
43′	.4833	.5044	.4956	.9789·	17′
44′	.4837	.5049	.4951	.9789	16′
45′	9.4841	9.5053	0.4947	9.9788·	15′
46′	.4845	.5057	.4943	.9788	14′
47′	.4849	.5062	.4938	.9787	13′
48′	.4853	.5066	.4934	.9787·	12′
49′	.4857	.5070	.4930	.9787	11′
50′	9.4861	9.5075	0.4925	9.9786·	10′
51′	.4865	.5079	.4921	.9786	9′
52′	.4869	.5083	.4917	.9785	8′
53′	.4873	.5088	.4912	.9785·	7′
54′	.4876	.5092	.4908	.9785	6′
55′	9.4880	9.5096	0.4904	9.9784·	5′
56′	.4884	.5101	.4899	.9784	4′
57′	.4888	.5105	.4895	.9783	3′
58′	.4892	.5109	.4891	.9783·	2′
59′	.4896	.5113	.4887	.9782	1′
60′	9.4900	9.5118	0.4882	9.9782·	0′
	lg cos φ	lg cot φ	lg tan φ	lg sin φ	72°

18°

	lg sin φ	lg tan φ	lg cot φ	lg cos φ	
0′	9.4900	9.5118	0.4882	9.9782·	60′
1′	.4904	.5122	.4878	.9782	59′
2′	.4908	.5126	.4874	.9781	58′
3′	.4911	.5131	.4869	.9781·	57′
4′	.4915	.5135	.4865	.9780	56′
5′	9.4919	9.5139	0.4861	9.9780·	55′
6′	.4923	.5143	.4857	.9780	54′
7′	.4927	.5148	.4852	.9779·	53′
8′	.4931	.5152	.4848	.9779	52′
9′	.4935	.5156	.4844	.9778	51′
10′	9.4939	9.5161	0.4839	9.9778·	50′
11′	.4942	.5165	.4835	.9778	49′
12′	.4946	.5169	.4831	.9777·	48′
13′	.4950	.5173	.4827	.9777	47′
14′	.4954	.5178	.4822	.9776	46′
15′	9.4958	9.5182	0.4818	9.9776·	45′
16′	.4962	.5186	.4814	.9775	44′
17′	.4965	.5190	.4810	.9775·	43′
18′	.4969	.5195	.4805	.9775	42′
19′	.4973	.5199	.4801	.9774·	41′
20′	9.4977	9.5203	0.4797	9.9774	40′
21′	.4981	.5207	.4793	.9773	39′
22′	.4984	.5212	.4788	.9773·	38′
23′	.4988	.5216	.4784	.9773	37′
24′	.4992	.5220	.4780	.9772·	36′
25′	9.4996	9.5224	0.4776	9.9772	35′
26′	.5000	.5228	.4772	.9771	34′
27′	.5003	.5233	.4767	.9771·	33′
28′	.5007	.5237	.4763	.9770	32′
29′	.5011	.5241	.4759	.9770·	31′
30′	9.5015	9.5245	0.4755	9.9770	30′
31′	.5019	.5249	.4751	.9769·	29′
32′	.5022	.5254	.4746	.9769	28′
33′	.5026	.5258	.4742	.9768	27′
34′	.5030	.5262	.4738	.9768·	26′
35′	9.5034	9.5266	0.4734	9.9767	25′
36′	.5037	.5270	.4730	.9767·	24′
37′	.5041	.5275	.4725	.9767	23′
38′	.5045	.5279	.4721	.9766·	22′
39′	.5049	.5283	.4717	.9766	21′
40′	9.5052	9.5287	0.4713	9.9765	20′
41′	.5056	.5291	.4709	.9765·	19′
42′	.5060	.5295	.4705	.9764	18′
43′	.5064	.5300	.4700	.9764·	17′
44′	.5067	.5304	.4696	.9764	16′
45′	9.5071	9.5308	0.4692	9.9763·	15′
46′	.5075	.5312	.4688	.9763	14′
47′	.5078	.5316	.4684	.9762	13′
48′	.5082	.5320	.4680	.9762·	12′
49′	.5086	.5324	.4676	.9761	11′
50′	9.5090	9.5329	0.4671	9.9761·	10′
51′	.5093	.5333	.4667	.9761	9′
52′	.5097	.5337	.4663	.9760·	8′
53′	.5101	.5341	.4659	.9760	7′
54′	.5104	.5345	.4655	.9759	6′
55′	9.5108	9.5349	0.4651	9.9759·	5′
56′	.5112	.5353	.4647	.9758	4′
57′	.5115	.5357	.4643	.9758·	3′
58′	.5119	.5362	.4638	.9758	2′
59′	.5123	.5366	.4634	.9757·	1′
60′	9.5126	9.5370	0.4630	9.9757	0′
	lg cos φ	lg cot φ	lg tan φ	lg sin φ	71°

19°

	lg sin φ	lg tan φ	lg cot φ	lg cos φ	
0′	9.5126	9.5370	0.4630	9.9757	60′
1′	.5130	.5374	.4626	.9756	59′
2′	.5134	.5378	.4622	.9756•	58′
3′	.5137	.5382	.4618	.9755	57′
4′	.5141	.5386	.4614	.9755•	56′
5′	9.5145	9.5390	0.4610	9.9755	55′
6′	.5148	.5394	.4606	.9754•	54′
7′	.5152	.5398	.4602	.9754	53′
8′	.5156	.5402	.4598	.9753•	52′
9′	.5159	.5407	.4593	.9753	51′
10′	9.5163	9.5411	0.4589	9.9752	50′
11′	.5167	.5415	.4585	.9752•	49′
12′	.5170	.5419	.4581	.9751	48′
13′	.5174	.5423	.4577	.9751•	47′
14′	.5177	.5427	.4573	.9751	46′
15′	9.5181	9.5431	0.4569	9.9750•	45′
16′	.5185	.5435	.4565	.9750	44′
17′	.5188	.5439	.4561	.9749	43′
18′	.5192	.5443	.4557	.9749•	42′
19′	.5196	.5447	.4553	.9748	41′
20′	9.5199	9.5451	0.4549	9.9748•	40′
21′	.5203	.5455	.4545	.9747	39′
22′	.5206	.5459	.4541	.9747•	38′
23′	.5210	.5463	.4537	.9747	37′
24′	.5213	.5467	.4533	.9746•	36′
25′	9.5217	9.5471	0.4529	9.9746	35′
26′	.5221	.5475	.4525	.9745	34′
27′	.5224	.5479	.4521	.9745•	33′
28′	.5228	.5483	.4517	.9744	32′
29′	.5231	.5487	.4513	.9744•	31′
30′	9.5235	9.5491	0.4509	9.9743	30′
31′	.5239	.5496	.4504	.9743•	29′
32′	.5242	.5500	.4500	.9743	28′
33′	.5246	.5504	.4496	.9742•	27′
34′	.5249	.5508	.4492	.9742	26′
35′	9.5253	9.5512	0.4488	9.9741•	25′
36′	.5256	.5516	.4484	.9741	24′
37′	.5260	.5520	.4480	.9740	23′
38′	.5263	.5524	.4476	.9740•	22′
39′	.5267	.5528	.4472	.9739	21′
40′	9.5270	9.5531	0.4469	9.9739•	20′
41′	.5274	.5535	.4465	.9739	19′
42′	.5278	.5539	.4461	.9738•	18′
43′	.5281	.5543	.4457	.9738	17′
44′	.5285	.5547	.4453	.9737•	16′
45′	9.5288	9.5551	0.4449	9.9737	15′
46′	.5292	.5555	.4445	.9736	14′
47′	.5295	.5559	.4441	.9736•	13′
48′	.5299	.5563	.4437	.9735	12′
49′	.5302	.5567	.4433	.9735•	11′
50′	9.5306	9.5571	0.4429	9.9734	10′
51′	.5309	.5575	.4425	.9734•	9′
52′	.5313	.5579	.4421	.9734	8′
53′	.5316	.5583	.4417	.9733•	7′
54′	.5320	.5587	.4413	.9733	6′
55′	9.5323	9.5591	0.4409	9.9732•	5′
56′	.5327	.5595	.4405	.9732	4′
57′	.5330	.5599	.4401	.9731	3′
58′	.5334	.5603	.4397	.9731•	2′
59′	.5337	.5607	.4393	.9730	1′
60′	9.5341	9.5611	0.4389	9.9730•	0′
	lg cos φ	lg cot φ	lg tan φ	lg sin φ	70°

20°

	lg sin φ	lg tan φ	lg cot φ	lg cos φ	
0′	9.5341	9.5611	0.4389	9.9730•	60′
1′	.5344	.5615	.4385	.9729	59′
2′	.5347	.5619	.4381	.9729•	58′
3′	.5351	.5622	.4378	.9728	57′
4′	.5354	.5626	.4374	.9728•	56′
5′	9.5358	9.5630	0.4370	9.9728	55′
6′	.5361	.5634	.4366	.9727•	54′
7′	.5365	.5638	.4362	.9727	53′
8′	.5368	.5642	.4358	.9726•	52′
9′	.5372	.5646	.4354	.9726	51′
10′	9.5375	9.5650	0.4350	9.9725	50′
11′	.5379	.5654	.4346	.9725•	49′
12′	.5382	.5658	.4342	.9724	48′
13′	.5385	.5662	.4338	.9724•	47′
14′	.5389	.5665	.4335	.9723	46′
15′	9.5392	9.5669	0.4331	9.9723•	45′
16′	.5396	.5673	.4327	.9722	44′
17′	.5399	.5677	.4323	.9722•	43′
18′	.5402	.5681	.4319	.9722	42′
19′	.5406	.5685	.4315	.9721•	41′
20′	9.5409	9.5689	0.4311	9.9721	40′
21′	.5413	.5693	.4307	.9720•	39′
22′	.5416	.5696	.4304	.9720	38′
23′	.5420	.5700	.4300	.9719•	37′
24′	.5423	.5704	.4296	.9719	36′
25′	9.5426	9.5708	0.4292	9.9718•	35′
26′	.5430	.5712	.4288	.9718	34′
27′	.5433	.5716	.4284	.9717	33′
28′	.5436	.5720	.4280	.9717•	32′
29′	.5440	.5724	.4276	.9716	31′
30′	9.5443	9.5727	0.4273	9.9716•	30′
31′	.5447	.5731	.4269	.9715	29′
32′	.5450	.5735	.4265	.9715•	28′
33′	.5453	.5739	.4261	.9714	27′
34′	.5457	.5743	.4257	.9714•	26′
35′	9.5460	9.5747	0.4253	9.9714	25′
36′	.5463	.5750	.4250	.9713•	24′
37′	.5467	.5754	.4246	.9713	23′
38′	.5470	.5758	.4242	.9712•	22′
39′	.5474	.5762	.4238	.9712	21′
40′	9.5477	9.5766	0.4234	9.9711•	20′
41′	.5480	.5770	.4230	.9711	19′
42′	.5484	.5773	.4227	.9710•	18′
43′	.5487	.5777	.4223	.9710	17′
44′	.5490	.5781	.4219	.9709•	16′
45′	9.5494	9.5785	0.4215	9.9709	15′
46′	.5497	.5789	.4211	.9708	14′
47′	.5500	.5792	.4208	.9708•	13′
48′	.5504	.5796	.4204	.9707	12′
49′	.5507	.5800	.4200	.9707•	11′
50′	9.5510	9.5804	0.4196	9.9706	10′
51′	.5514	.5808	.4192	.9706•	9′
52′	.5517	.5811	.4189	.9705	8′
53′	.5520	.5815	.4185	.9705•	7′
54′	.5523	.5819	.4181	.9704	6′
55′	9.5527	9.5823	0.4177	9.9704•	5′
56′	.5530	.5827	.4173	.9703	4′
57′	.5533	.5830	.4170	.9703•	3′
58′	.5537	.5834	.4166	.9702	2′
59′	.5540	.5838	.4162	.9702•	1′
60′	9.5543	9.5842	0.4158	9.9702	0′
	lg cos φ	lg cot φ	lg tan φ	lg sin φ	69°

21°	lg sin φ	lg tan φ	lg cot φ	lg cos φ	
0′	9.5543	9.5842	0.4158	9.9702	60′
1′	.5547	.5846	.4154	.9701·	59′
2′	.5550	.5849	.4151	.9701	58′
3′	.5553	.5853	.4147	.9700·	57′
4′	.5556	.5857	.4143	.9700	56′
5′	9.5560	9.5861	0.4139	9.9699·	55′
6′	.5563	.5864	.4136	.9699	54′
7′	.5566	.5868	.4132	.9698·	53′
8′	.5570	.5872	.4128	.9698	52′
9′	.5573	.5876	.4124	.9697·	51′
10′	9.5576	9.5879	0.4121	9.9697	50′
11′	.5579	.5883	.4117	.9696·	49′
12′	.5583	.5887	.4113	.9696	48′
13′	.5586	.5891	.4109	.9695·	47′
14′	.5589	.5894	.4106	.9695	46′
15′	9.5592	9.5898	0.4102	9.9694·	45′
16′	.5596	.5902	.4098	.9694	44′
17′	.5599	.5906	.4094	.9693·	43′
18′	.5602	.5909	.4091	.9693	42′
19′	.5605	.5913	.4087	.9692·	41′
20′	9.5609	9.5917	0.4083	9.9692	40′
21′	.5612	.5921	.4079	.9691·	39′
22′	.5615	.5924	.4076	.9691	38′
23′	.5618	.5928	.4072	.9690	37′
24′	.5621	.5932	.4068	.9690·	36′
25′	9.5625	9.5935	0.4065	9.9689	35′
26′	.5628	.5939	.4061	.9689·	34′
27′	.5631	.5943	.4057	.9688	33′
28′	.5634	.5947	.4053	.9688·	32′
29′	.5638	.5950	.4050	.9687	31′
30′	9.5641	9.5954	0.4046	9.9687·	30′
31′	.5644	.5958	.4042	.9686	29′
32′	.5647	.5961	.4039	.9686·	28′
33′	.5650	.5965	.4035	.9685	27′
34′	.5654	.5969	.4031	.9685·	26′
35′	9.5657	9.5972	0.4028	9.9684	25′
36′	.5660	.5976	.4024	.9684·	24′
37′	.5663	.5980	.4020	.9683	23′
38′	.5666	.5984	.4016	.9683·	22′
39′	.5670	.5987	.4013	.9682	21′
40′	9.5673	9.5991	0.4009	9.9682·	20′
41′	.5676	.5995	.4005	.9681	19′
42′	.5679	.5998	.4002	.9681·	18′
43′	.5682	.6002	.3998	.9680	17′
44′	.5685	.6006	.3994	.9680·	16′
45′	9.5689	9.6009	0.3991	9.9679	15′
46′	.5692	.6013	.3987	.9679·	14′
47′	.5695	.6017	.3983	.9678	13′
48′	.5698	.6020	.3980	.9678·	12′
49′	.5701	.6024	.3976	.9677·	11′
50′	9.5704	9.6028	0.3972	9.9677	10′
51′	.5708	.6031	.3969	.9676·	9′
52′	.5711	.6035	.3965	.9676	8′
53′	.5714	.6039	.3961	.9675·	7′
54′	.5717	.6042	.3958	.9675	6′
55′	9.5720	9.6046	0.3954	9.9674·	5′
56′	.5723	.6050	.3950	.9674	4′
57′	.5726	.6053	.3947	.9673·	3′
58′	.5729	.6057	.3943	.9673	2′
59′	.5733	.6060	.3940	.9672·	1′
60′	9.5736	9.6064	0.3936	9.9672	0′
	lg cos φ	lg cot φ	lg tan φ	lg sin φ	68°

22°	lg sin φ	lg tan φ	lg cot φ	lg cos φ	
0′	9.5736	9.6064	0.3936	9.9672	60′
1′	.5739	.6068	.3932	.9671·	59′
2′	.5742	.6071	.3929	.9671	58′
3′	.5745	.6075	.3925	.9670·	57′
4′	.5748	.6079	.3921	.9670	56′
5′	9.5751	9.6082	0.3918	9.9669·	55′
6′	.5754	.6086	.3914	.9669	54′
7′	.5758	.6090	.3910	.9668·	53′
8′	.5761	.6093	.3907	.9668	52′
9′	.5764	.6097	.3903	.9667·	51′
10′	9.5767	9.6100	0.3900	9.9667	50′
11′	.5770	.6104	.3896	.9666·	49′
12′	.5773	.6108	.3892	.9666	48′
13′	.5776	.6111	.3889	.9665	47′
14′	.5779	.6115	.3885	.9664	46′
15′	9.5782	9.6118	0.3882	9.9664·	45′
16′	.5785	.6122	.3878	.9663	44′
17′	.5789	.6126	.3874	.9663·	43′
18′	.5792	.6129	.3871	.9662	42′
19′	.5795	.6133	.3867	.9662·	41′
20′	9.5798	9.6136	0.3864	9.9661	40′
21′	.5801	.6140	.3860	.9661·	39′
22′	.5804	.6144	.3856	.9660	38′
23′	.5807	.6147	.3853	.9660·	37′
24′	.5810	.6151	.3849	.9659	36′
25′	9.5813	9.6154	0.3846	9.9659·	35′
26′	.5816	.6158	.3842	.9658·	34′
27′	.5819	.6162	.3838	.9658	33′
28′	.5822	.6165	.3835	.9657·	32′
29′	.5825	.6169	.3831	.9657	31′
30′	9.5828	9.6172	0.3828	9.9656·	30′
31′	.5831	.6176	.3824	.9656	29′
32′	.5834	.6179	.3821	.9655·	28′
33′	.5838	.6183	.3817	.9655	27′
34′	.5841	.6187	.3813	.9654·	26′
35′	9.5844	9.6190	0.3810	9.9654	25′
36′	.5847	.6194	.3806	.9653·	24′
37′	.5850	.6197	.3803	.9652	23′
38′	.5853	.6201	.3799	.9652·	22′
39′	.5856	.6204	.3796	.9651	21′
40′	9.5859	9.6208	0.3792	9.9651·	20′
41′	.5862	.6211	.3789	.9650	19′
42′	.5865	.6215	.3785	.9650·	18′
43′	.5868	.6219	.3781	.9649	17′
44′	.5871	.6222	.3778	.9649·	16′
45′	9.5874	9.6226	0.3774	9.9648·	15′
46′	.5877	.6229	.3771	.9648	14′
47′	.5880	.6233	.3767	.9647·	13′
48′	.5883	.6236	.3764	.9647	12′
49′	.5886	.6240	.3760	.9646·	11′
50′	9.5889	9.6243	0.3757	9.9646	10′
51′	.5892	.6247	.3753	.9645·	9′
52′	.5895	.6250	.3750	.9645	8′
53′	.5898	.6254	.3746	.9644·	7′
54′	.5901	.6257	.3743	.9643	6′
55′	9.5904	9.6261	0.3739	9.9643·	5′
56′	.5907	.6264	.3736	.9642	4′
57′	.5910	.6268	.3732	.9642·	3′
58′	.5913	.6271	.3729	.9641	2′
59′	.5916	.6275	.3725	.9641·	1′
60′	9.5919	9.6279	0.3721	9.9640·	0′
	lg cos φ	lg cot φ	lg tan φ	lg sin φ	67°

23°

23°	lg sin φ	lg tan φ	lg cot φ	lg cos φ	
0′	9.5919	9.6279	0.3721	9.9640·	60′
1′	.5922	.6282	.3718	.9640	59′
2′	.5925	.6286	.3714	.9639·	58′
3′	.5928	.6289	.3711	.9639	57′
4′	.5931	.6293	.3707	.9638·	56′
5′	9.5934	9.6296	0.3704	9.9638	55′
6′	.5937	.6300	.3700	.9637·	54′
7′	.5940	.6303	.3697	.9636	53′
8′	.5943	.6307	.3693	.9636·	52′
9′	.5945	.6310	.3690	.9635	51′
10′	9.5948	9.6314	0.3686	9.9635·	50′
11′	.5951	.6317	.3683	.9634	49′
12′	.5954	.6321	.3679	.9634·	48′
13′	.5957	.6324	.3676	.9633·	47′
14′	.5960	.6328	.3672	.9633	46′
15′	9.5963	9.6331	0.3669	9.9632·	45′
16′	.5966	.6334	.3666	.9632	44′
17′	.5969	.6338	.3662	.9631·	43′
18′	.5972	.6341	.3659	.9631	42′
19′	.5975	.6345	.3655	.9630·	41′
20′	9.5978	9.6348	0.3652	9.9629	40′
21′	.5981	.6352	.3648	.9629·	39′
22′	.5984	.6355	.3645	.9628	38′
23′	.5987	.6359	.3641	.9628·	37′
24′	.5990	.6362	.3638	.9627·	36′
25′	9.5992	9.6366	0.3634	9.9627	35′
26′	.5995	.6369	.3631	.9626·	34′
27′	.5998	.6373	.3627	.9626	33′
28′	.6001	.6376	.3624	.9625·	32′
29′	.6004	.6380	.3620	.9625	31′
30′	9.6007	9.6383	0.3617	9.9624	30′
31′	.6010	.6386	.3614	.9623	29′
32′	.6013	.6390	.3610	.9623·	28′
33′	.6016	.6393	.3607	.9622	27′
34′	.6019	.6397	.3603	.9622·	26′
35′	9.6021	9.6400	0.3600	9.9621·	25′
36′	.6024	.6404	.3596	.9621	24′
37′	.6027	.6407	.3593	.9620·	23′
38′	.6030	.6411	.3589	.9620	22′
39′	.6033	.6414	.3586	.9619	21′
40′	9.6036	9.6417	0.3583	9.9618	20′
41′	.6039	.6421	.3579	.9618·	19′
42′	.6042	.6424	.3576	.9617	18′
43′	.6045	.6428	.3572	.9617·	17′
44′	.6047	.6431	.3569	.9616·	16′
45′	9.6050	9.6435	0.3565	9.9616	15′
46′	.6053	.6438	.3562	.9615·	14′
47′	.6056	.6441	.3559	.9615	13′
48′	.6059	.6445	.3555	.9614	12′
49′	.6062	.6448	.3552	.9613	11′
50′	9.6065	9.6452	0.3548	9.9613·	10′
51′	.6068	.6455	.3545	.9612	9′
52′	.6070	.6459	.3541	.9612·	8′
53′	.6073	.6462	.3538	.9611·	7′
54′	.6076	.6465	.3535	.9611	6′
55′	9.6079	9.6469	0.3531	9.9610·	5′
56′	.6082	.6472	.3528	.9610	4′
57′	.6085	.6476	.3524	.9609	3′
58′	.6087	.6479	.3521	.9608	2′
59′	.6090	.6482	.3518	.9608·	1′
60′	9.6093	9.6486	0.3514	9.9607	0′
	lg cos φ	lg cot φ	lg tan φ	lg sin φ	66°

24°

24°	lg sin φ	lg tan φ	lg cot φ	lg cos φ	
0′	9.6093	9.6486	0.3514	9.9607	60′
1′	.6096	.6489	.3511	.9607·	59′
2′	.6099	.6493	.3507	.9606·	58′
3′	.6102	.6496	.3504	.9606	57′
4′	.6104	.6499	.3501	.9605	56′
5′	9.6107	9.6503	0.3497	9.9604	55′
6′	.6110	.6506	.3494	.9604·	54′
7′	.6113	.6510	.3490	.9603	53′
8′	.6116	.6513	.3487	.9603·	52′
9′	.6119	.6516	.3484	.9602·	51′
10′	9.6121	9.6520	0.3480	9.9602	50′
11′	.6124	.6523	.3477	.9601·	49′
12′	.6127	.6527	.3473	.9601	48′
13′	.6130	.6530	.3470	.9600	47′
14′	.6133	.6533	.3467	.9599	46′
15′	9.6135	9.6537	0.3463	9.9599·	45′
16′	.6138	.6540	.3460	.9598·	44′
17′	.6141	.6543	.3457	.9598	43′
18′	.6144	.6547	.3453	.9597·	42′
19′	.6147	.6550	.3450	.9597	41′
20′	9.6149	9.6553	0.3447	9.9596	40′
21′	.6152	.6557	.3443	.9595	39′
22′	.6155	.6560	.3440	.9595·	38′
23′	.6158	.6564	.3436	.9594·	37′
24′	.6161	.6567	.3433	.9594	36′
25′	9.6163	9.6570	0.3430	9.9593·	35′
26′	.6166	.6574	.3426	.9593	34′
27′	.6169	.6577	.3423	.9592	33′
28′	.6172	.6580	.3420	.9591	32′
29′	.6174	.6584	.3416	.9591·	31′
30′	9.6177	9.6587	0.3413	9.9590·	30′
31′	.6180	.6590	.3410	.9590	29′
32′	.6183	.6594	.3406	.9589	28′
33′	.6186	.6597	.3403	.9588	27′
34′	.6188	.6600	.3400	.9588·	26′
35′	9.6191	9.6604	0.3396	9.9587	25′
36′	.6194	.6607	.3393	.9587·	24′
37′	.6197	.6610	.3390	.9586·	23′
38′	.6199	.6614	.3386	.9586	22′
39′	.6202	.6617	.3383	.9585	21′
40′	9.6205	9.6620	0.3380	9.9584	20′
41′	.6208	.6624	.3376	.9584·	19′
42′	.6210	.6627	.3373	.9583·	18′
43′	.6213	.6630	.3370	.9583	17′
44′	.6216	.6634	.3366	.9582·	16′
45′	9.6219	9.6637	0.3363	9.9582	15′
46′	.6221	.6640	.3360	.9581	14′
47′	.6224	.6644	.3356	.9580	13′
48′	.6227	.6647	.3353	.9580·	12′
49′	.6230	.6650	.3350	.9579·	11′
50′	9.6232	9.6654	0.3346	9.9579	10′
51′	.6235	.6657	.3343	.9578	9′
52′	.6238	.6660	.3340	.9577	8′
53′	.6240	.6664	.3336	.9577·	7′
54′	.6243	.6667	.3333	.9576·	6′
55′	9.6246	9.6670	0.3330	9.9576	5′
56′	.6249	.6674	.3326	.9575·	4′
57′	.6251	.6677	.3323	.9575	3′
58′	.6254	.6680	.3320	.9574	2′
59′	.6257	.6683	.3317	.9573	1′
60′	9.6259	9.6687	0.3313	9.9573·	0′
	lg cos φ	lg cot φ	lg tan φ	lg sin φ	65°

- 10

25°	lg sin φ	lg tan φ	lg cot φ	lg cos φ	
0′	9.6259	9.6687	0.3313	9.9573·	60′
1′	.6262	.6690	.3310	.9572·	59′
2′	.6265	.6693	.3307	.9572	58′
3′	.6268	.6697	.3303	.9571	57′
4′	.6270	.6700	.3300	.9570	56′
5′	9.6273	9.6703	0.3297	9.9570·	55′
6′	.6276	.6706	.3294	.9569·	54′
7′	.6278	.6710	.3290	.9569	53′
8′	.6281	.6713	.3287	.9568	52′
9′	.6284	.6716	.3284	.9567	51′
10′	9.6286	9.6720	0.3280	9.9567·	50′
11′	.6289	.6723	.3277	.9566·	49′
12′	.6292	.6726	.3274	.9566	48′
13′	.6295	.6729	.3271	.9565	47′
14′	.6297	.6733	.3267	.9564	46′
15′	9.6300	9.6736	0.3264	9.9564·	45′
16′	.6303	.6739	.3261	.9563·	44′
17′	.6305	.6743	.3257	.9563	43′
18′	.6308	.6746	.3254	.9562	42′
19′	.6311	.6749	.3251	.9561	41′
20′	9.6313	9.6752	0.3248	9.9561·	40′
21′	.6316	.6756	.3244	.9560·	39′
22′	.6319	.6759	.3241	.9560	38′
23′	.6321	.6762	.3238	.9559	37′
24′	.6324	.6765	.3235	.9558	36′
25′	9.6327	9.6769	0.3231	9.9558·	35′
26′	.6329	.6772	.3228	.9557·	34′
27′	.6332	.6775	.3225	.9557	33′
28′	.6335	.6778	.3222	.9556	32′
29′	.6337	.6782	.3218	.9555	31′
30′	9.6340	9.6785	0.3215	9.9555·	30′
31′	.6342	.6788	.3212	.9554·	29′
32′	.6345	.6791	.3209	.9554	28′
33′	.6348	.6795	.3205	.9553	27′
34′	.6350	.6798	.3202	.9552	26′
35′	9.6353	9.6801	0.3199	9.9552·	25′
36′	.6356	.6804	.3196	.9551·	24′
37′	.6358	.6808	.3192	.9551	23′
38′	.6361	.6811	.3189	.9550	22′
39′	.6364	.6814	.3186	.9549	21′
40′	9.6366	9.6817	0.3183	9.9549·	20′
41′	.6369	.6821	.3179	.9548·	19′
42′	.6371	.6824	.3176	.9548	18′
43′	.6374	.6827	.3173	.9547	17′
44′	.6377	.6830	.3170	.9546	16′
45′	9.6379	9.6834	0.3166	9.9546·	15′
46′	.6382	.6837	.3163	.9545·	14′
47′	.6385	.6840	.3160	.9545	13′
48′	.6387	.6843	.3157	.9544	12′
49′	.6390	.6846	.3154	.9543	11′
50′	9.6392	9.6850	0.3150	9.9543·	10′
51′	.6395	.6853	.3147	.9542·	9′
52′	.6398	.6856	.3144	.9542	8′
53′	.6400	.6859	.3141	.9541	7′
54′	.6403	.6863	.3137	.9540·	6′
55′	9.6405	9.6866	0.3134	9.9540	5′
56′	.6408	.6869	.3131	.9539	4′
57′	.6411	.6872	.3128	.9538	3′
58′	.6413	.6875	.3125	.9538·	2′
59′	.6416	.6879	.3121	.9537·	1′
60′	9.6418	9.6882	0.3118	9.9537	0′
	lg cos φ	lg cot φ	lg tan φ	lg sin φ	64°

26°	lg sin φ	lg tan φ	lg cot φ	lg cos φ	
0′	9.6418	9.6882	0.3118	9.9537	60′
1′	.6421	.6885	.3115	.9536	59′
2′	.6424	.6888	.3112	.9535	58′
3′	.6426	.6891	.3109	.9535·	57′
4′	.6429	.6895	.3105	.9534·	56′
5′	9.6431	9.6898	0.3102	9.9534	55′
6′	.6434	.6901	.3099	.9533	54′
7′	.6437	.6904	.3096	.9532·	53′
8′	.6439	.6907	.3093	.9532	52′
9′	.6442	.6911	.3089	.9531	51′
10′	9.6444	9.6914	0.3086	9.9530	50′
11′	.6447	.6917	.3083	.9530·	49′
12′	.6449	.6920	.3080	.9529·	48′
13′	.6452	.6923	.3077	.9529	47′
14′	.6454	.6927	.3073	.9528	46′
15′	9.6457	9.6930	0.3070	9.9527·	45′
16′	.6460	.6933	.3067	.9527	44′
17′	.6462	.6936	.3064	.9526	43′
18′	.6465	.6939	.3061	.9525	42′
19′	.6467	.6942	.3058	.9525·	41′
20′	9.6470	9.6946	0.3054	9.9524·	40′
21′	.6472	.6949	.3051	.9524	39′
22′	.6475	.6952	.3048	.9523	38′
23′	.6477	.6955	.3045	.9522·	37′
24′	.6480	.6958	.3042	.9522	36′
25′	9.6483	9.6962	0.3038	9.9521	35′
26′	.6485	.6965	.3035	.9520	34′
27′	.6488	.6968	.3032	.9520·	33′
28′	.6490	.6971	.3029	.9519·	32′
29′	.6493	.6974	.3026	.9519	31′
30′	9.6495	9.6977	0.3023	9.9518	30′
31′	.6498	.6981	.3019	.9517·	29′
32′	.6500	.6984	.3016	.9517	28′
33′	.6503	.6987	.3013	.9516	27′
34′	.6505	.6990	.3010	.9515	26′
35′	9.6508	9.6993	0.3007	9.9515·	25′
36′	.6510	.6996	.3004	.9514	24′
37′	.6513	.6999	.3001	.9513	23′
38′	.6515	.7003	.2997	.9513·	22′
39′	.6518	.7006	.2994	.9512·	21′
40′	9.6521	9.7009	0.2991	9.9512	20′
41′	.6523	.7012	.2988	.9511	19′
42′	.6526	.7015	.2985	.9510	18′
43′	.6528	.7018	.2982	.9510·	17′
44′	.6531	.7022	.2978	.9509	16′
45′	9.6533	9.7025	0.2975	9.9508	15′
46′	.6536	.7028	.2972	.9508·	14′
47′	.6538	.7031	.2969	.9507	13′
48′	.6541	.7034	.2966	.9506	12′
49′	.6543	.7037	.2963	.9506·	11′
50′	9.6546	9.7040	0.2960	9.9505·	10′
51′	.6548	.7043	.2957	.9505	9′
52′	.6551	.7047	.2953	.9504	8′
53′	.6553	.7050	.2950	.9503·	7′
54′	.6556	.7053	.2947	.9503	6′
55′	9.6558	9.7056	0.2944	9.9502	5′
56′	.6561	.7059	.2941	.9501	4′
57′	.6563	.7062	.2938	.9501·	3′
58′	.6566	.7065	.2935	.9500	2′
59′	.6568	.7069	.2931	.9499	1′
60′	9.6570	9.7072	0.2928	9.9499·	0′
	lg cos φ	lg cot φ	lg tan φ	lg sin φ	63°

– 10

27°	lg sin φ	lg tan φ	lg cot φ	lg cos φ	
0′	9.6570	9.7072	0.2928	9.9499·	60′
1′	.6573	.7075	.2925	.9498·	59′
2′	.6575	.7078	.2922	.9498	58′
3′	.6578	.7081	.2919	.9497	57′
4′	.6580	.7084	.2916	.9496·	56′
5′	9.6583	9.7087	0.2913	9.9496	55′
6′	.6585	.7090	.2910	.9495	54′
7′	.6588	.7093	.2907	.9494·	53′
8′	.6590	.7097	.2903	.9494	52′
9′	.6593	.7100	.2900	.9493	51′
10′	9.6595	9.7103	0.2897	9.9492	50′
11′	.6598	.7106	.2894	.9492·	49′
12′	.6600	.7109	.2891	.9491	48′
13′	.6603	.7112	.2888	.9490	47′
14′	.6605	.7115	.2885	.9490·	46′
15′	9.6607	9.7118	0.2882	9.9489	45′
16′	.6610	.7121	.2879	.9488	44′
17′	.6612	.7125	.2875	.9488·	43′
18′	.6615	.7128	.2872	.9487	42′
19′	.6617	.7131	.2869	.9486	41′
20′	9.6620	9.7134	0.2866	9.9486·	40′
21′	.6622	.7137	.2863	.9485·	39′
22′	.6625	.7140	.2860	.9485	38′
23′	.6627	.7143	.2857	.9484	37′
24′	.6629	.7146	.2854	.9483·	36′
25′	9.6632	9.7149	0.2851	9.9483	35′
26′	.6634	.7152	.2848	.9482	34′
27′	.6637	.7156	.2844	.9481·	33′
28′	.6639	.7159	.2841	.9481	32′
29′	.6642	.7162	.2838	.9480	31′
30′	9.6644	9.7165	0.2835	9.9479·	30′
31′	.6646	.7168	.2832	.9479	29′
32′	.6649	.7171	.2829	.9478	28′
33′	.6651	.7174	.2826	.9477·	27′
34′	.6654	.7177	.2823	.9477	26′
35′	9.6656	9.7180	0,2820	9.9476	25′
36′	.6659	.7183	.2817	.9475	24′
37′	.6661	.7186	.2814	.9475·	23′
38′	.6663	.7189	.2811	.9474	22′
39′	.6666	.7192	.2808	.9473	21′
40′	9.6668	9.7196	0.2804	9.9473·	20′
41′	.6671	.7199	.2801	.9472	19′
42′	.6673	.7202	.2798	.9471	18′
43′	.6675	.7205	.2795	.9471·	17′
44′	.6678	.7208	.2792	.9470	16′
45′	9.6680	9.7211	0.2789	9.9469	15′
46′	.6683	.7214	.2786	.9469·	14′
47′	.6685	.7217	.2783	.9468	13′
48′	.6687	.7220	.2780	.9467	12′
49′	.6690	.7223	.2777	.9467·	11′
50′	9.6692	9.7226	0.2774	9.9466	10′
51′	.6695	.7229	.2771	.9465	9′
52′	.6697	.7232	.2768	.9465·	8′
53′	.6699	.7235	.2765	.9464	7′
54′	.6702	.7238	.2762	.9463	6′
55′	9.6704	9.7241	0.2759	9.9463·	5′
56′	.6707	.7245	.2755	.9462	4′
57′	.6709	.7248	.2752	.9461	3′
58′	.6711	.7251	.2749	.9461·	2′
59′	.6714	.7254	.2746	.9460	1′
60′	9.6716	9.7257	0.2743	9.9459	0′
	lg cos φ	lg cot φ	lg tan φ	lg sin φ	62°

28°	lg sin φ	lg tan φ	lg cot φ	lg cos φ	
0′	9.6716	9.7257	0.2743	9.9459	60′
1′	.6718	.7260	.2740	.9459·	59′
2′	.6721	.7263	.2737	.9458	58′
3′	.6723	.7266	.2734	.9457·	57′
4′	.6726	.7269	.2731	.9457	56′
5′	9.6728	9.7272	0.2728	9.9456	55′
6′	.6730	.7275	.2725	.9455·	54′
7′	.6733	.7278	.2722	.9455	53′
8′	.6735	.7281	.2719	.9454	52′
9′	.6737	.7284	.2716	.9453·	51′
10′	9.6740	9.7287	0.2713	9.9453	50′
11′	.6742	.7290	.2710	.9452	49′
12′	.6744	.7293	.2707	.9451·	48′
13′	.6747	.7296	.2704	.9451	47′
14′	.6749	.7299	.2701	.9450	46′
15′	9.6752	9.7302	0.2698	9.9449·	45′
16′	.6754	.7305	.2695	.9449	44′
17′	.6756	.7308	.2692	.9448	43′
18′	.6759	.7311	.2689	.9447·	42′
19′	.6761	.7314	.2686	.9447	41′
20′	9.6763	9.7317	0.2683	9.9446	40′
21′	.6766	.7320	.2680	.9445	39′
22′	.6768	.7324	.2676	.9444	38′
23′	.6770	.7327	.2673	.9444·	37′
24′	.6773	.7330	.2670	.9443	36′
25′	9.6775	9.7333	0.2667	9.9442	35′
26′	.6777	.7336	.2664	.9442·	34′
27′	.6780	.7339	.2661	.9441	33′
28′	.6782	.7342	.2658	.9440	32′
29′	.6784	.7345	.2655	.9440·	31′
30′	9.6787	9.7348	0.2652	9.9439	30′
31′	.6789	.7351	.2649	.9438·	29′
32′	.6791	.7354	.2646	.9438	28′
33′	.6794	.7357	.2643	.9437	27′
34′	.6796	.7360	.2640	.9436·	26′
35′	9.6798	9.7363	0.2637	9.9436	25′
36′	.6801	.7366	.2634	.9435	24′
37′	.6803	.7369	.2631	.9434	23′
38′	.6805	.7372	.2628	.9433	22′
39′	.6808	.7375	.2625	.9433·	21′
40′	9.6810	9.7378	0.2622	9.9432	20′
41′	.6812	.7381	.2619	.9431	19′
42′	.6814	.7384	.2616	.9431·	18′
43′	.6817	.7387	.2613	.9430	17′
44′	.6819	.7390	.2610	.9429·	16′
45′	9.6821	9.7393	0.2607	9.9429	15′
46′	.6824	.7396	.2604	.9428	14′
47′	.6826	.7399	.2601	.9427·	13′
48′	.6828	.7402	.2598	.9427	12′
49′	.6831	.7405	.2595	.9426	11′
50′	9.6833	9.7408	0.2592	9.9425	10′
51′	.6835	.7411	.2589	.9424	9′
52′	.6837	.7414	.2586	.9424·	8′
53′	.6840	.7417	.2583	.9423	7′
54′	.6842	.7420	.2580	.9422	6′
55′	9.6844	9.7423	0.2577	9.9422·	5′
56′	.6847	.7426	.2574	.9421	4′
57′	.6849	.7429	.2571	.9420·	3′
58′	.6851	.7432	.2568	.9420	2′
59′	.6853	.7435	.2565	.9419	1′
60′	9.6856	9.7438	0.2562	9.9418	0′
	lg cos φ	lg cot φ	lg tan φ	lg sin φ	61°

29°	lg sin φ	lg tan φ	lg cot φ	lg cos φ	
0′	9.6856	9.7438	0.2562	9.9418	60′
1′	.6858	.7440	.2560	.9417	59′
2′	.6860	.7443	.2557	.9417·	58′
3′	.6863	.7446	.2554	.9416	57′
4′	.6865	.7449	.2551	.9415	56′
5′	9.6867	9.7452	0.2548	9.9415·	55′
6′	.6869	.7455	.2545	.9414	54′
7′	.6872	.7458	.2542	.9413·	53′
8′	.6874	.7461	.2539	.9413	52′
9′	.6876	.7464	.2536	.9412	51′
10′	9.6878	9.7467	0.2533	9.9411	50′
11′	.6881	.7470	.2530	.9410	49′
12′	.6883	.7473	.2527	.9410·	48′
13′	.6885	.7476	.2524	.9409	47′
14′	.6887	.7479	.2521	.9408·	46′
15′	9.6890	9.7482	0.2518	9.9408	45′
16′	.6892	.7485	.2515	.9407	44′
17′	.6894	.7488	.2512	.9406·	43′
18′	.6896	.7491	.2509	.9406	42′
19′	.6899	.7494	.2506	.9405	41′
20′	9.6901	9.7497	0.2503	9.9404	40′
21′	.6903	.7500	.2500	.9403	39′
22′	.6905	.7503	.2497	.9403·	38′
23′	.6908	.7506	.2494	.9402	37′
24′	.6910	.7509	.2491	.9401·	36′
25′	9.6912	9.7512	0.2488	9.9401	35′
26′	.6914	.7515	.2485	.9400	34′
27′	.6917	.7518	.2482	.9399	33′
28′	.6919	.7521	.2479	.9398	32′
29′	.6921	.7523	.2477	.9398·	31′
30′	9.6923	9.7526	0.2474	9.9397	30′
31′	.6926	.7529	.2471	.9396·	29′
32′	.6928	.7532	.2468	.9396	28′
33′	.6930	.7535	.2465	.9395	27′
34′	.6932	.7538	.2462	.9394	26′
35′	9.6935	9.7541	0.2459	9.9393	25′
36′	.6937	.7544	.2456	.9393·	24′
37′	.6939	.7547	.2453	.9392	23′
38′	.6941	.7550	.2450	.9391·	22′
39′	.6943	.7553	.2447	.9391	21′
40′	9.6946	9.7556	0.2444	9.9390	20′
41′	.6948	.7559	.2441	.9389	19′
42′	.6950	.7562	.2438	.9388·	18′
43′	.6952	.7565	.2435	.9388	17′
44′	.6955	.7568	.2432	.9387	16′
45′	9.6957	9.7571	0.2429	9.9386	15′
46′	.6959	.7573	.2427	.9385	14′
47′	.6961	.7576	.2424	.9385·	13′
48′	.6963	.7579	.2421	.9384	12′
49′	.6966	.7582	.2418	.9383·	11′
50′	9.6968	9.7585	0.2415	9.9383	10′
51′	.6970	.7588	.2412	.9382	9′
52′	.6972	.7591	.2409	.9381	8′
53′	.6974	.7594	.2406	.9380	7′
54′	.6977	.7597	.2403	.9380·	6′
55′	9.6979	9.7600	0.2400	9.9379	5′
56′	.6981	.7603	.2397	.9378	4′
57′	.6983	.7606	.2394	.9377	3′
58′	.6985	.7609	.2391	.9377·	2′
59′	.6988	.7611	.2389	.9376	1′
60′	9.6990	9.7614	0.2386	9.9375·	0′
	lg cos φ	lg cot φ	lg tan φ	lg sin φ	60°

30°	lg sin φ	lg tan φ	lg cot φ	lg cos φ	
0′	9.6990	9.7614	0.2386	9.9375·	60′
1′	.6992	.7617	.2383	.9375	59′
2′	.6994	.7620	.2380	.9374	58′
3′	.6996	.7623	.2377	.9373	57′
4′	.6998	.7626	.2374	.9372	56′
5′	9.7001	9.7629	0.2371	9.9372·	55′
6′	.7003	.7632	.2368	.9371	54′
7′	.7005	.7635	.2365	.9370	53′
8′	.7007	.7638	.2362	.9369	52′
9′	.7009	.7641	.2359	.9369·	51′
10′	9.7012	9.7644	0.2356	9.9368	50′
11′	.7014	.7646	.2354	.9367·	49′
12′	.7016	.7649	.2351	.9367	48′
13′	.7018	.7652	.2348	.9366	47′
14′	.7020	.7655	.2345	.9365	46′
15′	9.7022	9.7658	0.2342	9.9364·	45′
16′	.7025	.7661	.2339	.9364	44′
17′	.7027	.7664	.2336	.9363	43′
18′	.7029	.7667	.2333	.9362	42′
19′	.7031	.7670	.2330	.9361·	41′
20′	9.7033	9.7673	0.2327	9.9361	40′
21′	.7035	.7675	.2325	.9360	39′
22′	.7037	.7678	.2322	.9359	38′
23′	.7040	.7681	.2319	.9358	37′
24′	.7042	.7684	.2316	.9358·	36′
25′	9.7044	9.7687	0.2313	9.9357	35′
26′	.7046	.7690	.2310	.9356	34′
27′	.7048	.7693	.2307	.9355	33′
28′	.7050	.7696	.2304	.9355·	32′
29′	.7053	.7699	.2301	.9354	31′
30′	9.7055	9.7701	0.2299	9.9353	30′
31′	.7057	.7704	.2296	.9352	29′
32′	.7059	.7707	.2293	.9352·	28′
33′	.7061	.7710	.2290	.9351	27′
34′	.7063	.7713	.2287	.9350	26′
35′	9.7065	9.7716	0.2284	9.9349	25′
36′	.7068	.7719	.2281	.9349·	24′
37′	.7070	.7722	.2278	.9348	23′
38′	.7072	.7725	.2275	.9347	22′
39′	.7074	.7727	.2273	.9346	21′
40′	9.7076	9.7730	0.2270	9.9346·	20′
41′	.7078	.7733	.2267	.9345	19′
42′	.7080	.7736	.2264	.9344	18′
43′	.7082	.7739	.2261	.9343	17′
44′	.7085	.7742	.2258	.9343·	16′
45′	9.7087	9.7745	0.2255	9.9342	15′
46′	.7089	.7748	.2252	.9341	14′
47′	.7091	.7750	.2250	.9340	13′
48′	.7093	.7753	.2247	.9340·	12′
49′	.7095	.7756	.2244	.9339	11′
50′	9.7097	9.7759	0.2241	9.9338	10′
51′	.7099	.7762	.2238	.9337	9′
52′	.7102	.7765	.2235	.9337·	8′
53′	.7104	.7768	.2232	.9336	7′
54′	.7106	.7771	.2229	.9335	6′
55′	9.7108	9.7773	0.2227	9.9334	5′
56′	.7110	.7776	.2224	.9334·	4′
57′	.7112	.7779	.2221	.9333	3′
58′	.7114	.7782	.2218	.9332	2′
59′	.7116	.7785	.2215	.9331	1′
60′	9.7118	9.7788	0.2212	9.9331·	0′
	lg cos φ	lg cot φ	lg tan φ	lg sin φ	59°

31°

	lg sin φ	lg tan φ	lg cot φ	lg cos φ	
0′	9.7118	9.7788	0.2212	9.9331·	60′
1′	.7120	.7791	.2209	.9330	59′
2′	.7123	.7793	.2207	.9329	58′
3′	.7125	.7796	.2204	.9328·	57′
4′	.7127	.7799	.2201	.9328	56′
5′	9.7129	9.7802	0.2198	9.9327	55′
6′	.7131	.7805	.2195	.9326	54′
7′	.7133	.7808	.2192	.9325·	53′
8′	.7135	.7811	.2189	.9325	52′
9′	.7137	.7813	.2187	.9324	51′
10′	9.7139	9.7816	0.2184	9.9323	50′
11′	.7141	.7819	.2181	.9322·	49′
12′	.7144	.7822	.2178	.9322	48′
13′	.7146	.7825	.2175	.9321	47′
14′	.7148	.7828	.2172	.9320	46′
15′	9.7150	9.7831	0.2169	9.9319	45′
16′	.7152	.7833	.2167	.9318	44′
17′	.7154	.7836	.2164	.9318·	43′
18′	.7156	.7839	.2161	.9317	42′
19′	.7158	.7842	.2158	.9316	41′
20′	9.7160	9.7845	0.2155	9.9315·	40′
21′	.7162	.7848	.2152	.9315	39′
22′	.7164	.7850	.2150	.9314	38′
23′	.7166	.7853	.2147	.9313	37′
24′	.7168	.7856	.2144	.9312·	36′
25′	9.7171	9.7859	0.2141	9.9312	35′
26′	.7173	.7862	.2138	.9311	34′
27′	.7175	.7865	.2135	.9310	33′
28′	.7177	.7868	.2132	.9309	32′
29′	.7179	.7870	.2130	.9308	31′
30′	9.7181	9.7873	0.2127	9.9308·	30′
31′	.7183	.7876	.2124	.9307	29′
32′	.7185	.7879	.2121	.9306	28′
33′	.7187	.7882	.2118	.9305·	27′
34′	.7189	.7885	.2115	.9305	26′
35′	9.7191	9.7887	0.2113	9.9304	25′
36′	.7193	.7890	.2110	.9303	24′
37′	.7195	.7893	.2107	.9302	23′
38′	.7197	.7896	.2104	.9301	22′
39′	.7199	.7899	.2101	.9301·	21′
40′	9.7201	9.7902	0.2098	9.9300	20′
41′	.7203	.7904	.2096	.9299	19′
42′	.7205	.7907	.2093	.9298·	18′
43′	.7208	.7910	.2090	.9298	17′
44′	.7210	.7913	.2087	.9297	16′
45′	9.7212	9.7916	0.2084	9.9296	15′
46′	.7214	.7918	.2082	.9295	14′
47′	.7216	.7921	.2079	.9294	13′
48′	.7218	.7924	.2076	.9294·	12′
49′	.7220	.7927	.2073	.9293	11′
50′	9.7222	9.7930	0.2070	9.9292	10′
51′	.7224	.7933	.2067	.9291·	9′
52′	.7226	.7935	.2065	.9291	8′
53′	.7228	.7938	.2062	.9290	7′
54′	.7230	.7941	.2059	.9289	6′
55′	9.7232	9.7944	0.2056	9.9288	5′
56′	.7234	.7947	.2053	.9287·	4′
57′	.7236	.7949	.2051	.9287	3′
58′	.7238	.7952	.2048	.9286	2′
59′	.7240	.7955	.2045	.9285	1′
60′	9.7242	9.7958	0.2042	9.9284	0′
	lg cos φ	lg cot φ	lg tan φ	lg sin φ	58°

32°

	lg sin φ	lg tan φ	lg cot φ	lg cos φ	
0′	9.7242	9.7958	0.2042	9.9284	60′
1′	.7244	.7961	.2039	.9283	59′
2′	.7246	.7964	.2036	.9283·	58′
3′	.7248	.7966	.2034	.9282	57′
4′	.7250	.7969	.2031	.9281	56′
5′	9.7252	9.7972	0.2028	9.9280	55′
6′	.7254	.7975	.2025	.9279	54′
7′	.7256	.7978	.2022	.9279·	53′
8′	.7258	.7980	.2020	.9278	52′
9′	.7260	.7983	.2017	.9277	51′
10′	9.7262	9.7986	0.2014	9.9276	50′
11′	.7264	.7989	.2011	.9275	49′
12′	.7266	.7992	.2008	.9275·	48′
13′	.7268	.7994	.2006	.9274	47′
14′	.7270	.7997	.2003	.9273	46′
15′	9.7272	9.8000	0.2000	9.9272·	45′
16′	.7274	.8003	.1997	.9272	44′
17′	.7276	.8006	.1994	.9271	43′
18′	.7278	.8008	.1992	.9270	42′
19′	.7280	.8011	.1989	.9269	41′
20′	9.7282	9.8014	0.1986	9.9268·	40′
21′	.7284	.8017	.1983	.9268	39′
22′	.7286	.8020	.1980	.9267	38′
23′	.7288	.8022	.1978	.9266	37′
24′	.7290	.8025	.1975	.9265	36′
25′	9.7292	9.8028	0.1972	9.9264·	35′
26′	.7294	.8031	.1969	.9264	34′
27′	.7296	.8034	.1966	.9263	33′
28′	.7298	.8036	.1964	.9262	32′
29′	.7300	.8039	.1961	.9261	31′
30′	9.7302	9.8042	0.1958	9.9260	30′
31′	.7304	.8045	.1955	.9259	29′
32′	.7306	.8047	.1953	.9259·	28′
33′	.7308	.8050	.1950	.9258	27′
34′	.7310	.8053	.1947	.9257	26′
35′	9.7312	9.8056	0.1944	9.9256	25′
36′	.7314	.8059	.1941	.9255	24′
37′	.7316	.8061	.1939	.9255·	23′
38′	.7318	.8064	.1936	.9254	22′
39′	.7320	.8067	.1933	.9253	21′
40′	9.7322	9.8070	0.1930	9.9252	20′
41′	.7324	.8072	.1928	.9251	19′
42′	.7326	.8075	.1925	.9251·	18′
43′	.7328	.8078	.1922	.9250	17′
44′	.7330	.8081	.1919	.9249	16′
45′	9.7332	9.8084	0.1916	9.9248	15′
46′	.7334	.8086	.1914	.9247·	14′
47′	.7336	.8089	.1911	.9247	13′
48′	.7338	.8092	.1908	.9246	12′
49′	.7340	.8095	.1905	.9245	11′
50′	9.7342	9.8097	0.1903	9.9244	10′
51′	.7344	.8100	.1900	.9243	9′
52′	.7345	.8103	.1897	.9242	8′
53′	.7347	.8106	.1894	.9242·	7′
54′	.7349	.8109	.1891	.9241	6′
55′	9.7351	9.8111	0.1889	9.9240	5′
56′	.7353	.8114	.1886	.9239	4′
57′	.7355	.8117	.1883	.9238·	3′
58′	.7357	.8120	.1880	.9238	2′
59′	.7359	.8122	.1878	.9237	1′
60′	9.7361	9.8125	0.1875	9.9236	0′
	lg cos φ	lg cot φ	lg tan φ	lg sin φ	57°

33°

	lg sin φ	lg tan φ	lg cot φ	lg cos φ	
0′	9.7361	9.8125	0.1875	9.9236	**60′**
1′	.7363	.8128	.1872	.9235	59′
2′	.7365	.8131	.1869	.9234	58′
3′	.7367	.8133	.1867	.9233	57′
4′	.7369	.8136	.1864	.9233·	56′
5′	9.7371	9.8139	0.1861	9.9232	55′
6′	.7373	.8142	.1858	.9231	54′
7′	.7375	.8145	.1855	.9230	53′
8′	.7377	.8147	.1853	.9229·	52′
9′	.7379	.8150	.1850	.9229	51′
10′	9.7380	9.8153	0.1847	9.9228	**50′**
11′	.7382	.8156	.1844	.9227	49′
12′	.7384	.8158	.1842	.9226	48′
13′	.7386	.8161	.1839	.9225	47′
14′	.7388	.8164	.1836	.9224·	46′
15′	9.7390	9.8167	0.1833	9.9224	45′
16′	.7392	.8169	.1831	.9223	44′
17′	.7394	.8172	.1828	.9222	43′
18′	.7396	.8175	.1825	.9221	42′
19′	.7398	.8178	.1822	.9220	41′
20′	9.7400	9.8180	0.1820	9.9219·	**40′**
21′	.7402	.8183	.1817	.9219	39′
22′	.7404	.8186	.1814	.9218	38′
23′	.7406	.8189	.1811	.9217	37′
24′	.7407	.8191	.1809	.9216	36′
25′	9.7409	9.8194	0.1806	9.9215	35′
26′	.7411	.8197	.1803	.9214·	34′
27′	.7413	.8200	.1800	.9214	33′
28′	.7415	.8202	.1798	.9213	32′
29′	.7417	.8205	.1795	.9212	31′
30′	9.7419	9.8208	0.1792	9.9211	**30′**
31′	.7421	.8211	.1789	.9210	29′
32′	.7423	.8213	.1787	.9209·	28′
33′	.7425	.8216	.1784	.9209	27′
34′	.7427	.8219	.1781	.9208	26′
35′	9.7428	9.8222	0.1778	9.9207	25′
36′	.7430	.8224	.1776	.9206	24′
37′	.7432	.8227	.1773	.9205	23′
38′	.7434	.8230	.1770	.9204·	22′
39′	.7436	.8233	.1767	.9204	21′
40′	9.7438	9.8235	0.1765	9.9203	**20′**
41′	.7440	.8238	.1762	.9202	19′
42′	.7442	.8241	.1759	.9201	18′
43′	.7444	.8243	.1757	.9200	17′
44′	.7445	.8246	.1754	.9199	16′
45′	9.7447	9.8249	0.1751	9.9198	15′
46′	.7449	.8252	.1748	.9198·	14′
47′	.7451	.8254	.1746	.9197	13′
48′	.7453	.8257	.1743	.9196	12′
49′	.7455	.8260	.1740	.9195	11′
50′	9.7457	9.8263	0.1737	9.9194	**10′**
51′	.7459	.8265	.1735	.9193·	9′
52′	.7461	.8268	.1732	.9193	8′
53′	.7462	.8271	.1729	.9192	7′
54′	.7464	.8274	.1726	.9191	6′
55′	9.7466	9.8276	0.1724	9.9190	5′
56′	.7468	.8279	.1721	.9189	4′
57′	.7470	.8282	.1718	.9188	3′
58′	.7472	.8284	.1716	.9187	2′
59′	.7474	.8287	.1713	.9187·	1′
60′	9.7476	9.8290	0.1710	9.9186	**0′**
	lg cos φ	lg cot φ	lg tan φ	lg sin φ	**56°**

34°

	lg sin φ	lg tan φ	lg cot φ	lg cos φ	
0′	9.7476	9.8290	0.1710	9.9186	**60′**
1′	.7477	.8293	.1707	.9185	59′
2′	.7479	.8295	.1705	.9184	58′
3′	.7481	.8298	.1702	.9183	57′
4′	.7483	.8301	.1699	.9182	56′
5′	9.7485	9.8303	0.1697	9.9181	55′
6′	.7487	.8306	.1694	.9181·	54′
7′	.7489	.8309	.1691	.9180	53′
8′	.7491	.8312	.1688	.9179	52′
9′	.7492	.8314	.1686	.9178	51′
10′	9.7494	9.8317	0.1683	9.9177	**50′**
11′	.7496	.8320	.1680	.9176	49′
12′	.7498	.8323	.1677	.9175	48′
13′	.7500	.8325	.1675	.9175·	47′
14′	.7502	.8328	.1672	.9174	46′
15′	9.7504	9.8331	0.1669	9.9173	45′
16′	.7505	.8333	.1667	.9172	44′
17′	.7507	.8336	.1664	.9171	43′
18′	.7509	.8339	.1661	.9170	42′
19′	.7511	.8342	.1658	.9169	41′
20′	9.7513	9.8344	0.1656	9.9169·	**40′**
21′	.7515	.8347	.1653	.9168	39′
22′	.7517	.8350	.1650	.9167	38′
23′	.7518	.8352	.1648	.9166	37′
24′	.7520	.8355	.1645	.9165	36′
25′	9.7522	9.8358	0.1642	9.9164	35′
26′	.7524	.8361	.1639	.9163·	34′
27′	.7526	.8363	.1637	.9163	33′
28′	.7528	.8366	.1634	.9162	32′
29′	.7529	.8369	.1631	.9161	31′
30′	9.7531	9.8371	0.1629	9.9160	**30′**
31′	.7533	.8374	.1626	.9159	29′
32′	.7535	.8377	.1623	.9158	28′
33′	.7537	.8379	.1621	.9157	27′
34′	.7539	.8382	.1618	.9156	26′
35′	9.7540	9.8385	0.1615	9.9156·	25′
36′	.7542	.8388	.1612	.9155	24′
37′	.7544	.8390	.1610	.9154	23′
38′	.7546	.8393	.1607	.9153	22′
39′	.7548	.8396	.1604	.9152	21′
40′	9.7550	9.8398	0.1602	9.9151	**20′**
41′	.7551	.8401	.1599	.9150	19′
42′	.7553	.8404	.1596	.9149	18′
43′	.7555	.8406	.1594	.9149·	17′
44′	.7557	.8409	.1591	.9148	16′
45′	9.7559	9.8412	0.1588	9.9147	15′
46′	.7561	.8415	.1585	.9146	14′
47′	.7562	.8417	.1583	.9145	13′
48′	.7564	.8420	.1580	.9144	12′
49′	.7566	.8423	.1577	.9143	11′
50′	9.7568	9.8425	0.1575	9.9142	**10′**
51′	.7570	.8428	.1572	.9142·	9′
52′	.7571	.8431	.1569	.9141	8′
53′	.7573	.8433	.1567	.9140	7′
54′	.7575	.8436	.1564	.9139	6′
55′	9.7577	9.8439	0.1561	9.9138	5′
56′	.7579	.8442	.1558	.9137	4′
57′	.7580	.8444	.1556	.9136	3′
58′	.7582	.8447	.1553	.9135·	2′
59′	.7584	.8450	.1550	.9135	1′
60′	9.7586	9.8452	0.1548	9.9134	**0′**
	lg cos φ	lg cot φ	lg tan φ	lg sin φ	**55°**

−10

35°

	lg sin φ	lg tan φ	lg cot φ	lg cos φ	
0′	9.7586	9.8452	0.1548	9.9134	60′
1′	.7588	.8455	.1545	.9133	59′
2′	.7590	.8458	.1542	.9132	58′
3′	.7591	.8460	.1540	.9131	57′
4′	.7593	.8463	.1537	.9130	56′
5′	9.7595	9.8466	0.1534	9.9129	55′
6′	.7597	.8468	.1532	.9128	54′
7′	.7599	.8471	.1529	.9127·	53′
8′	.7600	.8474	.1526	.9127	52′
9′	.7602	.8476	.1524	.9126	51′
10′	9.7604	9.8479	0.1521	9.9125	50′
11′	.7606	.8482	.1518	.9124	49′
12′	.7607	.8484	.1516	.9123	48′
13′	.7609	.8487	.1513	.9122	47′
14′	.7611	.8490	.1510	.9121	46′
15′	9.7613	9.8493	0.1507	9.9120	45′
16′	.7615	.8495	.1505	.9119·	44′
17′	.7616	.8498	.1502	.9119	43′
18′	.7618	.8501	.1499	.9118	42′
19′	.7620	.8503	.1497	.9117	41′
20′	9.7622	9.8506	0.1494	9.9116	40′
21′	.7624	.8509	.1491	.9115	39′
22′	.7625	.8511	.1489	.9114	38′
23′	.7627	.8514	.1486	.9113	37′
24′	.7629	.8517	.1483	.9112	36′
25′	9.7631	9.8519	0.1481	9.9111	35′
26′	.7632	.8522	.1478	.9110	34′
27′	.7634	.8525	.1475	.9110·	33′
28′	.7636	.8527	.1473	.9109	32′
29′	.7638	.8530	.1470	.9108	31′
30′	9.7640	9.8533	0.1467	9.9107	30′
31′	.7641	.8535	.1465	.9106	29′
32′	.7643	.8538	.1462	.9105	28′
33′	.7645	.8541	.1459	.9104	27′
34′	.7647	.8543	.1457	.9103	26′
35′	9.7648	9.8546	0.1454	9.9102	25′
36′	.7650	.8549	.1451	.9101·	24′
37′	.7652	.8551	.1449	.9101	23′
38′	.7654	.8554	.1446	.9100	22′
39′	.7655	.8557	.1443	.9099	21′
40′	9.7657	9.8559	0.1441	9.9098	20′
41′	.7659	.8562	.1438	.9097	19′
42′	.7661	.8565	.1435	.9096	18′
43′	.7662	.8567	.1433	.9095	17′
44′	.7664	.8570	.1430	.9094	16′
45′	9.7666	9.8573	0.1427	9.9093	15′
46′	.7668	.8575	.1425	.9092	14′
47′	.7669	.8578	.1422	.9091	13′
48′	.7671	.8581	.1419	.9091·	12′
49′	.7673	.8583	.1417	.9090	11′
50′	9.7675	9.8586	0.1414	9.9089	10′
51′	.7676	.8589	.1411	.9088	9′
52′	.7678	.8591	.1409	.9087	8′
53′	.7680	.8594	.1406	.9086	7′
54′	.7682	.8597	.1403	.9085	6′
55′	9.7683	9.8599	0.1401	9.9084	5′
56′	.7685	.8602	.1398	.9083	4′
57′	.7687	.8605	.1395	.9082	3′
58′	.7689	.8607	.1393	.9081	2′
59′	.7690	.8610	.1390	.9080	1′
60′	9.7692	9.8613	0.1387	9.9080·	0′
	lg cos φ	lg cot φ	lg tan φ	lg sin φ	54°

36°

	lg sin φ	lg tan φ	lg cot φ	lg cos φ	
0′	9.7692	9.8613	0.1387	9.9080·	60′
1′	.7694	.8615	.1385	.9079	59′
2′	.7696	.8618	.1382	.9078	58′
3′	.7697	.8621	.1379	.9077	57′
4′	.7699	.8623	.1377	.9076	56′
5′	9.7701	9.8626	0.1374	9.9075	55′
6′	.7703	.8629	.1371	.9074	54′
7′	.7704	.8631	.1369	.9073	53′
8′	.7706	.8634	.1366	.9072	52′
9′	.7708	.8637	.1363	.9071	51′
10′	9.7710	9.8639	0.1361	9.9070	50′
11′	.7711	.8642	.1358	.9069·	49′
12′	.7713	.8644	.1356	.9069	48′
13′	.7715	.8647	.1353	.9068	47′
14′	.7716	.8650	.1350	.9067	46′
15′	9.7718	9.8652	0.1348	9.9066	45′
16′	.7720	.8655	.1345	.9065	44′
17′	.7722	.8658	.1342	.9064	43′
18′	.7723	.8660	.1340	.9063	42′
19′	.7725	.8663	.1337	.9062	41′
20′	9.7727	9.8666	0.1334	9.9061	40′
21′	.7728	.8668	.1332	.9060	39′
22′	.7730	.8671	.1329	.9059	38′
23′	.7732	.8674	.1326	.9058	37′
24′	.7734	.8676	.1324	.9057	36′
25′	9.7735	9.8679	0.1321	9.9056·	35′
26′	.7737	.8682	.1318	.9056	34′
27′	.7739	.8684	.1316	.9055	33′
28′	.7740	.8687	.1313	.9054	32′
29′	.7742	.8689	.1311	.9053	31′
30′	9.7744	9.8692	0.1308	9.9052	30′
31′	.7746	.8695	.1305	.9051	29′
32′	.7747	.8697	.1303	.9050	28′
33′	.7749	.8700	.1300	.9049	27′
34′	.7751	.8703	.1297	.9048	26′
35′	9.7752	9.8705	0.1295	9.9047	25′
36′	.7754	.8708	.1292	.9046	24′
37′	.7756	.8711	.1289	.9045	23′
38′	.7758	.8713	.1287	.9044	22′
39′	.7759	.8716	.1284	.9043	21′
40′	9.7761	9.8718	0.1282	9.9042	20′
41′	.7763	.8721	.1279	.9041·	19′
42′	.7764	.8724	.1276	.9041	18′
43′	.7766	.8726	.1274	.9040	17′
44′	.7768	.8729	.1271	.9039	16′
45′	9.7769	9.8732	0.1268	9.9038	15′
46′	.7771	.8734	.1266	.9037	14′
47′	.7773	.8737	.1263	.9036	13′
48′	.7774	.8740	.1260	.9035	12′
49′	.7776	.8742	.1258	.9034	11′
50′	9.7778	9.8745	0.1255	9.9033	10′
51′	.7780	.8747	.1253	.9032	9′
52′	.7781	.8750	.1250	.9031	8′
53′	.7783	.8753	.1247	.9030	7′
54′	.7785	.8755	.1245	.9029	6′
55′	9.7786	9.8758	0.1242	9.9028	5′
56′	.7788	.8761	.1239	.9027	4′
57′	.7790	.8763	.1237	.9026	3′
58′	.7791	.8766	.1234	.9025	2′
59′	.7793	.8769	.1231	.9024	1′
60′	9.7795	9.8771	0.1229	9.9023	0′
	lg cos φ	lg cot φ	lg tan φ	lg sin φ	53°

37°	lg sin φ	lg tan φ	lg cot φ	lg cos φ	
0′	9.7795	9.8771	0.1229	9.9023	60′
1′	.7796	.8774	.1226	.9023	59′
2′	.7798	.8776	.1224	.9022	58′
3′	.7800	.8779	.1221	.9021	57′
4′	.7801	.8782	.1218	.9020	56′
5′	9.7803	9.8784	0.1216	9.9019	55′
6′	.7805	.8787	.1213	.9018	54′
7′	.7806	.8790	.1210	.9017	53′
8′	.7808	.8792	.1208	.9016	52′
9′	.7810	.8795	.1205	.9015	51′
10′	9.7811	9.8797	0.1203	9.9014	50′
11′	.7813	.8800	.1200	.9013	49′
12′	.7815	.8803	.1197	.9012	48′
13′	.7816	.8805	.1195	.9011	47′
14′	.7818	.8808	.1192	.9010	46′
15′	9.7820	9.8811	0.1189	9.9009	45′
16′	.7821	.8813	.1187	.9008	44′
17′	.7823	.8816	.1184	.9007	43′
18′	.7825	.8818	.1182	.9006	42′
19′	.7826	.8821	.1179	.9005	41′
20′	9.7828	9.8824	0.1176	9.9004	40′
21′	.7830	.8826	.1174	.9003	39′
22′	.7831	.8829	.1171	.9002	38′
23′	.7833	.8831	.1169	.9001	37′
24′	.7835	.8834	.1166	.9000	36′
25′	9.7836	9.8837	0.1163	9.9000	35′
26′	.7838	.8839	.1161	.8999	34′
27′	.7840	.8842	.1158	.8998	33′
28′	.7841	.8845	.1155	.8997	32′
29′	.7843	.8847	.1153	.8996	31′
30′	9.7844	9.8850	0.1150	9.8995	30′
31′	.7846	.8852	.1148	.8994	29′
32′	.7848	.8855	.1145	.8993	28′
33′	.7849	.8858	.1142	.8992	27′
34′	.7851	.8860	.1140	.8991	26′
35′	9.7853	9.8863	0.1137	9.8990	25′
36′	.7854	.8865	.1135	.8989	24′
37′	.7856	.8868	.1132	.8988	23′
38′	.7858	.8871	.1129	.8987	22′
39′	.7859	.8873	.1127	.8986	21′
40′	9.7861	9.8876	0.1124	9.8985	20′
41′	.7863	.8879	.1121	.8984	19′
42′	.7864	.8881	.1119	.8983	18′
43′	.7866	.8884	.1116	.8982	17′
44′	.7867	.8886	.1114	.8981	16′
45′	9.7869	9.8889	0.1111	9.8980	15′
46′	.7871	.8892	.1108	.8979	14′
47′	.7872	.8894	.1106	.8978	13′
48′	.7874	.8897	.1103	.8977	12′
49′	.7876	.8899	.1101	.8976	11′
50′	9.7877	9.8902	0.1098	9.8975	10′
51′	.7879	.8905	.1095	.8974	9′
52′	.7880	.8907	.1093	.8973	8′
53′	.7882	.8910	.1090	.8972	7′
54′	.7884	.8912	.1088	.8971	6′
55′	9.7885	9.8915	0.1085	9.8970	5′
56′	.7887	.8918	.1082	.8969	4′
57′	.7889	.8920	.1080	.8968	3′
58′	.7890	.8923	.1077	.8967	2′
59′	.7892	.8925	.1075	.8966	1′
60′	9.7893	9.8928	0.1072	9.8965	0′
	lg cos φ	lg cot φ	lg tan φ	lg sin φ	52°

38°	lg sin φ	lg tan φ	lg cot φ	lg cos φ	
0′	9.7893	9.8928	0.1072	9.8965	60′
1′	.7895	.8931	.1069	.8964	59′
2′	.7897	.8933	.1067	.8963	58′
3′	.7898	.8936	.1064	.8962	57′
4′	.7900	.8939	.1061	.8961	56′
5′	9.7901	9.8941	0.1059	9.8960	55′
6′	.7903	.8944	.1056	.8959	54′
7′	.7905	.8946	.1054	.8958	53′
8′	.7906	.8949	.1051	.8957	52′
9′	.7908	.8952	.1048	.8956	51′
10′	9.7910	9.8954	0.1046	9.8955	50′
11′	.7911	.8957	.1043	.8954	49′
12′	.7913	.8959	.1041	.8953	48′
13′	.7914	.8962	.1038	.8952	47′
14′	.7916	.8965	.1035	.8951	46′
15′	9.7918	9.8967	0.1033	9.8950	45′
16′	.7919	.8970	.1030	.8949	44′
17′	.7921	.8972	.1028	.8948	43′
18′	.7922	.8975	.1025	.8947	42′
19′	.7924	.8978	.1022	.8946	41′
20′	9.7926	9.8980	0.1020	9.8945	40′
21′	.7927	.8983	.1017	.8944	39′
22′	.7929	.8985	.1015	.8943	38′
23′	.7930	.8988	.1012	.8942	37′
24′	.7932	.8990	.1010	.8941	36′
25′	9.7934	9.8993	0.1007	9.8940	35′
26′	.7935	.8996	.1004	.8939	34′
27′	.7937	.8998	.1002	.8938	33′
28′	.7938	.9001	.0999	.8937	32′
29′	.7940	.9003	.0997	.8936	31′
30′	9.7941	9.9006	0.0994	9.8935	30′
31′	.7943	.9009	.0991	.8934	29′
32′	.7945	.9011	.0989	.8933	28′
33′	.7946	.9014	.0986	.8932	27′
34′	.7948	.9016	.0984	.8931	26′
35′	9.7949	9.9019	0.0981	9.8930	25′
36′	.7951	.9022	.0978	.8929	24′
37′	.7953	.9024	.0976	.8928	23′
38′	.7954	.9027	.0973	.8927	22′
39′	.7956	.9029	.0971	.8926	21′
40′	9.7957	9.9032	0.0968	9.8925	20′
41′	.7959	.9035	.0965	.8924	19′
42′	.7960	.9037	.0963	.8923	18′
43′	.7962	.9040	.0960	.8922	17′
44′	.7964	.9042	.0958	.8921	16′
45′	9.7965	9.9045	0.0955	9.8920	15′
46′	.7967	.9047	.0953	.8919	14′
47′	.7968	.9050	.0950	.8918	13′
48′	.7970	.9053	.0947	.8917	12′
49′	.7972	.9055	.0945	.8916	11′
50′	9.7973	9.9058	0.0942	9.8915	10′
51′	.7975	.9060	.0940	.8914	9′
52′	.7976	.9063	.0937	.8913	8′
53′	.7978	.9066	.0934	.8912	7′
54′	.7979	.9068	.0932	.8911	6′
55′	9.7981	9.9071	0.0929	9.8910	5′
56′	.7982	.9073	.0927	.8909	4′
57′	.7984	.9076	.0924	.8908	3′
58′	.7986	.9079	.0921	.8907	2′
59′	.7987	.9081	.0919	.8906	1′
60′	9.7989	9.9084	0.0916	9.8905	0′
	lg cos φ	lg cot φ	lg tan φ	lg sin φ	51°

– 10

39°

	lg sin φ	lg tan φ	lg cot φ	lg cos φ	
0′	9.7989	9.9084	0.0916	9.8905	60′
1′	.7990	.9086	.0914	.8904	59′
2′	.7992	.9089	.0911	.8903	58′
3′	.7993	.9091	.0909	.8902	57′
4′	.7995	.9094	.0906	.8901	56′
5′	9.7997	9.9097	0.0903	9.8900	55′
6′	.7998	.9099	.0901	.8899	54′
7′	.8000	.9102	.0898	.8898	53′
8′	.8001	.9104	.0896	.8897	52′
9′	.8003	.9107	.0893	.8896	51′
10′	9.8004	9.9110	0.0890	9.8895	50′
11′	.8006	.9112	.0888	.8894	49′
12′	.8007	.9115	.0885	.8893	48′
13′	.8009	.9117	.0883	.8892	47′
14′	.8010	.9120	.0880	.8891	46′
15′	9.8012	9.9122	0.0878	9.8890	45′
16′	.8014	.9125	.0875	.8889	44′
17′	.8015	.9128	.0872	.8888	43′
18′	.8017	.9130	.0870	.8887	42′
19′	.8018	.9133	.0867	.8885	41′
20′	9.8020	9.9135	0.0865	9.8884	40′
21′	.8021	.9138	.0862	.8883	39′
22′	.8023	.9140	.0860	.8882	38′
23′	.8024	.9143	.0857	.8881	37′
24′	.8026	.9146	.0854	.8880	36′
25′	9.8027	9.9148	0.0852	9.8879	35′
26′	.8029	.9151	.0849	.8878	34′
27′	.8031	.9153	.0847	.8877	33′
28′	.8032	.9156	.0844	.8876	32′
29′	.8034	.9158	.0842	.8875	31′
30′	9.8035	9.9161	0.0839	9.8874	30′
31′	.8037	.9164	.0836	.8873	29′
32′	.8038	.9166	.0834	.8872	28′
33′	.8040	.9169	.0831	.8871	27′
34′	.8041	.9171	.0829	.8870	26′
35′	9.8043	9.9174	0.0826	9.8869	25′
36′	.8044	.9176	.0824	.8868	24′
37′	.8046	.9179	.0821	.8867	23′
38′	.8047	.9182	.0818	.8866	22′
39′	.8049	.9184	.0816	.8865	21′
40′	9.8050	9.9187	0.0813	9.8864	20′
41′	.8052	.9189	.0811	.8863	19′
42′	.8053	.9192	.0808	.8862	18′
43′	.8055	.9194	.0806	.8860	17′
44′	.8056	.9197	.0803	.8859	16′
45′	9.8058	9.9200	0.0800	9.8858	15′
46′	.8060	.9202	.0798	.8857	14′
47′	.8061	.9205	.0795	.8856	13′
48′	.8063	.9207	.0793	.8855	12′
49′	.8064	.9210	.0790	.8854	11′
50′	9.8066	9.9212	0.0788	9.8853	10′
51′	.8067	.9215	.0785	.8852	9′
52′	.8069	.9218	.0782	.8851	8′
53′	.8070	.9220	.0780	.8850	7′
54′	.8072	.9223	.0777	.8849	6′
55′	9.8073	9.9225	0.0775	9.8848	5′
56′	.8075	.9228	.0772	.8847	4′
57′	.8076	.9230	.0770	.8846	3′
58′	.8078	.9233	.0767	.8845	2′
59′	.8079	.9236	.0764	.8844	1′
60′	9.8081	9.9238	0.0762	9.8843	0′
	lg cos φ	lg cot φ	lg tan φ	lg sin φ	50°

40°

	lg sin φ	lg tan φ	lg cot φ	lg cos φ	
0′	9.8081	9.9238	0.0762	9.8843	60′
1′	.8082	.9241	.0759	.8841	59′
2′	.8084	.9243	.0757	.8840	58′
3′	.8085	.9246	.0754	.8839	57′
4′	.8087	.9248	.0752	.8838	56′
5′	9.8088	9.9251	0.0749	9.8837	55′
6′	.8090	.9254	.0746	.8836	54′
7′	.8091	.9256	.0744	.8835	53′
8′	.8093	.9259	.0741	.8834	52′
9′	.8094	.9261	.0739	.8833	51′
10′	9.8096	9.9264	0.0736	9.8832	50′
11′	.8097	.9266	.0734	.8831	49′
12′	.8099	.9269	.0731	.8830	48′
13′	.8100	.9271	.0729	.8829	47′
14′	.8102	.9274	.0726	.8828	46′
15′	9.8103	9.9277	0.0723	9.8827	45′
16′	.8105	.9279	.0721	.8825	44′
17′	.8106	.9282	.0718	.8824	43′
18′	.8108	.9284	.0716	.8823	42′
19′	.8109	.9287	.0713	.8822	41′
20′	9.8111	9.9289	0.0711	9.8821	40′
21′	.8112	.9292	.0708	.8820	39′
22′	.8114	.9295	.0705	.8819	38′
23′	.8115	.9297	.0703	.8818	37′
24′	.8117	.9300	.0700	.8817	36′
25′	9.8118	9.9302	0.0698	9.8816	35′
26′	.8120	.9305	.0695	.8815	34′
27′	.8121	.9307	.0693	.8814	33′
28′	.8122	.9310	.0690	.8813	32′
29′	.8124	.9312	.0688	.8812	31′
30′	9.8125	9.9315	0.0685	9.8810	30′
31′	.8127	.9318	.0682	.8809	29′
32′	.8128	.9320	.0680	.8808	28′
33′	.8130	.9323	.0677	.8807	27′
34′	.8131	.9325	.0675	.8806	26′
35′	9.8133	9.9328	0.0672	9.8805	25′
36′	.8134	.9330	.0670	.8804	24′
37′	.8136	.9333	.0667	.8803	23′
38′	.8137	.9335	.0665	.8802	22′
39′	.8139	.9338	.0662	.8801	21′
40′	9.8140	9.9341	0.0659	9.8800	20′
41′	.8142	.9343	.0657	.8799	19′
42′	.8143	.9346	.0654	.8797	18′
43′	.8145	.9348	.0652	.8796	17′
44′	.8146	.9351	.0649	.8795	16′
45′	9.8148	9.9353	0.0647	9.8794	15′
46′	.8149	.9356	.0644	.8793	14′
47′	.8150	.9358	.0642	.8792	13′
48′	.8152	.9361	.0639	.8791	12′
49′	.8153	.9364	.0636	.8790	11′
50′	9.8155	9.9366	0.0634	9.8789	10′
51′	.8156	.9369	.0631	.8788	9′
52′	.8158	.9371	.0629	.8787	8′
53′	.8159	.9374	.0626	.8785	7′
54′	.8161	.9376	.0624	.8784	6′
55′	9.8162	9.9379	0.0621	9.8783	5′
56′	.8164	.9381	.0619	.8782	4′
57′	.8165	.9384	.0616	.8781	3′
58′	.8167	.9387	.0613	.8780	2′
59′	.8168	.9389	.0611	.8779	1′
60′	9.8169	9.9392	0.0608	9.8778	0′
	lg cos φ	lg cot φ	lg tan φ	lg sin φ	49°

41°	lg sin φ	lg tan φ	lg cot φ	lg cos φ	
0′	9.8169	9.9392	0.0608	9.8778	60′
1′	.8171	.9394	.0606	.8777	59′
2′	.8172	.9397	.0603	.8776	58′
3′	.8174	.9399	.0601	.8775	57′
4′	.8175	.9402	.0598	.8773	56′
5′	9.8177	9.9404	0.0596	9.8772	55′
6′	.8178	.9407	.0593	.8771	54′
7′	.8180	.9409	.0591	.8770	53′
8′	.8181	.9412	.0588	.8769	52′
9′	.8182	.9415	.0585	.8768	51′
10′	9.8184	9.9417	0.0583	9.8767	50′
11′	.8185	.9420	.0580	.8766	49′
12′	.8187	.9422	.0578	.8765	48′
13′	.8188	.9425	.0575	.8763	47′
14′	.8190	.9427	.0573	.8762	46′
15′	9.8191	9.9430	0.0570	9.8761	45′
16′	.8193	.9432	.0568	.8760	44′
17′	.8194	.9435	.0565	.8759	43′
18′	.8195	.9438	.0562	.8758	42′
19′	.8197	.9440	.0560	.8757	41′
20′	9.8198	9.9443	0.0557	9.8756	40′
21′	.8200	.9445	.0555	.8755	39′
22′	.8201	.9448	.0552	.8753	38′
23′	.8203	.9450	.0550	.8752	37′
24′	.8204	.9453	.0547	.8751	36′
25′	9.8205	9.9455	0.0545	9.8750	35′
26′	.8207	.9458	.0542	.8749	34′
27′	.8208	.9460	.0540	.8748	33′
28′	.8210	.9463	.0537	.8747	32′
29′	.8211	.9466	.0534	.8746	31′
30′	9.8213	9.9468	0.0532	9.8745	30′
31′	.8214	.9471	.0529	.8743	29′
32′	.8215	.9473	.0527	.8742	28′
33′	.8217	.9476	.0524	.8741	27′
34′	.8218	.9478	.0522	.8740	26′
35′	9.8220	9.9481	0.0519	9.8739	25′
36′	.8221	.9483	.0517	.8738	24′
37′	.8223	.9486	.0514	.8737	23′
38′	.8224	.9488	.0512	.8736	22′
39′	.8225	.9491	.0509	.8734	21′
40′	9.8227	9.9494	0.0506	9.8733	20′
41′	.8228	.9496	.0504	.8732	19′
42′	.8230	.9499	.0501	.8731	18′
43′	.8231	.9501	.0499	.8730	17′
44′	.8233	.9504	.0496	.8729	16′
45′	9.8234	9.9506	0.0494	9.8728	15′
46′	.8235	.9509	.0491	.8727	14′
47′	.8237	.9511	.0489	.8725	13′
48′	.8238	.9514	.0486	.8724	12′
49′	.8240	.9516	.0484	.8723	11′
50′	9.8241	9.9519	0.0481	9.8722	10′
51′	.8242	.9522	.0478	.8721	9′
52′	.8244	.9524	.0476	.8720	8′
53′	.8245	.9527	.0473	.8719	7′
54′	.8247	.9529	.0471	.8718	6′
55′	9.8248	9.9532	0.0468	9.8716	5′
56′	.8249	.9534	.0466	.8715	4′
57′	.8251	.9537	.0463	.8714	3′
58′	.8252	.9539	.0461	.8713	2′
59′	.8254	.9542	.0458	.8712	1′
60′	9.8255	9.9544	0.0456	9.8711	0′
	lg cos φ	lg cot φ	lg tan φ	lg sin φ	48°

42°	lg sin φ	lg tan φ	lg cot φ	lg cos φ	
0′	9.8255	9.9544	0.0456	9.8711	60′
1′	.8257	.9547	.0453	.8710	59′
2′	.8258	.9549	.0451	.8708	58′
3′	.8259	.9552	.0448	.8707	57′
4′	.8261	.9555	.0445	.8706	56′
5′	9.8262	9.9557	0.0443	9.8705	55′
6′	.8264	.9560	.0440	.8704	54′
7′	.8265	.9562	.0438	.8703	53′
8′	.8266	.9565	.0435	.8702	52′
9′	.8268	.9567	.0433	.8700	51′
10′	9.8269	9.9570	0.0430	9.8699	50′
11′	.8270	.9572	.0428	.8698	49′
12′	.8272	.9575	.0425	.8697	48′
13′	.8273	.9577	.0423	.8696	47′
14′	.8275	.9580	.0420	.8695	46′
15′	9.8276	9.9582	0.0418	9.8694	45′
16′	.8277	.9585	.0415	.8692	44′
17′	.8279	.9588	.0412	.8691	43′
18′	.8280	.9590	.0410	.8690	42′
19′	.8282	.9593	.0407	.8689	41′
20′	9.8283	9.9595	0.0405	9.8688	40′
21′	.8284	.9598	.0402	.8687	39′
22′	.8286	.9600	.0400	.8686	38′
23′	.8287	.9603	.0397	.8684	37′
24′	.8289	.9605	.0395	.8683	36′
25′	9.8290	9.9608	0.0392	9.8682	35′
26′	.8291	.9610	.0390	.8681	34′
27′	.8293	.9613	.0387	.8680	33′
28′	.8294	.9615	.0385	.8679	32′
29′	.8295	.9618	.0382	.8677	31′
30′	9.8297	9.9621	0.0379	9.8676	30′
31′	.8298	.9623	.0377	.8675	29′
32′	.8300	.9626	.0374	.8674	28′
33′	.8301	.9628	.0372	.8673	27′
34′	.8302	.9631	.0369	.8672	26′
35′	9.8304	9.9633	0.0367	9.8671	25′
36′	.8305	.9636	.0364	.8669	24′
37′	.8306	.9638	.0362	.8668	23′
38′	.8308	.9641	.0359	.8667	22′
39′	.8309	.9643	.0357	.8666	21′
40′	9.8311	9.9646	0.0354	9.8665	20′
41′	.8312	.9648	.0352	.8664	19′
42′	.8313	.9651	.0349	.8662	18′
43′	.8315	.9653	.0347	.8661	17′
44′	.8316	.9656	.0344	.8660	16′
45′	9.8317	9.9659	0.0341	9.8659	15′
46′	.8319	.9661	.0339	.8658	14′
47′	.8320	.9664	.0336	.8657	13′
48′	.8322	.9666	.0334	.8655	12′
49′	.8323	.9669	.0331	.8654	11′
50′	9.8324	9.9671	0.0329	9.8653	10′
51′	.8326	.9674	.0326	.8652	9′
52′	.8327	.9676	.0324	.8651	8′
53′	.8328	.9679	.0321	.8650	7′
54′	.8330	.9681	.0319	.8648	6′
55′	9.8331	9.9684	0.0316	9.8647	5′
56′	.8332	.9686	.0314	.8646	4′
57′	.8334	.9689	.0311	.8645	3′
58′	.8335	.9691	.0309	.8644	2′
59′	.8336	.9694	.0306	.8642	1′
60′	9.8338	9.9697	0.0303	9.8641	0′
	lg cos φ	lg cot φ	lg tan φ	lg sin φ	47°

43°

43°	lg sin φ	lg tan φ	lg cot φ	lg cos φ	
0′	9.8338	9.9697	0.0303	9.8641	60′
1′	.8339	.9699	.0301	.8640	59′
2′	.8341	.9702	.0298	.8639	58′
3′	.8342	.9704	.0296	.8638	57′
4′	.8343	.9707	.0293	.8637	56′
5′	9.8345	9.9709	0.0291	9.8635	55′
6′	.8346	.9712	.0288	.8634	54′
7′	.8347	.9714	.0286	.8633	53′
8′	.8349	.9717	.0283	.8632	52′
9′	.8350	.9719	.0281	.8631	51′
10′	9.8351	9.9722	0.0278	9.8629	50′
11′	.8353	.9724	.0276	.8628	49′
12′	.8354	.9727	.0273	.8627	48′
13′	.8355	.9729	.0271	.8626	47′
14′	.8357	.9732	.0268	.8625	46′
15′	9.8358	9.9735	0.0265	9.8624	45′
16′	.8359	.9737	.0263	.8622	44′
17′	.8361	.9740	.0260	.8621	43′
18′	.8362	.9742	.0258	.8620	42′
19′	.8363	.9745	.0255	.8619	41′
20′	9.8365	9.9747	0.0253	9.8618	40′
21′	.8366	.9750	.0250	.8616	39′
22′	.8367	.9752	.0248	.8615	38′
23′	.8369	.9755	.0245	.8614	37′
24′	.8370	.9757	.0243	.8613	36′
25′	9.8371	9.9760	0.0240	9.8612	35′
26′	.8373	.9762	.0238	.8610	34′
27′	.8374	.9765	.0235	.8609	33′
28′	.8375	.9767	.0233	.8608	32′
29′	.8377	.9770	.0230	.8607	31′
30′	9.8378	9.9772	0.0228	9.8606	30′
31′	.8379	.9775	.0225	.8604	29′
32′	.8381	.9778	.0222	.8603	28′
33′	.8382	.9780	.0220	.8602	27′
34′	.8383	.9783	.0217	.8601	26′
35′	9.8385	9.9785	0.0215	9.8600	25′
36′	.8386	.9788	.0212	.8598	24′
37′	.8387	.9790	.0210	.8597	23′
38′	.8389	.9793	.0207	.8596	22′
39′	.8390	.9795	.0205	.8595	21′
40′	9.8391	9.9798	0.0202	9.8594	20′
41′	.8393	.9800	.0200	.8592	19′
42′	.8394	.9803	.0197	.8591	18′
43′	.8395	.9805	.0195	.8590	17′
44′	.8397	.9808	.0192	.8589	16′
45′	9.8398	9.9810	0.0190	9.8588	15′
46′	.8399	.9813	.0187	.8586	14′
47′	.8401	.9816	.0184	.8585	13′
48′	.8402	.9818	.0182	.8584	12′
49′	.8403	.9821	.0179	.8583	11′
50′	9.8405	9.9823	0.0177	9.8582	10′
51′	.8406	.9826	.0174	.8580	9′
52′	.8407	.9828	.0172	.8579	8′
53′	.8409	.9831	.0169	.8578	7′
54′	.8410	.9833	.0167	.8577	6′
55′	9.8411	9.9836	0.0164	9.8575	5′
56′	.8412	.9838	.0162	.8574	4′
57′	.8414	.9841	.0159	.8573	3′
58′	.8415	.9843	.0157	.8572	2′
59′	.8416	.9846	.0154	.8571	1′
60′	9.8418	9.9848	0.0152	9.8569	0′
	lg cos φ	lg cot φ	lg tan φ	lg sin φ	46°

44°

44°	lg sin φ	lg tan φ	lg cot φ	lg cos φ	
0′	9.8418	9.9848	0.0152	9.8569	60′
1′	.8419	.9851	.0149	.8568	59′
2′	.8420	.9853	.0147	.8567	58′
3′	.8422	.9856	.0144	.8566	57′
4′	.8423	.9858	.0142	.8564	56′
5′	9.8424	9.9861	0.0139	9.8563	55′
6′	.8426	.9864	.0136	.8562	54′
7′	.8427	.9866	.0134	.8561	53′
8′	.8428	.9869	.0131	.8560	52′
9′	.8429	.9871	.0129	.8558	51′
10′	9.8431	9.9874	0.0126	9.8557	50′
11′	.8432	.9876	.0124	.8556	49′
12′	.8433	.9879	.0121	.8555	48′
13′	.8435	.9881	.0119	.8553	47′
14′	.8436	.9884	.0116	.8552	46′
15′	9.8437	9.9886	0.0114	9.8551	45′
16′	.8439	.9889	.0111	.8550	44′
17′	.8440	.9891	.0109	.8548	43′
18′	.8441	.9894	.0106	.8547	42′
19′	.8442	.9896	.0104	.8546	41′
20′	9.8444	9.9899	0.0101	9.8545	40′
21′	.8445	.9901	.0099	.8544	39′
22′	.8446	.9904	.0096	.8542	38′
23′	.8448	.9907	.0093	.8541	37′
24′	.8449	.9909	.0091	.8540	36′
25′	9.8450	9.9912	0.0088	9.8539	35′
26′	.8451	.9914	.0086	.8537	34′
27′	.8453	.9917	.0083	.8536	33′
28′	.8454	.9919	.0081	.8535	32′
29′	.8455	.9922	.0078	.8534	31′
30′	9.8457	9.9924	0.0076	9.8532	30′
31′	.8458	.9927	.0073	.8531	29′
32′	.8459	.9929	.0071	.8530	28′
33′	.8460	.9932	.0068	.8529	27′
34′	.8462	.9934	.0066	.8527	26′
35′	9.8463	9.9937	0.0063	9.8526	25′
36′	.8464	.9939	.0061	.8525	24′
37′	.8466	.9942	.0058	.8524	23′
38′	.8467	.9944	.0056	.8522	22′
39′	.8468	.9947	.0053	.8521	21′
40′	9.8469	9.9949	0.0051	9.8520	20′
41′	.8471	.9952	.0048	.8519	19′
42′	.8472	.9955	.0045	.8517	18′
43′	.8473	.9957	.0043	.8516	17′
44′	.8475	.9960	.0040	.8515	16′
45′	9.8476	9.9962	0.0038	9.8514	15′
46′	.8477	.9965	.0035	.8512	14′
47′	.8478	.9967	.0033	.8511	13′
48′	.8480	.9970	.0030	.8510	12′
49′	.8481	.9972	.0028	.8509	11′
50′	9.8482	9.9975	0.0025	9.8507	10′
51′	.8483	.9977	.0023	.8506	9′
52′	.8485	.9980	.0020	.8505	8′
53′	.8486	.9982	.0018	.8504	7′
54′	.8487	.9985	.0015	.8502	6′
55′	9.8489	9.9987	0.0013	9.8501	5′
56′	.8490	.9990	.0010	.8500	4′
57′	.8491	.9992	.0008	.8499	3′
58′	.8492	.9995	.0005	.8497	2′
59′	.8494	.9997	.0003	.8496	1′
60′	9.8495	0.0000	0.0000	9.8495	0′
	lg cos φ	lg cot φ	lg tan φ	lg sin φ	45°

x	0	1	2	3	4	5	6	7	8	9
0,0	— ∞	4,6052	3,9120	3,5066	3,2189	2,9957	2,8134	2,6593	2,5257	2,4079
0,1	2, 3026	2,2073	2,1203	2,0402	1,9661	1,8971	1,8326	1,7720	1,7148	1,6607
0,2	1, 6094	1,5606	1,5141	1,4697	,4271	,3863	,3471	1,3093	1,2730	1,2379
0,3	1, 2040	1,1712	1,1394	1,1087	1,0788	1,0498	1,0217	0,9943	0,9676	0,9416
0,4	0, 9163	0,8916	0,8675	0,8440	0,8210	0,7985	0,7765	0,7550	0,7340	0,7133
0,5	0, 6931	6733	6539	6349	6162	5978	5798	5621	5447	5276
0,6	5108	4943	4780	4620	4463	4308	4155	4005	3857	3711
0,7	3567	3425	3285	3147	3011	2877	2744	2614	2485	2357
0,8	2231	2107	1985	1863	1744	1625	1508	1393	1278	1165
0,9	0, 1054	0943	0834	0726	0619	0513	0408	0305	0202	0101
1,0	0, 0000	0100	0198	0296	0392	0488	0583	0677	0770	0862
1,1	0953	1044	1133	1222	1310	1398	1484	1570	1655	1740
1,2	1823	1906	1989	2070	2151	2231	2311	2390	2469	2546
1,3	2624	2700	2776	2852	2927	3001	3075	3148	3221	3293
1,4	3365	3436	3507	3577	3646	3716	3784	3853	3920	3988
1,5	0, 4055	4121	4187	4253	4318	4383	4447	4511	4574	4637
1,6	4700	4762	4824	4886	4947	5008	5068	5128	5188	5247
1,7	5306	5365	5423	5481	5539	5596	5653	5710	5766	5822
1,8	5878	5933	5988	6043	6098	6152	6206	6259	6313	6366
1,9	6419	6471	6523	6575	6627	6678	6729	6780	6831	6881
2,0	0, 6931	6981	7031	7080	7129	7178	7227	7275	7324	7372
2,1	7419	7467	7514	7561	7608	7655	7701	7747	7793	7839
2,2	7885	7930	7975	8020	8065	8109	8154	8198	8242	8286
2,3	8329	8372	8416	8459	8502	8544	8587	8629	8671	8713
2,4	8755	8796	8838	8879	8920	8961	9002	9042	9083	9123
2,5	0, 9163	9203	9243	9282	9322	9361	9400	9439	9478	9517
2,6	9555	9594	9632	9670	9708	9746	9783	9821	9858	9895
2,7	0, 9933	9969	*0006	*0043	*0080	*0116	*0152	*0188	*0225	*0260
2,8	1, 0296	0332	0367	0403	0438	0473	0508	0543	0578	0613
2,9	0647	0682	0716	0750	0784	0818	0852	0886	0919	0953
3,0	1, 0986	1019	1053	1086	1119	1151	1184	1217	1249	1282
3,1	1314	1346	1378	1410	1442	1474	1506	1537	1569	1600
3,2	1632	1663	1694	1725	1756	1787	1817	1848	1878	1909
3,3	1939	1969	2000	2030	2060	2090	2119	2149	2179	2208
3,4	2238	2267	2296	2326	2355	2384	2413	2442	2470	2499
3,5	1, 2528	2556	2585	2613	2641	2669	2698	2726	2754	2782
3,6	2809	2837	2865	2892	2920	2947	2975	3002	3029	3056
3,7	3083	3110	3137	3164	3191	3218	3244	3271	3297	3324
3,8	3350	3376	3403	3429	3455	3481	3507	3533	3558	3584
3,9	3610	3635	3661	3686	3712	3737	3762	3788	3813	3838
4,0	1, 3863	3888	3913	3938	3962	3987	4012	4036	4061	4085
4,1	4110	4134	4159	4183	4207	4231	4255	4279	4303	4327
4,2	4351	4375	4398	4422	4446	4469	4493	4516	4540	4563
4,3	4586	4609	4633	4656	4679	4702	4725	4748	4770	4793
4,4	4816	4839	4861	4884	4907	4929	4951	4974	4996	5019
4,5	1, 5041	5063	5085	5107	5129	5151	5173	5195	5217	5239
4,6	5261	5282	5304	5326	5347	5369	5390	5412	5433	5454
4,7	5476	5497	5518	5539	5560	5581	5602	5623	5644	5665
4,8	5686	5707	5728	5748	5769	5790	5810	5831	5851	5872
4,9	5892	5913	5933	5953	5974	5994	6014	6034	6054	6074
x	0	1	2	3	4	5	6	7	8	9

Rot unterlegte Tafelwerte sind **negativ** zu nehmen

$\ln \pi = 1{,}1447$

Beispiele: (1) ln 0,57 = — 0,5621;

(2) ln 3,54 = 1,2641;

(3) ln 0,0487 = ln 4,87 — ln 100 = 1,5831 — 4,6052 = — 3,0221

x	0	1	2	3	4	5	6	7	8	9
5,	1, 6094	6292	6487	6677	6864	7047	7228	7405	7579	7750
6,	7918	8083	8245	8405	8563	8718	8871	9021	9169	9315
7,	1, 9459	9601	9741	9879	*0015	*0149	*0281	*0412	*0541	*0669
8,	2, 0794	0919	1041	1163	1282	1401	1518	1633	1748	1861
9,	1972	2083	2192	2300	2407	2513	2618	2721	2824	2925
10,	2, 3026	3125	3224	3321	3418	3514	3609	3702	3795	3888
11,	3979	4069	4159	4248	4336	4423	4510	4596	4681	4765
12,	4849	4932	5014	5096	5177	5257	5337	5416	5494	5572
13,	5649	5726	5802	5878	5953	6027	6101	6174	6247	6319
14,	6391	6462	6532	6603	6672	6741	6810	6878	6946	7014
15,	2, 7081	7147	7213	7279	7344	7408	7473	7537	7600	7663
16,	7726	7788	7850	7912	7973	8034	8094	8154	8214	8273
17,	8332	8391	8449	8507	8565	8622	8679	8736	8792	8848
18,	8904	8959	9014	9069	9124	9178	9232	9285	9339	9392
19,	9444	9497	9549	9601	9653	9704	9755	9806	9857	9907
20,	2, 9957	*0007	*0057	*0106	*0155	*0204	*0253	*0301	*0350	*0397
21,	3, 0445	0493	0540	0587	0634	0681	0727	0773	0819	0865
22,	0910	0956	1001	1046	1091	1135	1179	1224	1268	1311
23,	1355	1398	1442	1485	1527	1570	1612	1655	1697	1739
24,	1781	1822	1864	1905	1946	1987	2027	2068	2108	2149
25,	3, 2189	2229	2268	2308	2347	2387	2426	2465	2504	2542
26,	2581	2619	2658	2696	2734	2771	2809	2847	2884	2921
27,	2958	2995	3032	3069	3105	3142	3178	3214	3250	3286
28,	3322	3358	3393	3429	3464	3499	3534	3569	3604	3638
29,	3673	3707	3742	3776	3810	3844	3878	3911	3945	3979
30,	3, 4012	4045	4078	4111	4144	4177	4210	4243	4275	4308
31,	4340	4372	4404	4436	4468	4500	4532	4563	4595	4626
32,	4657	4689	4720	4751	4782	4812	4843	4874	4904	4935
33,	4965	4995	5025	5056	5086	5115	5145	5175	5205	5234
34,	5264	5293	5322	5351	5381	5410	5439	5467	5496	5525
35,	3, 5553	5582	5610	5639	5667	5695	5723	5752	5779	5807
36,	5835	5863	5891	5918	5946	5973	6000	6028	6055	6082
37,	6109	6136	6163	6190	6217	6243	6270	6297	6323	6350
38,	6376	6402	6428	6454	6481	6507	6533	6558	6584	6610
39,	6636	6661	6687	6712	6738	6763	6788	6814	6839	6864
40,	3, 6889	6914	6939	6964	6988	7013	7038	7062	7087	7111
41,	7136	7160	7184	7209	7233	7257	7281	7305	7329	7353
42,	7377	7400	7424	7448	7471	7495	7519	7542	7565	7589
43,	7612	7635	7658	7682	7705	7728	7751	7773	7796	7819
44,	7842	7865	7887	7910	7932	7955	7977	8000	8022	8044
45,	3, 8067	8089	8111	8133	8155	8177	8199	8221	8243	8265
46,	8286	8308	8330	8351	8373	8395	8416	8437	8459	8480
47,	8501	8523	8544	8565	8586	8607	8628	8649	8670	8691
48,	8712	8733	8754	8774	8795	8816	8836	8857	8877	8898
49,	8918	8939	8959	8979	9000	9020	9040	9060	9080	9100
x	0	1	2	3	4	5	6	7	8	9

Beispiel: ln 34,8 = 3,5496

Vielfache von $\frac{1}{M} = \ln 10$

$\ln x = \frac{1}{M} \cdot \lg x$

n	$n \cdot \frac{1}{M} = \ln 10^n$
1	2, 302 585
2	4, 605 170
3	6, 907 755

n	$n \cdot \frac{1}{M} = \ln 10^n$
4	9, 210 340
5	11, 512 925
6	13, 815 511

n	$n \cdot \frac{1}{M} = \ln 10^n$
7	16, 118 096
8	18, 420 681
9	20, 723 266

15 Dezimalen auf S. 112

x	+ 0	+ 1	+ 2	+ 3	+ 4	+ 5	+ 6	+ 7	+ 8	+ 9
50	3, 9120	9318	9512	9703	9890	*0073	*0254	*0431	*0604	*0775̇
60	4, 0943	1109	1271	1431	1589	1744	1897	2047	2195̇	2341
70	2485̄	2627	2767	2905̄	3041	3175̄	3307	3438	3567	3694
80	3820	3944	4067	4188	4308	4427	4543	4659	4773	4886
90	4998	5109	5218	5326	5433	5539	5643	5747	585̄0	5951
100	4, 6052	6151	625̄0	6347	6444	6540	6634	6728	6821	6913
110	7005̄	7095̇	7185̄	7274	7362	7449	7536	7622	7707	7791
120	7875̄	7958	8040	8122	8203	8283	8363	8442	8520	8598
130	8675̇	8752	8828	8903	8978	9053	9127	9200	9273	9345̄
140	4, 9416	9488	9558	9628	9698	9767	9836	9904	9972	*0039
150	5, 0106	0173	0239	0304	0370	0434	0499	0562	0626	0689
160	0752	0814	0876	0938	0999	1059	1120	1180	1240	1299
170	1358	1417	1475̄	1533	1591	1648	1705̄	1761	1818	1874
180	1930	1985̄	2040	2095̄	2149	2204	2257	2311	2364	2417
190	2470	2523	2575̄	2627	2679	2730	2781	2832	2883	2933
200	5, 2983	3033	3083	3132	3181	3230	3279	3327	3375̇	3423
210	3471	3519	3566	3613	3660	3706	3753	3799	3845̄	3891
220	3936	3982	4027	4072	4116	4161	4205̇	425̄0	4293	4337
230	4381	4424	4467	4510	4553	4596	4638	4681	4723	4765̄
240	4806	4848	4889	4931	4972	5013	5053	5094	5134	5175̄
250	5, 5215̄	5255̄	5294	5334	5373	5413	5452	5491	5530	5568
260	5607	5645̇	5683	5722	5759	5797	5835̄	5872	5910	5947
270	5984	6021	6058	6095̄	6131	6168	6204	6240	6276	6312
280	6348	6384	6419	6454	6490	6525̄	6560	6595̄	6630	6664
290	6699	6733	6768	6802	6836	6870	6904	6937	6971	7004
300	5, 7038	7071	7104	7137	7170	7203	7236	7268	7301	7333
310	7366	7398	7430	7462	7494	7526	7557	7589	7621	7652
320	7683	7714	7746	7777	7807	7838	7869	7900	7930	7961
330	7991	8021	8051	8081	8111	8141	8171	8201	8230	8260
340	8289	8319	8348	8377	8406	8435̇	8464	8493	8522	8551
350	5, 8579	8608	8636	8665̄	8693	8721	8749	8777	8805̇	8833
360	8861	8889	8916	8944	8972	8999	9026	9054	9081	9108
370	9135̇	9162	9189	9216	9243	9269	9296	9322	9349	9375̇
380	9402	9428	9454	9480	9506	9532	9558	9584	9610	9636
390	9661	9687	9713	9738	9764	9789	9814	9839	9865̄	9890
400	5, 9915̄	9940	9965̄	9989	*0014	*0039	*0064	*0088	*0113	*0137
410	6, 0162	0186	0210	0234	0259	0283	0307	0331	0355̄	0379
420	0403	0426	045̇0	0474	0497	0521	0544	0568	0591	0615̄
430	0638	0661	0684	0707	0730	0753	0776	0799	0822	0845̄
440	0868	0890	0913	0936	0958	0981	1003	1026	1048	1070
450	6, 1092	1115̄	1137	1159	1181	1203	1225̄	1247	1269	1291
460	1312	1334	1356	1377	1399	1420	1442	1463	1485̄	1506
470	1527	1549	1570	1591	1612	1633	1654	1675̇	1696	1717
480	1738	1759	1779	1800	1821	1841	1862	1883	1903	1924
490	1944	1964	1985̄	2005̇	2025̇	2046	2066	2086	2106	2126
x	+ 0	+ 1	+ 2	+ 3	+ 4	+ 5	+ 6	+ 7	+ 8	+ 9

Beispiel: ln 406 = 6,0064

Vielfache von M = lg e

lg x = M · ln x

n	$n \cdot$ M = lg e^n
1	0, 434 294
2	0, 868 589
3	1, 302 883
4	1, 737 178
5	2, 171 472
6	2, 605 767
7	3, 040 061
8	3, 474 356
9	3, 908 65̇0

15 Dezimalen auf S. 112

x	+ 0	+ 1	+ 2	+ 3	+ 4	+ 5	+ 6	+ 7	+ 8	+ 9
500	6, 2146	2166	2186	2206	2226	2246	2265̇	2285̇	2305̄	2324
510	2344	2364	2383	2403	2422	2442	2461	2480	25̄00	2519
520	2538	2558	2577	2596	2615̄	2634	2653	2672	2691	2710
530	2729	2748	2766	2785̇	2804	2823	2841	2860	2879	2897
540	2916	2934	2953	2971	2989	3008	3026	3044	3063	3081
550	6, 3099	3117	3135̇	3154	3172	3190	3208	3226	3244	3261
560	3279	3297	3315̇	3333	3351	3368	3386	3404	3421	3439
570	3456	3474	3491	3509	3526	3544	3561	3578	3596	3613
580	3630	3648	3665̄	3682	3699	3716	3733	375̇0	3767	3784
590	3801	3818	3835̇	3852	3869	3886	3902	3919	3936	3953
600	6, 3969	3986	4003	4019	4036	4052	4069	4085̇	4102	4118
610	4135̄	4151	4167	4184	4200	4216	4232	4249	4265̄	4281
620	4297	4313	4329	4345̇	4362	4378	4394	4409	4425̇	4441
630	4457	4473	4489	4505̄	4520	4536	4552	4568	4583	4599
640	4615̄	4630	4646	4661	4677	4693	4708	4723	4739	4754
650	6, 4770	4785̇	4800	4816	4831	4846	4862	4877	4892	4907
660	4922	4938	4953	4968	4983	4998	5013	5028	5043	5058
670	5073	5088	5103	5117	5132	5147	5162	5177	5191	5206
680	5221	5236	525̇0	5265̄	5280	5294	5309	5323	5338	5352
690	5367	5381	5396	5410	5425̄	5439	5453	5468	5482	5497
700	6, 5511	5525̇	5539	5554	5568	5582	5596	5610	5624	5639
710	5653	5667	5681	5695̄	5709	5723	5737	5751	5765̄	5779
720	5793	5806	5820	5834	5848	5862	5876	5889	5903	5917
730	5930	5944	5958	5971	5985̇	5999	6012	6026	6039	6053
740	6067	6080	6093	6107	6120	6134	6147	6161	6174	6187
750	6, 6201	6214	6227	6241	6254	6267	6280	6294	6307	6320
760	6333	6346	6359	6373	6386	6399	6412	6425̄	6438	6451
770	6464	6477	6490	6503	6516	6529	6542	6554	6567	6580
780	6593	6606	6619	6631	6644	6657	6670	6682	6695̄	6708
790	6720	6733	6746	6758	6771	6783	6796	6809	6821	6834
800	6, 6846	6859	6871	6884	6896	6908	6921	6933	6946	6958
810	6970	6983	6995̇	7007	7020	7032	7044	7056	7069	7081
820	7093	7105̇	7117	7130	7142	7154	7166	7178	7190	7202
830	7214	7226	7238	725̇0	7262	7274	7286	7298	7310	7322
840	7334	7346	7358	7370	7382	7393	7405̇	7417	7429	7441
850	6, 7452	7464	7476	7488	7499	7511	7523	7534	7546	7558
860	7569	7581	7593	7604	7616	7627	7639	765̇0	7662	7673
870	7685̄	7696	7708	7719	7731	7742	7754	7765̇	7776	7788
880	7799	7811	7822	7833	7845̄	7856	7867	7878	7890	7901
890	7912	7923	7935̄	7946	7957	7968	7979	7991	8002	8013
900	6, 8024	8035̇	8046	8057	8068	8079	8090	8101	8112	8123
910	8134	8145̇	8156	8167	8178	8189	8200	8211	8222	8233
920	8244	8255̄	8265̇	8276	8287	8298	8309	8320	8330	8341
930	8352	8363	8373	8384	8395̄	8405̇	8416	8427	8437	8448
940	8459	8469	8480	8491	8501	8512	8522	8533	8544	8554
950	6, 8565̄	8575̇	8586	8596	8607	8617	8628	8638	8648	8659
960	8669	8680	8690	8701	8711	8721	8732	8742	8752	8763
970	8773	8783	8794	8804	8814	8824	8835̄	8845̄	8855̇	8865̇
980	8876	8886	8896	8906	8916	8926	8937	8947	8957	8967
990	8977	8987	8997	9007	9017	9027	9037	9048	9058	9068
1 000	6, 9078	9088	9098	9108	9117	9127	9137	9147	9157	9167
x	+ 0	+ 1	+ 2	+ 3	+ 4	+ 5	+ 6	+ 7	+ 8	+ 9

Beispiel: ln 731 300 = ln 731,3 + ln 1000 = 6,5944 + 3 · 1,4 E + 6,9078 = 13,5026

Tafeln höherer Genauigkeit

Zweierlogarithmen

der Zahlen 1,1 ... 4,0 und 5 ... 19 (5stellig)

x	lb x	x	lb x	x	lb x
1,1	0,1375̇0	2,6	1,37851	5	2,32193
1,2	,26303	2,7	,43296	6	,58496
1,3	,37851	2,8	,48543	7	2,80735̇
1,4	,48543	2,9	,53605̇	8	3
1,5	,58496	3,0	1,58496	9	3,16993
1,6	0,67807	3,1	1,63227	10	3,32193
1,7	,76553	3,2	,67807	11	,45943
1,8	,84800	3,3	,72247	12	,58496
1,9	0,92600	3,4	,76553	13	,70044
2,0	1	3,5	,80735̇	14	,80735̇
2,1	1,07039	3,6	1,84800	15	3,90689
2,2	,1375̇0	3,7	,88753	16	4
2,3	,20163	3,8	,92600	17	4,08746
2,4	,26303	3,9	1,96347	18	,16993
2,5	,32193	4,0	2	19	,24793

Zweierlogarithmen

der ersten 30 Primzahlen (6stellig)

p	lb p	p	lb p
2	1	53	5,727 920
3	1,584 963	59	,882 643
5	2,321 928	61	5,930 737
7	2,807 355̄	67	6,066 089
11	3,459 432	71	,149 747
13	3,700 440	73	6,189 825̄
17	4,087 463	79	,303 781
19	,247 928	83	,375 039
23	,523 562	89	,475 733
29	,857 981	97	,599 913
31	4,954 196	101	6,658 211
37	5,209 453	103	,686 501
41	,357 552	107	,741 467
43	,426 265̄	109	,768 184
47	,554 589	113	,820 179

Umrechnung: $\text{lb}\,x = \frac{1}{\lg 2} \cdot \lg x = \text{lb}\,10 \cdot \lg x$ mit *Zweiermodul* $M_2 = \text{lb}\,10 = 3{,}321\ 928\ 094\ 949$

Zwölfstellige Zehnerlogarithmen der ersten 30 Primzahlen

p	lg p	p	lg p	p	lg p
2	0. 301 029 995 664	31	1. 491 361 693 834	73	1. 863 322 860 120
3	. 477 121 254 720	37	. 568 201 724 067	79	. 897 627 091 290
5	. 698 970 004 336	41	. 612 783 856 720	83	. 919 078 092 376
7	0. 845 098 040 014	43	. 633 468 455 580	89	. 949 390 006 645̄
11	1. 041 392 685 158	47	. 672 097 857 936	97	1. 986 771 734 266
13	1. 113 943 352 307	53	1. 724 275 869 601	101	2. 004 321 373 783
17	. 230 448 921 378	59	. 770 852 011 642	103	. 012 837 224 705̇
19	. 278 753 600 953	61	. 785 329 835 011	107	. 029 383 777 685̇
23	. 361 727 836 018	67	. 826 074 802 701	109	. 037 426 497 941
29	. 462 397 997 899	71	. 851 258 348 719	113	. 053 078 443 483

Wichtige Zahlen und ihre Zehnerlogarithmen

N	N	$\frac{1}{N}$	lg N
$\sqrt{2}$	1, 414 213 562 373 095̇	0, 707 106 781 186 548	0. 150 514 997 832
$\sqrt{3}$	1, 732 050 807 568 877	0, 577 350 269 189 626	0. 238 560 627 360
$\sqrt{10}$	3, 162 277 660 168 379	0, 316 227 766 016 838	0. 5
$\sqrt[3]{2}$	1, 259 921 049 894 873	0, 793 700 525 984 100	0. 100 343 331 888
$\sqrt[3]{10}$	2, 154 434 690 031 884	0, 464 158 883 361 278	0. 333 333 333 333
π	3, 141 592 653 589 793	0, 318 309 886 183 791	0. 497 149 872 694
π^2	9, 869 604 401 089 359	0, 101 321 183 642 338	0. 994 299 745 388
π^3	31, 006 276 680 299 820	0, 032 251 534 433 199	1. 491 449 618 082
$\sqrt{\pi}$	1, 772 453 850 905 516	0, 564 189 583 547 756	0. 248 574 936 347
$\sqrt{2\pi}$	2, 506 628 274 631 001	0, 398 942 280 401 433	0. 399 089 934 179
$\sqrt[3]{\pi}$	1, 464 591 887 561 523	0, 682 784 063 255 296	0. 165 716 624 231
e	2, 718 281 828 459 045̇	0, 367 879 441 171 442	0. 434 294 481 903
e^2	7, 389 056 098 930 65̇0	0, 135 335 283 236 613	0. 868 588 963 807
$\sqrt{e}$	1, 648 721 270 700 128	0, 606 530 659 712 633	0. 217 147 240 952
M = lg e	0, 434 294 481 903 252	2, 302 585 092 994 046	0. 637 784 311 301—1
e^π	23, 140 692 632 779 269	0, 043 213 918 263 772	1. 364 376 332 895̇
C	0, 577 215 664 901 533	(Eulersche oder Mascheronische Konstante)	

Astronomie, Geographie

Einheiten und grundlegende Begriffe

Grundeinheiten der Astronomie (1976 von der IAU festgelegt)

Entfernung 1 AE = 1 astronom. Einheit = 1,49597870 · 10^{11} m

Masse 1 m_s = 1 Sonnenmasse = 1,9891 · 10^{30} kg

Zeit 1 d = 86400 s

Einheiten der Praxis

Entfernung

Lichtjahr 1 LJ = 63 275 AE = 9,46 · 10^{12} km (früher übliche Einheit)

Parsec (Sternweite): Entfernung, von der aus der Halbmesser der Erdbahn unter einem Winkel von 1″ erscheint. 1 Parsec = 206 265 AE = 3,26 LJ = 3,08 · 10^{13} km.

Zeit

1 Sekunde = (1/31 556 925,9747) der Dauer des tropischen Jahres 1900.

Jahr	d	h	min	s	**Monat**	d	h	min	s
Tropisches:	365	05	48	46	Tropischer:	27	07	43	05
Gregorianisches:	365	05	49	12	Synodischer:	29	12	44	03
Julianisches:	365	06	0	0	(von Neumond bis Neumond)				
Siderisches:	365	06	09	10	Siderischer:	27	07	43	12
	= 365,256 d = 8766,158 h					= 27,322 d = 655,72 h			
	= 3,1558 · 10^7 s					= 2,3606 · 10^6 s			

Tropischer Umlauf eines Gestirns: Vom Frühlingspunkt zum Frühlingspunkt

Siderischer Umlauf eines Gestirns: Von einem Fixstern zum gleichen Fixstern

1 Sterntag Zeit zwischen 2 aufeinanderfolgenden *oberen* Meridiandurchgängen des Frühlingspunktes = 23 h 56 min 4 s = (1/1,00274) d.

Uhrzeit

Stundenwinkel t Winkel des Stundenkreises des Gestirns vom *oberen* Meridian aus über W nach N nach O gerechnet; er wird in (°) oder (^{h}) angegeben. Es ist 15° = 1^h (siehe Tabelle Seite 115).

Wahre Ortszeit WOZ = Stundenwinkel der wahren Sonne $\pm 12^h$

Mittlere Ortszeit MOZ = Stundenwinkel der mittleren Sonne $\pm 12^h$

Zeitgleichung Zgl = WOZ — MOZ (siehe Tabelle Seite 114)

Mitteleuropäische Zeit MEZ ≡ MOZ für $\lambda = -15°$ ($15° = 1^h$)

$$\text{MEZ} = \text{MOZ} + (\lambda + 15°) \quad \begin{cases} \lambda > 0 \text{ westlich Greenwich} \\ \lambda < 0 \text{ östlich Greenwich} \end{cases}$$

Weltzeit WZ ≡ MOZ für $\lambda = 0$. WZ ≡ MOZ von Greenwich

WZ = MEZ — 1^h

Sternzeit ϑ = Stundenwinkel t_γ des Frühlingspunktes

Rektaszension $\alpha = \vartheta - t$ (für alle Gestirne). $\sigma = 360° - \alpha$ heißt *Sternwinkel.* Im Augenblick des oberen Meridiandurchganges ($t = 0$) eines Gestirnes ist die Sternzeit gleich der Rektaszension des Gestirnes.

Umrechnung von Sonnenzeit in Sternzeit

$$\vartheta = \vartheta_0 + \text{WZ} \cdot 1{,}00274 - \lambda = \vartheta_0 + (\text{MEZ} - 1^h) \cdot 1{,}00274 - \lambda$$

ϑ ist die Sternzeit für Länge λ $\begin{cases} \lambda > 0 \text{ westlich Greenwich} \\ \lambda < 0 \text{ östlich Greenwich} \end{cases}$

ϑ_0 ist die Sternzeit für $\lambda = 0$ um WZ = 0^h desselben Tages.

Sterngröße Die Sterngröße m gibt die scheinbare Helligkeit eines Gestirns an. Die Lichtintensitäten zweier Sterne mit den Sterngrößen n und $(n + 1)$ verhalten sich wie 2,512 : 1.
Der Polarstern hat die Sterngröße 2,12.

Wahre und Mittlere Sonne; Umrechnungen

Zeitgleichung (Zgl) 1975; jeweils für WZ = 0^h (Zgl = WOZ—MOZ). **Negative Werte** sind **rot unterlegt.**

Tag	Jan.	Febr.	März	April	Mai	Juni	Juli	Aug.	Sept.	Okt.	Nov.	Dez.	Tag
1	**03m08s**	**13m29s**	**12m35s**	**04m12s**	02m48s	02m24s	**03m34s**	**06m20s**	**00m18s**	10m00s	16m21s	11m19s	1
2	**03 36**	**13 37**	**12 23**	**03 54**	02 56	02 15	**03 46**	**06 16**	00 01	10 19	16 23	10 57	2
3	**04 04**	**13 45**	**12 11**	**03 36**	03 03	02 06	**03 58**	**06 13**	00 20	10 38	16 24	10 34	3
4	**04 32**	**13 51**	**11 59**	**03 18**	03 09	01 56	**04 09**	**06 08**	00 39	10 57	16 24	10 10	4
5	**04 59**	**13 57**	**11 46**	**03 01**	03 15	01 46	**04 20**	**06 03**	00 59	11 15	16 23	09 46	5
6	**05m26s**	**14m02s**	**11m32s**	**02m44s**	03m20s	01m35s	**04m30s**	**05m57s**	01m18s	11m33s	16m22s	09m22s	6
7	**05 53**	**14 07**	**11 18**	**02 26**	03 25	01 25	**04 41**	**05 51**	01 38	11 51	16 20	08 56	7
8	**06 19**	**14 10**	**11 04**	**02 09**	03 29	01 13	**04 51**	**05 44**	01 59	12 08	16 17	08 31	8
9	**06 44**	**14 13**	**10 50**	**01 53**	03 33	01 02	**05 00**	**05 36**	02 19	12 25	16 13	08 04	9
10	**07 09**	**14 15**	**10 35**	**01 36**	03 36	00 50	**05 09**	**05 28**	02 40	12 42	16 08	07 38	10
11	**07m34s**	**14m16s**	**10m19s**	**01m20s**	03m38s	00m38s	**05m18s**	**05m20s**	03m01s	12m58s	16m02s	07m11s	11
12	**07 58**	**14 16**	**10 04**	**01 04**	03 40	00 26	**05 26**	**05 10**	03 22	13 13	15 56	06 43	12
13	**08 21**	**14 16**	**09 48**	**00 49**	03 41	00 14	**05 34**	**05 00**	03 43	13 29	15 49	06 15	13
14	**08 44**	**14 15**	**09 32**	**00 33**	03 42	00 01	**05 41**	**04 50**	04 04	13 43	15 41	05 47	14
15	**09 06**	**14 13**	**09 15**	**00 18**	03 42	**00 11**	**05 48**	**04 39**	04 25	13 57	15 32	05 19	15
16	**09m28s**	**14m11s**	**08m59s**	**00m04s**	03m42s	**00m24s**	**05m55s**	**04m28s**	04m47s	14m11s	15m22s	04m50s	16
17	**09 49**	**14 07**	**08 42**	00 11	03 41	**00 37**	**06 00**	**04 15**	05 08	14 24	15 12	04 21	17
18	**10 09**	**14 03**	**08 24**	00 25	03 39	**00 50**	**06 06**	**04 03**	05 29	14 36	15 00	03 52	18
19	**10 28**	**13 58**	**08 07**	00 38	03 37	**01 03**	**06 10**	**03 50**	05 51	14 48	14 48	03 23	19
20	**10 47**	**13 53**	**07 50**	00 52	03 34	**01 16**	**06 15**	**03 36**	06 12	15 00	14 35	02 53	20
21	**11m05s**	**13m47s**	**07m32s**	01m05s	03m31s	**01m29s**	**06m18s**	**03m22s**	06m34s	15m10s	14m21s	02m23s	21
22	**11 22**	**13 40**	**07 14**	01 17	03 28	**01 42**	**06 21**	**03 07**	06 55	15 20	14 06	01 54	22
23	**11 38**	**13 32**	**06 56**	01 29	03 24	**01 55**	**06 24**	**02 52**	07 16	15 30	13 51	01 24	23
24	**11 54**	**13 24**	**06 38**	01 41	03 19	**02 08**	**06 26**	**02 37**	07 37	15 38	13 35	00 54	24
25	**12 08**	**13 15**	**06 20**	01 52	03 14	**02 20**	**06 27**	**02 21**	07 58	15 46	13 18	00 24	25
26	**12m22s**	**13m06s**	**06m01s**	02m02s	03m08s	**02m33s**	**06m28s**	**02m04s**	08m19s	15m54s	13m00s	**00m06s**	26
27	**12 35**	**12 56**	**05 43**	02 13	03 02	**02 46**	**06 28**	**01 47**	08 40	16 00	12 41	**00 35**	27
28	**12 48**	**12 46**	**05 25**	02 22	02 55	**02 58**	**06 27**	**01 30**	09 00	16 06	12 22	**01 05**	28
29	**12 59**	—	**05 06**	02 31	02 48	**03 10**	**06 26**	**01 13**	09 20	16 11	12 01	**01 34**	29
30	**13 10**	—	**04 48**	02 40	02 41	**03 23**	**06 25**	**00 55**	09 40	16 15	11 41	**02 04**	30
31	**13m20s**	—	**04m30s**	—	02m32s	—	**06m23s**	**00m37s**	—	16m18s	—	**02m33s**	31

Beispiel: Für $\lambda = 0$ tritt am 4. Februar 1975 die Sonne um MOZ = $12^h13^m54^s$ durch den oberen Meridian.
Diese Werte wiederholen sich nach Ablauf eines tropischen Jahres (= Kalenderjahr + 0,2422 d) mit einer Abweichung von höchstens 5^s.

Sternzeit (ϑ_0) 1975; jeweils für WZ = 0^h und $\lambda = 0°$. Mittlere tägliche Änderung: $3^m56{,}56^s$

Tag	1.	6.	11.	16.	21.	26.
Januar	06h40m06s	06h59m49s	07h19m32s	07h39m15s	07h58m57s	08h18m40s
Februar	08 42 19	09 02 02	09 21 45	09 41 28	10 01 11	10 20 53
März	10 32 43	10 52 26	11 12 08	11 31 51	11 51 34	12 11 17
April	12 34 56	12 54 39	13 14 22	13 34 04	13 53 47	14 13 30
Mai	14 33 13	14 52 55	15 12 38	15 32 21	15 52 04	16 11 47
Juni	16 35 26	16 55 09	17 14 51	17 34 34	17 54 17	18 14 00
Juli	18 33 43	18 53 25	19 13 08	19 32 51	19 52 34	20 12 17
August	20 35 56	20 55 39	21 15 21	21 35 04	21 54 47	22 14 30
September	22 38 09	22 57 52	23 17 35	23 37 17	23 57 00	00 16 43
Oktober	00 36 26	00 56 08	01 15 51	01 35 34	01 55 17	02 14 59
November	02 38 39	02 58 22	03 18 04	03 37 47	03 57 30	04 17 13
Dezember	04 36 55	04 56 38	05 16 21	05 36 04	05 55 47	06 15 29

Beispiel: Für $\lambda = -10°$ ist am 1. Januar 1975 MOZ = 0^h die Sternzeit $\vartheta = 06^h\,40^m\,06^s - 3^m\,56{,}56^s \cdot \frac{10}{360} = 06^h\,39^m\,59^s$.

Diese Werte wiederholen sich nach Ablauf eines tropischen Jahres (= Kalenderjahr + 0,2442 d) mit einer Abweichung von höchstens $2{,}4^s$.

Umrechnung								
Winkel in Grad	360°	180°	15°	1°	15′	1′	15″	1″
Winkel in Stunden	24^h	12^h	1^h	4^m	1^m	4^s	1^s	$0{,}067^s$

Unterscheide zwischen der Zeiteinheit 1 h (1 Stunde) und der Winkeleinheit 1^h (1 Uhr)

Deklination (δ) der wahren Sonne 1975; jeweils für WZ = 0^h. **Negative Werte** sind **rot unterlegt.**

Tag	Jan.	Febr.	März	April	Mai	Juni	Juli	Aug.	Sept.	Okt.	Nov.	Dez.	Tag
1	**23°04′**	**17°20′**	**07°54′**	04°13′	14°49′	21°56′	23°10′	18°14′	08°35′	**02°51′**	**14°09′**	**21°40′**	1
2	**22 59**	**17 03**	**07 32**	04 36	15 07	22 05	23 06	17 59	08 14	**03 15**	**14 29**	**21 50**	2
3	**22 54**	**16 46**	**07 09**	04 59	15 25	22 12	23 02	17 44	07 52	**03 38**	**14 48**	**21 59**	3
4	**22 48**	**16 28**	**06 46**	05 22	15 43	22 20	22 57	17 28	07 30	**04 01**	**15 07**	**22 07**	4
5	**22 42**	**16 11**	**06 23**	05 45	16 01	22 27	22 52	17 12	07 08	**04 24**	**15 25**	**22 16**	5
6	**22°36′**	**15°52′**	**06°00′**	06°08′	16°18′	22°34′	22°46′	16°56′	06°45′	**04°47′**	**15°44′**	**22°23′**	6
7	**22 29**	**15 34**	**05 36**	06 31	16 35	22 40	22 41	16 40	06 23	**05 11**	**16 02**	**22 31**	7
8	**22 21**	**15 15**	**05 13**	06 53	16 51	22 46	22 34	16 23	06 01	**05 34**	**16 19**	**22 38**	8
9	**22 13**	**14 56**	**04 50**	07 15	17 08	22 52	22 28	16 06	05 38	**05 56**	**16 37**	**22 44**	9
10	**22 05**	**14 37**	**04 26**	07 38	17 24	22 57	22 20	15 49	05 16	**06 19**	**16 54**	**22 50**	10
11	**21°56′**	**14°18′**	**04°03′**	08°00′	17°40′	23°01′	22°13′	15°31′	04°53′	**06°42′**	**17°11′**	**22°56′**	11
12	**21 47**	**13 58**	**03 39**	08 22	17 55	23 06	22 05	15 14	04 30	**07 05**	**17 28**	**23 01**	12
13	**21 37**	**13 38**	**03 15**	08 44	18 10	23 10	21 57	14 56	04 07	**07 27**	**17 44**	**23 05**	13
14	**21 27**	**13 18**	**02 52**	09 06	18 25	23 13	21 48	14 37	03 44	**07 50**	**18 00**	**23 10**	14
15	**21 16**	**12 58**	**02 28**	09 28	18 40	23 16	21 39	14 19	03 21	**08 12**	**18 16**	**23 13**	15
16	**21°06′**	**12°37′**	**02°04′**	09°49′	18°54′	23°19′	21°30′	14°00′	02°58′	**08°34′**	**18°31′**	**23°17′**	16
17	**20 54**	**12 17**	**01 41**	10 11	19 08	23 21	21 20	13 41	02 35	**08 56**	**18 47**	**23 19**	17
18	**20 43**	**11 56**	**01 17**	10 32	19 22	23 23	21 10	13 22	02 12	**09 18**	**19 01**	**23 22**	18
19	**20 30**	**11 34**	**00 53**	10 53	19 35	23 25	21 00	13 03	01 49	**09 40**	**19 16**	**23 24**	19
20	**20 18**	**11 13**	**00 30**	11 14	19 48	23 26	20 49	12 44	01 25	**10 02**	**19 30**	**23 25**	20
21	**20°05′**	**10°52′**	**00°06′**	11°34′	20°01′	23°26′	20°38′	12°24′	01°02′	**10°24′**	**19°44′**	**23°26′**	21
22	**19 52**	**10 30**	00 18	11 55	20 13	23 26	20 27	12 04	00 39	**10 45**	**19 57**	**23 26**	22
23	**19 38**	**10 08**	00 42	12 15	20 25	23 26	20 15	11 44	00 16	**11 06**	**20 10**	**23 26**	23
24	**19 24**	**09 46**	01 05	12 35	20 37	23 26	20 03	11 24	**00 08**	**11 27**	**20 23**	**23 26**	24
25	**19 10**	**09 24**	01 29	12 55	20 48	23 25	19 50	11 03	**00 31**	**11 48**	**20 35**	**23 25**	25
26	**18°55′**	**09°02′**	01°52′	13°14′	20°59′	23°23′	19°37′	10°43′	**00°55′**	**12°09′**	**20°47′**	**23°24′**	26
27	**18 40**	**08 39**	02 16	13 34	21 09	23 21	19 24	10 22	**01 18**	**12 30**	**20 58**	**23 22**	27
28	**18 25**	**08 17**	02 39	13 53	21 19	23 19	19 11	10 01	**01 41**	**12 50**	**21 09**	**23 19**	28
29	**18 09**	—	03 03	14 12	21 29	23 16	18 57	09 40	**02 05**	**13 10**	**21 20**	**23 16**	29
30	**17 53**	—	03 26	14 31	21 39	23 13	18 43	09 18	**02 28**	**13 30**	**21 30**	**23 13**	30
31	**17°37′**	—	03°49′	—	21°48′	—	18°29′	08°57′	—	**13°50′**	—	**23°09′**	31

Diese Werte wiederholen sich nach Ablauf eines tropischen Jahres (= Kalenderjahr + 0,2422 d) mit einer Abweichung von höchstens 33″.

Rektaszension (α) **der wahren Sonne** (für WZ = 0^h) = Sternzeit ϑ_0 (Tafel S. 114) $\pm$ 12^h — Zgl.

Dämmerung

Bezeichnung	astronomische D.	nautische D.	bürgerliche D.
h zwischen 0° und	—18°	—12°	—6°30′

Refraktion

h'	0°	1°	2°	4°	6°	8°	10⋯11°	11⋯15°	16⋯21°	22⋯33°	34⋯60°
$h' - h$	35′	25′	18′	12′	9′	7′	5′	4′	3′	2′	1′

h': scheinbare Höhe; h: von Refraktion befreite Höhe (mittlere gerundete Werte)

Kimmtiefe Unter Berücksichtigung der Refraktion ist $\beta \approx 1{,}78' \cdot \sqrt{h}$, wobei h (in Metern) die Höhe des Auges über der Meeresoberfläche ist.

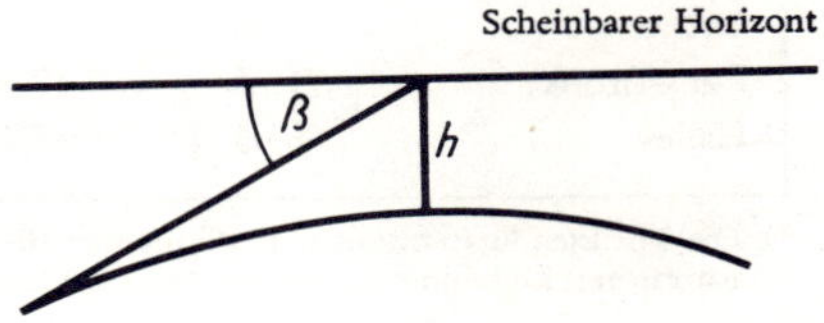

Körper des Sonnensystems

Sonne ⊙

Äquatorradius = 696 000 km; scheinbarer mittlerer Halbmesser ≈ 16″
Horizontal-Parallaxe = 8,794″
Masse = $1{,}9891 \cdot 10^{30}$ kg = 332 946,0 ♁-Massen. Mittlere Dichte = 1,4 kg/dm³
Schwerebeschleunigung = 273 m/s²
Siderische Umdrehungszeit (am Äquator) = 25 Tage
Neigung der ⊙ — Äquatorebene gegen die Ekliptik = 7°9′
Entfernung ⊙ — nächster Fixstern (Proxima Centauri): 4,27 LJ
Entfernung ⊙ — Mittelpunkt des Milchstraßensystems: ≈ 30 000 LJ
Effektive Temperatur an der Oberfläche: ≈ 5 700 K
Helligkeit: — $26{,}8^m$. Sonnenfleckenperiode: ≈ 11 Jahre

Erde ♁

Äquatorradius $a = 6\,378{,}14$ km
Polradius $b = 6\,356{,}76$ km — Abplattung $= \frac{a-b}{a} \approx \frac{1}{298{,}26}$
Mittl. Radius $R_m = (2a + b) : 3 = 6\,371{,}01$ km
Masse = $5{,}974 \cdot 10^{24}$ kg; Dichte: mittl. ≈ 5,5 kg/dm³, nahe Oberfläche ≈ 2,6 kg/dm³
Schwerebeschleunigung (Normwert) $g_n = 9{,}80665$ m/s² (siehe auch Seite 124)
Mittlere Entfernung Erde—Sonne = $1{,}496 \cdot 10^8$ km — Exzentrizität = 0,016 728
Mittlere Schiefe der Ekliptik (1975,0); $\varepsilon = 23°26'33''$ (jährliche Abnahme rd. 0,5″)
Jährliche Präzession der Äquinoktien = 50,3″ — Nutationskonstante = 9,2″
Solarkonstante = $1{,}39 \cdot 10^3$ J/m²s ≈ 1,39 kW/m² — Aberrationskonstante = 20,496″

Mond ☾

Äquatorradius = 1738 km — Scheinbarer mittlerer Halbmesser ≈ 15′30″
Masse ≈ 0,0123 ♁-Masse — Mittlere Dichte = 3,3 kg/dm³
Schwerebeschleunigung = 1,62 m/s²
Entfernung ♁—☾: 356 000 bis 407 000 km, im Mittel 384 000 km ≈ 60,3 ♁-Halbmesser
Umlaufzeiten: siehe Monat Seite 113 — Mittlere tägliche Bewegung = 13°11′
Äquatorial-Horizontalparallaxe = 57′ — Mittlere Bahnexzentrizität = 0,055
Bahnneigung gegen Ekliptik = 5°9′ — Helligkeit (Vollmond) = — $12{,}5^m$

Planeten und Kometen		Siderische Umlaufzeit in trop. Jahren	Halbe große Achse in AE	Numerische Exzentrizität	Bahnneigung gegen Ekliptik	Äquatorradius in km (rd.)	Masse (in Erdmassen)	Zahl der Monde
a) Große Planeten								
Merkur	☿	0,241	0,387	0,206	7°0′	2 439	0,06	0
Venus	♀	0,615	0,723	0,007	3°24′	6 052	0,82	0
Erde	♁	1,000	1,000	0,017	—	6 378,14	1,00	1
Mars	♂	1,881	1,524	0,093	1°51′	3 397,2	0,11	2
Jupiter¹)	♃	11,863	5,203	0,048	1°18′	71 398	317,89	13
Saturn	♄	29,458	9,555	0,056	2°29′	60 000	95,17	10
Uranus	⛢	84,022	19,218	0,046	0°46′	25 400	14,56	5
Neptun	♆	164,772	30,110	0,009	1°46′	24 300	17,24	2
Pluto	PL	248,430	39,518	0,249	17°9′	2 500	0,11	?
b) Kleinplaneten								
Eros		1,761	1,458	0,223	10°50′	16	$3 \cdot 10^{-4}$	—
Pallas		4,616	2,771	0,238	34°40′	290	$4 \cdot 10^{-5}$	—
c) Kometen								
Encke		3,30	2,22	0,846	12°32′	—	—	—
Pons-Brooks		71,56	17,24	0,955	74°03′	—	—	—
Halley		76,03	18,25	0,967	162°12′ (rückläufig)			

¹) Die 4 hellsten Jupitermonde: Entfernung in 10³ km: 420; 670; 1070; 1880. Siderische Umlaufzeit in Tagen: 1,77; 3,55; 7,15; 16,69
²) Saturnring: Durchmesser: innerer $142 \cdot 10^3$ km, äußerer $277 \cdot 10^3$ km. Scheinbare kleine Ringachse: 0″ bis ≈ ± 18″

Künstliche Erdsatelliten (Bahndaten sind nicht konstant)

Name	(Gestartet von, Jahr des Starts)	Umlaufszeit in Minuten	Bahnneigung gegen Äquator	Apogäum	Perigäum
Cosmos 159	(UdSSR, 1966)	1 174,2 min	51,6°	60 637 km	350 km
Cosmos 184	(UdSSR, 1967)	97,2 min	81,2°	638 km	600 km
Early Bird	(USA , 1965)	1 437,3 min	0,13°	36 596 km	35 025 km
Echo 2	(USA , 1964)	108,2 min	81,5°	1 342 km	948 km
Explorer 21	(USA , 1964)	2 097,0 min	33,7°	95 596 km	191 km
Molnija 7	(UdSSR, 1967)	735,1 min	64,1°	40 261 km	949 km
Geos C	(USA , 1975)	101,6 min	115°	843 km	843 km

Künstliche Planetoiden (Bahndaten sind nicht konstant)

Name	(Gestartet von, Jahr des Starts	Umlaufszeit in Tagen	Bahnneigung gegen Ekliptik	Aphel	Perihel
Mariner 4	(USA , 1964)	567,186 d	2,54°	$235{,}3 \cdot 10^6$ km	$165{,}9 \cdot 10^6$ km
Mariner 5	(USA , 1966)	194,635 d	1,39°	$109{,}9 \cdot 10^6$ km	$86{,}8 \cdot 10^6$ km

Fixsterne*)

Erklärungen

Rektaszension und Deklination für 1975,0 (auf volle Bogenminuten gerundet). Die Werte für R = Radius ($R_\odot = 1$), M = Masse ($M_\odot = 1$), T = effektive Kelvintemperatur, p = Parallaxe und für die Entfernung hängen teilweise stark von Annahmen und Meßmethoden ab.
ν veränderlicher Stern, D_2 Doppelstern, D_3 3faches System usw.

Name Sternbild	Größenklasse	Rektaszension	Deklination	Entfernung in LJ (rd.)	Weitere Angaben
Polarstern α Kl. Bär	2,12	$2^h07^m26^s$	+89°09′	250	$R = 10$; D_2; ν; Polabstand z. Z. rd. 1°
Capella α Fuhrmann	0,21	$5^h14^m50^s$	+45°58′	45	$R = 16$; $M = 4$; $T = 5\,000$ K; $p = 0{,}07''$; D_2; Riese
Sirius α Gr. Hund	−1,58	$6^h44^m03^s$	−16°41′	8,7	$R = 2$; $M = 2{,}3$; $T = 11\,000$ K; $p = 0{,}376''$; D_2; Begleiter: Weißer Zwerg; $R_2 = 0{,}025$; $M_2 = 0{,}9$
Mizar ζ Gr. Bär	2,40	$13^h22^m55^s$	+55°03′	74	$R = 2$; D_3; 1. Begleiter: Alkor (Reiterlein) in 11′ 50″ Abstand
Wega α Leier	0,14	$18^h36^m06^s$	+38°46′	28	$R = 4$; $T = 11\,000$ K; $p = 0{,}12''$
Atair α Adler	0,89	$19^h49^m34^s$	+ 8°48′	16	$R = 2$; $T = 8\,500$ K; $p = 0{,}21''$; Rotationszeit 7 Stunden

*) Siehe Sternkarte Klettbuch 7081

Nebel

Bezeichnung	Art	Angaben	(Die Zahlenwerte geben nur die Größenordnung)
Andromeda-Nebel[1]	Spiral-Nebel	Lage: In Verlängerung von $\beta \rightarrow \mu$ Andromeda Durchmesser = 80000 LJ	Entfernung = $2 \cdot 10^6$ LJ Masse = $4 \cdot 10^{11}$ Sonnenmassen
Orion-Nebel[2]	Gas-Nebel (diffus)	Lage: Im Schwertgriff Durchmesser = 100 LJ	Entfernung = 1 700 LJ Masse = 100 Sonnenmassen
Ring-Nebel[2] in der Leier	Planetarischer Nebel mit Zentralstern	Lage: Zwischen β und γ	Entfernung = 5 000 LJ

[1] Außergalaktisches Sternsystem [2] Galaktischer Nebel

Geographische Koordinaten (Sternwarten)

	Ort	Breite φ	Länge λ	Ort	Breite φ	Länge λ
In Europa	Helsinki	+60°10′	—24°57′	Sonneberg	+50°23′	—11°12′
	Oslo	+59°55′	—10°43′	Frankfurt a. M.	+50°07′	— 8°39′
	Edinburgh	+55°55′	+ 3°11′	Würzburg	+49°47′	— 9°56′
	Moskau	+55°45′	—37°34′	Heidelberg	+49°24′	— 8°43′
	Kopenhagen	+55°41′	—12°35′	(Königstuhl)		
	Königsberg	+54°43′	—20°30′	Paris (Obs. nat.)	+48°50′	— 2°20′
	Danzig	+54°22′	—18°39′	Stuttgart	+48°47′	— 9°12′
	Kiel	+54°20′	—10°09′	Wien (T.H.)	+48°12′	—16°22′
	Lübeck	+53°52′	—10°41′	München	+48°09′	—11°37′
	Hamburg (Seew.)	+53°33′	— 9°58′	Freiburg i. B.	+47°55′	— 7°54′
	Posen	+52°24′	—16°53′	(Schauinsland-		
	Berlin-Babelsberg	+52°24′	—13°06′	Obs. 1240 m)		
	Potsdam	+52°23′	—13°04′	Wendelstein	+47°42′	—12°01′
	Warschau	+52°13′	—21°02′	(Sonnenobser-		
	Münster (Westf.)	+51°58′	— 7°37′	vat. 1838 m)		
	Göttingen	+51°32′	— 9°57′	Zürich	+47°23′	— 8°33′
	Greenwich	+51°29′	0°	Rom (Capitol)	+41°54′	—12°29′
	Leipzig	+51°20′	—12°23′	Istanbul	+41°01′	—28°58′
	Düsseldorf	+51°12′	— 6°46′	Madrid	+40°25′	+ 3°41′
	Breslau	+51°07′	—17°05′	Lissabon	+38°42′	+ 9°08′
	Jena	+50°56′	—11°35′	Palermo	+38°07′	—13°21′
	Marburg	+50°49′	— 8°46′	Athen	+37°58′	—23°43′
	Bonn	+50°44′	— 7°06′	Catania	+37°10′	—15°05′
Außerhalb Europas	Westlich Greenwich ($\lambda > 0$)			Östlich Greenwich ($\lambda < 0$)		
$\varphi > 0$	Ottawa (Kanada)	+45°24′	+75°43′	Taschkent	+41°20′	—69°18′
	Boston (USA)	+42°21′	+71°05′	(Usbeskistan)		
	New York	+40°49′	+73°58′	Peking	+39°54′	—116°28′
	Washington	+38°55′	+77°04′	Algier	+36°48′	— 3°02′
	(USA)			Tokio	+35°40′	—139°32′
	Mt. Palomar	+33°21′	+116°52′	Kairo	+30°05′	— 31°17′
	(Californien,			Hongkong	+22°18′	—114°10′
	1706 m)			Bombay	+18°54′	— 72°49′
	Tacubaya	+19°24′	+99°12′	Manila	+14°35′	—120°58′
	(Mex., 2311 m)			(Philippinen)		
	Bogota (Colum-	+ 4°36′	+74°05′	Madras (Indien)	+13°04′	— 80°15′
	bien, 2640 m)			Colombo	+ 6°54′	— 79°52′
$\varphi < 0$	Quito (Ekuador,	— 0°14′	+78°30′	Johannesburg	—26°11′	— 28°04′
	2846 m)			(Südafrika)		
	Rio de Janeiro	—22°54′	+43°13′	Sydney	—33°52′	—151°12′
	Buenos Aires	—34°36′	+58°26′	Wellington		
	(Argentinien)			(Neuseeland)	—41°17′	—174°46′

Länge und Breite sind auf volle Minuten gerundet.

Ergänzungen

Standardzeiten (Angaben nach NAUTICAL ALMANAC für 1975)

Bezugsmeridian*) λ	Standardzeit minus Weltzeit	*Bezeichnung: Gültigkeitsbereich* (ohne Berücksichtigung einer evtl. eingeführten Sommerzeit**)
0°	0^h	Weltzeit (WZ) = *Greenwich-Zeit;* Algerien, England, Gambia, Ghana, Guinea, Irland, Island, Kanarische Inseln, Madeira, Marokko, Mauretanien, Mali, Togo
— 15°	$+ 1^h$	*Mitteleuropäische Zeit* (MEZ); Angola, Belgien, Dahome, Dänemark, Deutschland, Frankreich, Gabun, Holland, Italien, Jugoslawien, Luxemburg, Niger, Norwegen, Österreich, Polen, Portugal, Schweden, Schweiz, Spanien, Tschad, Tschechoslowakei, Tunesien, Ungarn, westl. Zaire
— 30°	$+ 2^h$	Ägypten, Bulgarien, Cypern, Finnland, Griechenland, Israel, Jordanien, Libanon, Libyen, Malawi, Mozambique, Rhodesien, Rumänien, Sambia, Sudan, Südafrika, Syrien, Türkei, östl. Zaire
— 45°	$+ 3^h$	*Moskauer Zeit;* UdSSR westlich von 40° ö. L., Aden, Äthiopien, Irak, Kenia, Kuweit, Saudi-Arabien, Somalia, Tanzania, Uganda
— 52,5°	$+ 3^h30^m$	Iran
— 60°	$+ 4^h$	UdSSR von 40° ö. L. bis 52,5° ö. L., arabische Emirate, Mauritius
— 67,5°	$+ 4^h30^m$	Afghanistan
— 75°	$+ 5^h$	UdSSR von 52,5° ö. L. bis 67,5° ö. L., Pakistan
— 82,5°	$+ 5^h30^m$	Indien, Sri Lanka (früher Ceylon); Nepal hat $+ 5^h40^m$
— 90°	$+ 6^h$	UdSSR von 67,5° ö. L. bis 82,5° ö. L., Bangladesh
— 97,5°	$+ 6^h30^m$	Birma
—105°	$+ 7^h$	UdSSR von 82,5° ö. L. bis 97,5° ö. L., südliches China, westliches Indonesien, Laos, Kambodscha, Thailand, Nord-Vietnam
—112,5°	$+ 7^h30^m$	Malaysia
—120°	$+ 8^h$	UdSSR von 97,5° ö. L. bis 112,5° ö. L., westliches Australien, östliches China, Formosa, Honkong, mittleres Indonesien, Philippinen, Süd-Vietnam
—135°	$+ 9^h$	UdSSR von 112,5° ö. L. bis 127,5° ö. L., östliches Indonesien, Japan, Korea
—142,5°	$+ 9^h30^m$	südliches Australien
—150°	$+10^h$	UdSSR von 127,5° ö. L. bis 142,5° ö. L., östliches Australien, Tasmanien
—165°	$+11^h$	UdSSR von 142,5° ö. L. bis 157,5° ö. L., Kurilen, Neukaledonien
—180°	$+12^h$	UdSSR von 157,5° ö. L. bis 172,5° ö. L., Fidschi-Inseln, Neuseeland
+ 165°	$+13^h$	UdSSR östlich von 172,5° ö. L., Tongainseln
+ 15°	$— 1^h$	Azoren, Guinea-Bissau
+ 30°	$— 2^h$	östliches Grönland, Kapverdische Inseln
+ 45°	$— 3^h$	Argentinien, östliches Brasilien, mittleres Grönland, Uruguay
+ 52,5°	$— 3^h30^m$	Neufundland, Surinam
— 60°	$— 4^h$	Bahamas, Bermudas, Bolivien, mittleres Brasilien, Chile, Kanada um Halifax, Paraguay, Puerto Rico, Trinidad, Venezuela
+ 75°	$— 5^h$	*Eastern Time;* USA (Ostküste, New York), westliches Brasilien, Ekuador, Haiti, Jamaika, Kanada um Montreal, Kolumbien, Kuba, Panama, Peru
+ 90°	$— 6^h$	*Central Time;* USA (Zentralzone, Chicago — New Orleans), Costa Rica, Guatemala, Kanada (Zentralzone), östliches Mexiko (Mexiko City), El Salvador
+105°	$— 7^h$	*Mountain Time;* USA (Gebirgszone, Denver), Kanada (Regina), westliches Mexiko
+120°	$— 8^h$	*Pacific Time;* USA (Westküste, San Francisco), Kanada, Westküste, Vancouver), Alaska östl. von 137° w. L.
+135 °	$— 9^h$	Alaska um Dawson (von 137° w. L. bis 141° w. L.)
+150°	$—10^h$	Alaska um Fairbanks (von 141° w. L. bis 162° w. L.), Hawaii
+165°	$—11^h$	Alaska westlich von 162° w. L., Alëuten, Samoa

*) $\lambda < 0$: östl. Länge (ö. L.); $\lambda > 0$: westl. Länge (w. L.).

**) *Beispiel:* 6^h Standardzeit = 7^h Sommerzeit

CHEMIE

* beim Elementsymbol: Alle Isotope dieses Elements sind radioaktiv.

Die Zahl links oben am Elementsymbol gibt die Atommassenzahl, bezogen auf $^{1}/_{12}$ der Masse des Kohlenstoffisotopes ^{12}C (Atomgewicht) der Isotopenmischung an, soweit eine stabile Isotopenmischung auf der Erde vorkommt.

Die rotgedruckte Zahl links unten am Elementsymbol ist die Ordnungszahl.

Nach den Gesetzen der Quantenphysik können sich Elektronen um einen Atomkern nicht in beliebiger Weise versammeln, sondern nur geordnet nach Schalen (von innen nach außen gehend bezeichnet mit K, L, M, N, ...) und Unterschalen (bezeichnet mit s, p, d, f, ...). Die Tafel zeigt die energieärmste Verteilung der Elektronen auf die Unterschalen: den sogenannten Grundzustand. Unterschalen, von denen aus ein Elektron schon durch geringe Energiezufuhr auf eine andere, nicht vollbesetzte Unterschale gehoben werden kann, sind rot unterlegt.

Gruppe	Ordnungszahl	Symbol	Name	Atommasse	s p d f	s p d f	s p d f	s p d f	s p d f	s p d f	s p d f
I	1	H	Wasserstoff	1,00797	1						
I	3	Li	Lithium	6,939	2	1					
II	4	Be	Beryllium	9,0122	2	2					
I	11	Na	Natrium	22,990	2	2 6	1				
II	12	Mg	Magnesium	24,312	2	2 6	2				
I	19	K	Kalium	39,102	2	2 6	2 6	1			
II	20	Ca	Calcium	40,08	2	2 6	2 6	2			
IIIa	21	Sc	Scandium	44,956	2	2 6	2 6 1	2			
I	37	Rb	Rubidium	85,47	2	2 6	2 6 10	2 6	1		
II	38	Sr	Strontium	87,62	2	2 6	2 6 10	2 6	2		
IIIa	39	Y	Yttrium	88,905	2	2 6	2 6 10	2 6 1	2		
I	55	Cs	Cäsium	132,90	2	2 6	2 6 10	2 6 10	2 6	1	
II	56	Ba	Barium	137,34	2	2 6	2 6 10	2 6 10	2 6	2	
IIIa	57	La	Lanthan	138,91	2	2 6	2 6 10	2 6 10	2 6 1	2	
I	87	Fr*	Francium		2	2 6	2 6 10	2 6 10 14	2 6 10	2 6	1
II	88	Ra*	Radium		2	2 6	2 6 10	2 6 10 14	2 6 10	2 6	2
IIIa	89	Ac*	Actinium		2	2 6	2 6 10	2 6 10 14	2 6 10	2 6 1	2

Lanthanide (58 bis 71) und Actinide (90 bis 103)

Ordnungszahl	Symbol	Name	Atommasse	s p d f	s p d f	s p d f	s p d f	s p d f	s p d f	s p d f
58	Ce	Cer	140,12	2	2 6	2 6 10	2 6 10 2	2 6	2	
59	Pr	Praseodym	140,91	2	2 6	2 6 10	2 6 10 3	2 6	2	
60	Nd	Neodym	144,24	2	2 6	2 6 10	2 6 10 4	2 6	2	
61	Pm*	Promethium		2	2 6	2 6 10	2 6 10 5	2 6	2	
62	Sm	Samarium	150,35	2	2 6	2 6 10	2 6 10 6	2 6	2	
63	Eu	Europium	151,96	2	2 6	2 6 10	2 6 10 7	2 6	2	
64	Gd	Gadolinium	157,25	2	2 6	2 6 10	2 6 10 7	2 6 1	2	
65	Tb	Terbium	158,92	2	2 6	2 6 10	2 6 10 9	2 6	2	
66	Dy	Dysprosium	162,50	2	2 6	2 6 10	2 6 10 10	2 6	2	
67	Ho	Holmium	164,93	2	2 6	2 6 10	2 6 10 11	2 6	2	
68	Er	Erbium	167,26	2	2 6	2 6 10	2 6 10 12	2 6	2	
69	Tm	Thulium	168,93	2	2 6	2 6 10	2 6 10 13	2 6	2	
70	Yb	Ytterbium	173,04	2	2 6	2 6 10	2 6 10 14	2 6	2	
71	Lu	Lutetium	174,97	2	2 6	2 6 10	2 6 10 14	2 6 1	2	
90	Th*	Thorium	232,04	2	2 6	2 6 10	2 6 10 14	2 6 10	2 6 2	2
91	Pa*	Protactinium		2	2 6	2 6 10	2 6 10 14	2 6 10 2	2 6 1	2
92	U*	Uran	238,03	2	2 6	2 6 10	2 6 10 14	2 6 10 3	2 6 1	2
93	Np*	Neptunium		2	2 6	2 6 10	2 6 10 14	2 6 10 4	2 6 1	2
94	Pu*	Plutonium		2	2 6	2 6 10	2 6 10 14	2 6 10 5	2 6 1	2
95	Am*	Americium		2	2 6	2 6 10	2 6 10 14	2 6 10 7	2 6	2
96	Cm*	Curium		2	2 6	2 6 10	2 6 10 14	2 6 10 7	2 6 1	2
97	Bk*	Berkelium		2	2 6	2 6 10	2 6 10 14	2 6 10 8	2 6 1	2
98	Cf*	Californium		2	2 6	2 6 10	2 6 10 14	2 6 10 9	2 6 1	2
99	Es*	Einsteinium		2	2 6	2 6 10	2 6 10 14	2 6 10 10	2 6 1	2
100	Fm*	Fermium		2	2 6	2 6 10	2 6 10 14	2 6 10 11	2 6 1	2
101	Md*	Mendelevium		2	2 6	2 6 10	2 6 10 14	2 6 10 12	2 6 1	2
102	No*	Nobelium		2	2 6	2 6 10	2 6 10 14	2 6 10 13	2 6 1	2
103	Lr*	Lawrencium		2	2 6	2 6 10	2 6 10 14	2 6 10 14	2 6 1	2

Periodensystem der Elemente

Hauptgruppen

Periode 1

	VIII/0	Perioden
Atomgewicht	4,0026	
Ordnungszahl, Symbol	2 He	1
Name	Helium	
K-Schale (n=1)	2	

Periode 2

	III	IV	V	VI	VII	VIII/0	Perioden
Atomgewicht	10,811	12,011	14,007	15,999	18,998	20,183	
Ordnungszahl, Symbol	5 B	6 C	7 N	8 O	9 F	10 Ne	2
Name	Bor	Kohlen-stoff	Stickstoff	Sauer-stoff	Fluor	Neon	
K-Schale (n=1)	2	2	2	2	2	2	
L-Schale (2)	2 1	2 2	2 3	2 4	2 5	2 6	

Periode 3

	III	IV	V	VI	VII	VIII/0	Perioden
Atomgewicht	26,982	28,086	30,974	32,064	35,453	39,948	
Ordnungszahl, Symbol	13 Al	14 Si	15 P	16 S	17 Cl	18 Ar	3
Name	Alu-minium	Silizium	Phosphor	Schwefel	Chlor	Argon	
K-Schale (n=1)	2	2	2	2	2	2	
L-Schale (2)	2 6	2 6	2 6	2 6	2 6	2 6	
M-Schale (3)	2 1	2 2	2 3	2 4	2 5	2 6	

Nebengruppen

Periode 4

	IVa	Va	VIa	VIIa	VIIIa	VIIIa	VIIIa	Ia	IIa	III	IV	V	VI	VII	VIII/0	Perioden
Atomgewicht	47,90	50,942	51,996	54,938	55,847	58,933	58,71	63,54	65,37	69,72	72,59	74,922	78,96	79,909	83,80	
Ordnungszahl, Symbol	22 Ti	23 V	24 Cr	25 Mn	26 Fe	27 Co	28 Ni	29 Cu	30 Zn	31 Ga	32 Ge	33 As	34 Se	35 Br	36 Kr	4
Name	Titan	Vanadin	Chrom	Mangan	Eisen	Kobalt	Nickel	Kupfer	Zink	Gallium	Germa-nium	Arsen	Selen	Brom	Krypton	
K-Schale (n=1)	2	2	2	2	2	2	2	2	2	2	2	2	2	2	2	
L-Schale (2)	2 6	2 6	2 6	2 6	2 6	2 6	2 6	2 6	2 6	2 6	2 6	2 6	2 6	2 6	2 6	
M-Schale (3)	2 6 2	2 6 3	2 6 5	2 6 5	2 6 6	2 6 7	2 6 8	2 6 10	2 6 10	2 6 10	2 6 10	2 6 10	2 6 10	2 6 10	2 6 10	
N-Schale (4)	2	2	1	2	2	2	2	1	2	2 1	2 2	2 3	2 4	2 5	2 6	

Periode 5

	IVa	Va	VIa	VIIa	VIIIa	VIIIa	VIIIa	Ia	IIa	III	IV	V	VI	VII	VIII/0	Perioden
Atomgewicht	91,22	92,906	95,94		101,07	102,90	106,4	107,87	112,40	114,82	118,69	121,75	127,60	126,90	131,30	
Ordnungszahl, Symbol	40 Zr	41 Nb	42 Mo	43 Tc*	44 Ru	45 Rh	46 Pd	47 Ag	48 Cd	49 In	50 Sn	51 Sb	52 Te	53 J	54 Xe	5
Name	Zirkonium	Niob	Molybdän	Techne-tium	Ruthe-nium	Rhodium	Palladium	Silber	Cadmium	Indium	Zinn	Antimon	Tellur	Jod	Xenon	
K-Schale (n=1)	2	2	2	2	2	2	2	2	2	2	2	2	2	2	2	
L-Schale (2)	2 6	2 6	2 6	2 6	2 6	2 6	2 6	2 6	2 6	2 6	2 6	2 6	2 6	2 6	2 6	
M-Schale (3)	2 6 10	2 6 10	2 6 10	2 6 10	2 6 10	2 6 10	2 6 10	2 6 10	2 6 10	2 6 10	2 6 10	2 6 10	2 6 10	2 6 10	2 6 10	
N-Schale (4)	2 6 2	2 6 4	2 6 5	2 6 5	2 6 7	2 6 8	2 6 10	2 6 10	2 6 10	2 6 10	2 6 10	2 6 10	2 6 10	2 6 10	2 6 10	
O-Schale (5)	2	1	1	2	1	1		1	2	2 1	2 2	2 3	2 4	2 5	2 6	

Periode 6

	IVa	Va	VIa	VIIa	VIIIa	VIIIa	VIIIa	Ia	IIa	III	IV	V	VI	VII	VIII/0	Perioden
Atomgewicht	178,49	180,95	183,85	186,2	190,2	192,2	195,09	196,97	200,59	204,37	207,19	208,98				
Ordnungszahl, Symbol	72 Hf	73 Ta	74 W	75 Re	76 Os	77 Ir	78 Pt	79 Au	80 Hg	81 Tl	82 Pb	83 Bi	84 Po*	85 At*	86 Rn*	6
Name	Hafnium	Tantal	Wolfram	Rhenium	Osmium	Iridium	Platin	Gold	Queck-silber	Thallium	Blei	Wismut	Polonium	Astat	Radon	
K-Schale (n=1)	2	2	2	2	2	2	2	2	2	2	2	2	2	2	2	
L-Schale (2)	2 6	2 6	2 6	2 6	2 6	2 6	2 6	2 6	2 6	2 6	2 6	2 6	2 6	2 6	2 6	
M-Schale (3)	2 6 10	2 6 10	2 6 10	2 6 10	2 6 10	2 6 10	2 6 10	2 6 10	2 6 10	2 6 10	2 6 10	2 6 10	2 6 10	2 6 10	2 6 10	
N-Schale (4)	2 6 10 14	2 6 10 14	2 6 10 14	2 6 10 14	2 6 10 14	2 6 10 14	2 6 10 14	2 6 10 14	2 6 10 14	2 6 10 14	2 6 10 14	2 6 10 14	2 6 10 14	2 6 10 14	2 6 10 14	
O-Schale (5)	2 6 2	2 6 3	2 6 4	2 6 5	2 6 6	2 6 7	2 6 9	2 6 10	2 6 10	2 6 10	2 6 10	2 6 10	2 6 10	2 6 10	2 6 10	
P-Schale (6)	2	2	2	2	2	2	1	1	2	2 1	2 2	2 3	2 4	2 5	2 6	

Periode 7

	IVa	Va	VIa	VIIa	VIIIa	VIIIa	VIIIa	Ia	IIa	III	IV	V	VI	VII	VIII/0	Perioden
Ordnungszahl, Symbol	104 Ku*	105*	106	107˙	108	109	110	111	112	113	114	115	116	117	118	7
Name	Kurtscha-tovium															
K-Schale (n=1)																
L-Schale (2)																
M-Schale (3)																
N-Schale (4)																
O-Schale (5)																
P-Schale (6)																
Q-Schale (7)																
-Zustand	s p d f	s p d f	s p d f	s p d f	s p d f	s p d f	s p d f	s p d f	s p d f	s p d f	s p d f	s p d f	s p d f	s p d f	s p d f	

Chemische Elemente (alphabetisch)

Nach Angaben des Instituts für Radiochemie Kernforschungszentrum Karlsruhe, 1972

Element[1])	Symbol	Ordnungszahl	Atommasse in u[2])	Atommasse des langlebigsten radioakt. Isotops; Halbwertszeit[3])
Actinium	Ac	89		227; 21,8 a
Aluminium	Al	13	26,982	26; 7,4 · 10^{5} a
Americium	Am	95		243; 7950 a
Antimon	Sb	51	121,75	125; 2,7 a
Argentum	Ag	47	siehe Silber	
Argon	Ar	18	39,948	39; 269 a
Arsen	As	33	74,922	73; 76 d
Astatin	At	85		210; 8,3 h
Aurum	Au	79	siehe Gold	
Barium	Ba	56	137,34	133; 10,7 a
Berkelium	Bk	97		247; 1380 a
Beryllium	Be	4	9,0122	10; 1,9 · 10^{6} a
Bismuthum	Bi	83	siehe Wismut	
Blei	Pb	82	207,19	205; 3 · 10^{7} a
Bor	B	5	10,811	8; 0,77 s
Brom	Br	35	79,909	77; 56 h
Cadmium	Cd	48	112,40	113; 13,6 a
Cäsium	Cs	55	132,90	135; 2,0 · 10^{6} a
Calcium	Ca	20	40,08	41; 8 · 10^{4} a
Californium	Cf	98		251; 892 a
Carbon	C	6	siehe Kohlenstoff	
Cer	Ce	58	140.12	144; 284 d
Chlor	Cl	17	35,453	36; 3,1 · 10^{5} a
Chrom	Cr	24	51,996	51; 27,8 d
Cobaltum	Co	27	siehe Kobalt	
Curium	Cm	96		247; 1,6 · 10^{7} a
Dysprosium	Dy	66	162,50	154; ≈ 10^{6} a
Einsteinium	Es	99		254; 276 d
Eisen	Fe	26	55,847	60; 1 · 10^{5} a
Erbium	Er	68	167,26	169; 9,5 d
Europium	Eu	63	151,96	154; 16 a
Fermium	Fm	100		257; 80 d
Ferrum	Fe	26	siehe Eisen	
Fluor	F	9	18,998	18; 1,8 h
Francium	Fr	87		223; 22 m
Gadolinium	Gd	64	157,25	152; 1,1 · 10^{14} a
Gallium	Ga	31	69,72	67; 78 h
Germanium	Ge	32	72,59	68; 275 d
Gold	Au	79	196,97	195; 183 d
Hafnium	Hf	72	178,49	174; 2 · 10^{15} a
Helium	He	2	4,0026	6; 0,8 s
Holmium	Ho	67	164,93	163; ≈ 30 a
Hydrargyrum	Hg	80	siehe Quecksilber	
Hydrogenium	H	1	siehe Wasserstoff	
Indium	In	49	114,82	115; 6 · 10^{14} a
Iridium	Ir	77	192,2	192_m; ≈ 650 a
Jod	J	53	126,90	129; 1,7 · 10^{7} a
Kalium	K	19	39,102	40; 1,27 · 10^{9} a
Kobalt	Co	27	58.933	60; 5,26a
Kohlenstoff	C	6	12,011	14; 5730a
Krypton	Kr	36	83,80	81; 2,1 · 10^{5}a
Kupfer	Cu	29	63,54	67; 61,9 h
Kurtschatovium	Ku	104		260; 0,3 s
Lanthan	La	57	138,91	138; 1,1 · 10^{11}a
Lawrencium	Lr	103		256; ≈ 35 s
Lithium	Li	3	6,939	8; 0,85 s
Lutetium	Lu	71	174,97	176; 3 · 10^{10} a
Magnesium	Mg	12	24,312	28; 21,3 h
Mangan	Mn	25	54,938	53; 1,9 · 10^{6} a
Mendelevium	Md	101		257; 4,8 h

Element[1])	Symbol	Ordnungszahl	Atommasse in u[2])	Atommasse des langlebigsten radioakt. Isotops; Halbwertszeit[3])
Molybdän	Mo	42	95,94	93; > 100a
Natrium	Na	11	22,898	22; 2,6a
Neodym	Nd	60	144,24	144; 2,1 · 10^{15}a
Neon	Ne	10	20,183	24; 3,4 m
Neptunium	Np	93		237; 2,14 · 10^{6} a
Nickel	Ni	28	58,71	59; 7,5 · 10^{4} a
Niob	Nb	41	92,906	94; 2 · 10^{4} a
Nitrogenium	N	7	siehe Stickstoff	
Nobelium	No	102		255; 185 s
Osmium	Os	76	190,2	194; 6,0 a
Oxygenium	O	8	siehe Sauerstoff	
Palladium	Pd	46	106,4	107; 7 · 10^{6} a
Phosphor	P	15	30,974	33; 25 d
Platin	Pt	78	195,09	190; 6 · 10^{11} a
Plumbum	Pb	82	siehe Blei	
Plutonium	Pu	94		244; 8,2 · 10^{7} a
Polonium	Po	84		209; 103 a
Praseodym	Pr	59	140,91	143; 13,6 d
Promethium	Pm	61		145; 17,7 a
Protactinium	Pa	91		231; 3,2 · 10^{4} a
Quecksilber	Hg	80	200,59	194; ≈ 426 d
Radium	Ra	88		226; 1600 a
Radon	Rn	86		222; 3,8 d
Rhenium	Re	75	186,2	187; 5 · 10^{10} a
Rhodium	Rh	45	102,90	101; 3 a
Rubidium	Rb	37	85,47	87; 4,7 · 10^{10} a
Ruthenium	Ru	44	101,07	106; 1,0 a
Samarium	Sm	62	150,35	147; 1,1 · 10^{11} a
Sauerstoff	O	8	15,999	15; 2,03 m
Scandium	Sc	21	44,956	46; 84 d
Schwefel	S	16	32,064	35; 88d
Selen	Se	34	78,96	79; 6,5 · 10^{4} a
Silber	Ag	47	107,87	108_m; ≈ 100 a
Silizium	Si	14	28,086	32; 280 a
Stannum	Sn	50	siehe Zinn	
Stibium	Sb	51	siehe Antimon	
Stickstoff	N	7	14,0067	13; 9,96 m
Strontium	Sr	38	87,62	90; 28 a
Tantal	Ta	73	180,95	179; ≈ 600 d
Technetium	Tc	43		97; 2,6 · 10^{6} a
Tellur	Te	52	127,60	123; 1,2 · 10^{13} a
Terbium	Tb	65	158,92	158; 150 a
Thallium	Tl	81	204,37	204; 3,8 a
Thorium	Th	90	232,04	232; 1,39 · 10^{10} a
Thulium	Tm	69	168,93	171; 1,9 a
Titan	Ti	22	47,90	44; 47,3 a
Uran	U	92	238,03	238; 4,5 · 10^{9} a 235; 7,1 · 10^{8} a 234; 2,5 · 10^{5} a
Vanadin	V	23	50,942	49; 330 d
Wasserstoff	H	1	1,00797	3; 12,35 a
Wismut	Bi	83	208,98	210_m; 2,6 · 10^{6} a
Wolfram	W	74	183,85	181; 130 d
Xenon	Xe	54	131,30	127; 36,4 d
Ytterbium	Yb	70	173.04	169; 32 d
Yttrium	Y	39	88,905	88_m; 108 d
Zink	Zn	30	65,37	65; 245 d
Zinn	Sn	50	118,69	126; ≈ 10^{5} a
Zirkonium	Zr	40	91,22	93; 1,1 · 10^{6} a

[1]) rot: Element kommt wegen seiner kurzen Halbwertszeit auf der Erde nicht natürlich vor.

[2]) Atommasse der auf der Erde natürlich vorkommenden stabilen Isotopenmischung, 1 u (atomare Masseneinheit) s. S. 128.
rot: Die Isotopenmischung enthält (mindestens) ein radioaktives Isotop.

[3]) rot: Das Element hat keine stabilen Isotope. Index „m“: Metastabiles Isomer (angeregter Zustand).

Physik

Internationales Einheitensystem (SI) siehe auch S. 130/131

Basisgröße	Basiseinheit	Definition der Basiseinheit (Zahlen mit halbfetter Endziffer sind durch Vereinbarung festgelegt)
Länge	1 m (1 Meter)	**1 m** ist das 1 650 763,73fache der Wellenlänge der von Atomen des Nuklids ^{86}Kr beim Übergang vom Zustand 5 d_5 zum Zustand 2 p_{10} im Vakuum ausgesandten Strahlung.
Masse	1 kg (1 Kilogramm)	**1 kg** ist die Masse des Internationalen Kilogrammprototyps.
Zeit	1 s (1 Sekunde)	**1 s** ist das 9 192 631 770fache der Periodendauer der dem Übergang zwischen den beiden Hyperfeinstrukturniveaus des Grundzustandes von Atomen des Nuklids ^{133}Cs entsprechenden Strahlung.
Stromstärke	1 A (1 Ampere)	**1 A** ist die Stärke eines konstanten Gleichstromes, der durch zwei geradlinige, unendlich lange, dünne, parallele Drähte mit 1 m Abstand fließt und zwischen diesen je m Länge die Kraft $2 \cdot 10^{-7}$ N im Vakuum erzeugt. (Diese Definition ist gleichwertig mit der Festlegung $\mu_0 = 4\pi \cdot 10^{-7}$ Vs/Am.)
Temperatur	1 K (1 Kelvin)	**1 K** ist der 273,16te Teil der thermodynamischen Temperatur des Tripelpunktes des Wassers.
Lichtstärke	1 cd (1 Candela)	**1 cd** ist die Lichtstärke, mit der 1/600 000 m² der Oberfläche eines Schwarzen Strahlers bei der Temperatur des beim Druck 101 325 Pa erstarrenden Platins senkrecht zur Oberfläche leuchtet.
Stoffmenge	1 mol (1 Mol)	**1 mol** ist die Stoffmenge, die aus ebenso vielen Einzelteilchen besteht, wie Atome in 12/1 000 kg des Nuklids ^{12}C enthalten sind. (Einzelteilchen können sein: Atome, Moleküle, Ionen, Elektronen oder Gruppen solcher Teilchen genau angegebener Zusammensetzung.)

Abgeleitete Größen und abgeleitete Einheiten
werden aus den Basisgrößen und aus den Basiseinheiten mit Hilfe von Definitionsgleichungen gewonnen.
Beispiel: Aus $F = m \cdot a$ ergibt sich die abgeleitete Einheit der Kraft als 1 kgm/s²; sie wird 1 N (Newton) genannt.

Zusätzliche und ausländische Einheiten (genaue Zahlen sind durch eine fette Endziffer gekennzeichnet)

1 Dioptrie (dpt)	= 1	1/m	1 Seemeile (sm)	= 1 852	m
1 Metrisches Karat (Kt)	= 200	mg	1 Knoten (kn) = 1 sm/h	= 0,5144	m/s
1 Hektar (ha)	= 100	Ar (a)	1 Faden	= 1,829	m
1 Ar (a)	= 100	m²	1 geographische Meile	= 7 420	m
1 inch (in) oder Zoll	= 2,54	cm	1 ounce (oz)	= 28,35	g
1 cm = 0,394 in)			1 pound (lb) = 16 ounces	= 453,6	g
1 foot (ft) = 12 inches	= 0,3048	m	1 quarter (qr) = 28 pounds	= 12,7	kg
1 yard (yd) = 3 feet	= 0,9144	m	1 ton (t)	= 1 016	kg
1 statute mile = 1760 yards	= 1 609	m	1 americ. ton = 2000 lbs	= 907,2	kg
1 square yard = 9 square feet	= 0,8361	m²	1 americ. cwt = 100 lbs	= 45,36	kg
1 register ton = 100 cu. ft	= 2,832	m³	1 americ. gallon	= 3,785	Liter
1 gallon (gal) = 8 pint (pt)	= 4,546	Liter	1 americ. barrel	= 1,588	hl
1 barrel	= 1,635	hl			
1 Werst = 500 Saschen	= 1,067	km	1 russische Meile = 7 Werst	= 7,468	km

Temperatur (Fixpunkte bezogen auf Wasser bei 1 013 mbar)

Siedepunkt:	100°C; 80°R; 212°F	*Tripelpunkt des Wassers:* 0,01°C (273,16 K)
Eispunkt:	0°C; 0°R; 32°F	1 Celsiusgrad = $\frac{4}{5}$ Reaumurgrad = $\frac{9}{5}$ Fahrenheitgrad
Absoluter Nullpunkt:	—273,15°C (0 K)	

Umrechnung: $x°\mathrm{C} = \frac{4}{5} \cdot x°\mathrm{R} = (32 + \frac{9}{5} \cdot x)°\mathrm{F} = (x + 273{,}15)\ \mathrm{K}$; $y°\mathrm{F} = (y - 32) \cdot \frac{5}{9}\,°\mathrm{C}$

Dichte

Feste Stoffe (in kg/dm^3)

Aluminium	2,7	Kies	1,8...2,0	Messing	8,1
Beton	1,8...2,5	Kochsalz	2,16	Nickel	8,8
Blei	11,3	Kohle (Braunkohle)	1,3	Papier	0,8...1,1
Eis (bei 0 °C)	0,92	(Steinkohle)	1,4	Platin	21,4
Eisen, Stahl	7,6...7,8	Koks	0,9...1,2	Sand	1,6...1,8
Erde	1,3...2,0	Kork	0,22...0,29	Silber	10,5
Fette	0,9	Kupfer	8,93	Wachs	0,96
Glas	2,4...2,9	Magnesium	1,74	Zement	3,1
Gold	19,3	Marmor	2,5...2,8	Ziegel	1,4...1,8
Holz (Buche, Eiche)	0,7	Mauerwerk	1,1...2,5	Zink	7,12
(Kiefer, Tanne)	0,5	Mehl	0,6	Zucker	1,6

Schüttdichten

Äpfel	0,3	Holzscheite	0,4	Steine	2,0
Braunkohle	0,7	Kartoffeln	0,7	Steinkohle	0,9
Hafer	0,5	Koks	0,4	Stroh	0,04...0,07
Heu	0,1	Roggen	0,7	Weizen	0,8

Flüssigkeiten (in kg/dm^3 bei 18 °C)

Äther	0,71	Benzol	0,88	Petroleum, Terpentin	0,85
Äthylalkohol	0,79	Glyzerin	1,26	Quecksilber	13,6
Benzin	0,7	Meerwasser	1,02	Tetrachlorkohlenstoff	1,59

Gase (in g/dm^3 bei 0 °C und 1 013 mbar)

Ammoniak	0,771	Kohlendioxyd	1,977	Sauerstoff	1,429
Chlor	3,214	Erdgas	0,83	Stickstoff	1,250
Helium	0,179	Luft	1,293	Wasserstoff	0,090

Reibungszahlen (von der Vorbehandlung der Materialoberfläche abhängig; Mittelwerte)

	Gleitreibung	Haftreibung	Rollreibung	
Stahl auf Stahl, trocken	0,06	0,15	Auto (Fahrrad) Asphaltstraße	0,025
Leder auf Eisen (Bremsbelag)	0,5	0,8	Betonstraße	0,030
Holz auf Holz, trocken	0,4	0,6	Eisenbahn, in Fahrt	0,002
Ski (Schlitten) auf Schnee	0,1 (0,02)		beim Anfahren	0,005
Reifen auf Straße, trocken	0,8	0,9		
, naß	0,4			

Elastizitätsmodul (Mittelwerte)

Aluminium	$7{,}1 \cdot 10^{10}$ N/m²	Glas	$6{,}7 \cdot 10^{10}$ N/m²	Messing	$10 \cdot 10^{10}$ N/m²
Eisen, Stahl	$21 \cdot 10^{10}$ N/m²	Holz (längs)	$0{,}98 \cdot 10^{10}$ N/m²	Kupfer	$12 \cdot 10^{10}$ N/m²

Fallbeschleunigung

Normwert:

$g_n = 9{,}80665\ m/s^2$

Für die geographische Breite φ und die Höhe h ist:

$$g = \left(9{,}8063 - 0{,}0264 \cos 2\varphi - 0{,}000\,003 \frac{h}{\text{Meter}}\right) m/s^2$$

In Meereshöhe (Normalnull, d. h. $h = 0$ m) ist:

φ	0°	10°	20°	30°	40°	50°	60°	70°	80°	90°
g in m/s²	9,780	9,782	9,786	9,793	9,802	9,811	9,819	9,826	9,831	9,832

Raumfahrt — Trägerraketen

	Veronique (Französische Forschungsrakete	Saturn V (Apollo-Mondflug-Programm der USA) 1. Stufe	2. Stufe	3. Stufe
Masse beim Start	$1{,}43 \cdot 10^3$ kg	$2{,}20 \cdot 10^6$ kg	$5{,}50 \cdot 10^3$ kg	$1{,}15 \cdot 10^3$ kg
Treibstoffmasse	$1{,}00 \cdot 10^3$ kg	$2{,}00 \cdot 10^6$ kg	$5{,}00 \cdot 10^3$ kg	$1{,}04 \cdot 10^3$ kg
Schubkraft	$3{,}93 \cdot 10^4$ N	$3{,}33 \cdot 10^7$ N	$4{,}45 \cdot 10^6$ N	$8{,}90 \cdot 10^5$ N
Brenndauer	≈ 50 s	≈ 150 s	≈ 390 s	≈ 500 s

Strahlgeschwindigkeiten
- bei Weltraumfahrzeugen: $c_s = 2500 \ldots 3500$ m/s
- bei Forschungsraketen: $c_s \approx 2000$ m/s

Schubkraft (ohne Druckschub): $F = c_s \cdot D$ — D Treibstoffsatz in kg/s

Geschwindigkeitszuwachs während der Brennzeit t_B im luftleeren, schwerelosen Raum: $\Delta v = c_s \cdot \ln \frac{m_0}{m_B}$ — m_0 Masse zur Zeit $t = 0$; m_B Masse bei Brennschluß

Wirkungsgrad des Raketenmotors: $\eta = 0{,}36 \ldots 0{,}64$ (theoretisch maximal 0,647)

Akustik

Schallgeschwindigkeit

In trockener Luft ist bei der thermodynamischen Temperatur T:

$$c_T = 331 \frac{m}{s} \cdot \sqrt{\frac{T}{273\,K}}$$

ϑ in °C	0	10	**15**	20	30
c_ϑ in m/s	331	337	**340**	343	349

In festen Körpern (bei 18 °C)	m/s	in Flüssigkeiten (bei 15 °C)	m/s	in Gasen (bei 0 °C)	m/s
Aluminium, Eisen	5 100	Petroleum	1 330	Kohlendioxid	260
Glas	5 000	Wasser, rein	1 468	Stadtgas	490
Messing	3 400	Meerwasser	1 500	Wasserstoff	1 270

Frequenzverhältnisse zum Grundton (Intervalle) für Dur- und Moll-Tonleiter

Grundton	c	1 : 1	Quart	f	4 : 3	kl. Septime (moll)	b	9 : 5
Sekunde	d	9 : 8	Quint	g	3 : 2	gr. Septime (dur)	h	15 : 8
kl. Terz (moll)	es	6 : 5	kl. Sexte (moll)	as	8 : 5	Oktave	c′	2 : 1
gr. Terz (dur)	e	5 : 4	gr. Sexte (dur)	a	5 : 3			

Schwingungszahlen

Reine Stimmung

Ton	c′	d′	e′	f′	g′	**a′**	h′	c″
Frequenz in Hz	264	297	330	352	396	**440**	495	528

Gleichschwebende Stimmung ($\sqrt[12]{2} \approx 1{,}059$); Wellenlängen λ in Luft bei 15°C

Ton	c′	cis′	d′	dis′	e′	f′	fis′	g′	gis′	**a′**	ais′	h′	c″
f in Hz	262	277	294	311	330	349	370	392	415	**440**	466	494	524
λ in m	1,30	1.23	1,16	1,09	1,03	0,974	0,919	0,867	0,819	**0,773**	0,730	0,688	0,65

Wärme

Feste Stoffe

	Längenausdehnungskoeffizient bei 18 °C 1/K	Spezifische Wärmekapazität J/kg · K	Schmelztemperatur °C	Spezifische Schmelzwärme J/kg
Aluminium	0,0000 23	896	658	$4{,}0 \cdot 10^5$
Blei	,0000 29	130	327	$2{,}5 \cdot 10^4$
Eis (bei 0° C)	,0000 37	2093	0	$3{,}35 \cdot 10^5$
Eisen, reines	,0000 12	440	1535	$2{,}7 \cdot 10^5$
Glas, gewöhnliches	,0000 08	795	800 … 1400	
Gold	,0000 14	130	1063	$6{,}7 \cdot 10^4$
Kupfer	,0000 16	385	1084	$2{,}1 \cdot 10^5$
Magnesium	,0000 26	1005	650	$3{,}8 \cdot 10^5$
Messing (66 Cu, 34 Zn)	,0000 18	385	≈ 900	
Nickel	,0000 13	444	1453	$3{,}1 \cdot 10^5$
Platin	,0000 09	134	1770	$1{,}1 \cdot 10^5$
Silber	,0000 19	234	961	$1{,}0 \cdot 10^5$
Stahl	,0000 10 (bis 14)	481	1300 … 1400	$2{,}1 \cdot 10^5$
Wolfram	,0000 04	134	3380	$1{,}9 \cdot 10^5$
Zink	,0000 26	389	420	$1{,}0 \cdot 10^5$
Zinn	0,0000 27	218	232	$5{,}9 \cdot 10^4$

Flüssigkeiten

		Raumausdehnungskoeffizient bei 18 °C 1/K	Spez. Wärmekapazität bei 18 °C J/kg · K	Schmelztemperatur °C	Siedetemperatur bei 1013 mbar °C	Spez. Verdampfungswärme bei 1 013 mbar J/kg	Kritische Temperatur °C
Äthanol	C_2H_5OH	0,00 110	$2{,}4 \cdot 10^3$	—114	78,3	$8{,}6 \cdot 10^5$	243
Benzol	C_6H_6	,00 116	$1{,}7 \cdot 10^3$	5,5	80,1	$3{,}9 \cdot 10^5$	289
Diäthyläther	$(C_2H_5)_2O$	,00 162	$2{,}3 \cdot 10^3$	—120	34,6	$3{,}6 \cdot 10^5$	193
Glyzerin	$C_3H_5(OH)_3$	,00 050	$2{,}4 \cdot 10^3$	18	290		
Petroleum		,00 096	$2{,}1 \cdot 10^3$		150 … 300		
Quecksilber	Hg	,00 018	$0{,}14 \cdot 10^3$	— 38,8	357	$2{,}8 \cdot 10^5$	1 460
Schwefelkohlenstoff	CS_2	,00 118	$1{,}0 \cdot 10^3$	—112	46,2	$3{,}6 \cdot 10^5$	277
Tetrachlorkohlenstoff	CCl_4	,00 123	$0{,}84 \cdot 10^3$	— 22,9	76,6	$1{,}9 \cdot 10^5$	283
Wasser	H_2O	0,00 019	$4{,}19 \cdot 10^3$	0	100	$22{,}6 \cdot 10^5$	374

Gase

		c_p bei 18 °C J/kg · K	$\frac{c_p}{c_v}$	Schmelztemperatur °C	Siedetemp. bei 1013 mbar °C	Spez. Verdampfungswärme J/kg	Kritische Temperatur °C	Kritischer Druck bar
Ammoniak	NH_3	$2{,}16 \cdot 10^3$	1,32	— 78	— 33	$13{,}7 \cdot 10^5$	132	113
Chlor	Cl_2	$0{,}50 \cdot 10^3$	1,34	—103	— 34	$2{,}9 \cdot 10^5$	144	77
Helium	He	$5{,}24 \cdot 10^3$	1,63		—269	$0{,}23 \cdot 10^5$	—268	2,3
Kohlendioxid	CO_2	$0{,}84 \cdot 10^3$	1,29	— 56	— 79*)	$3{,}7 \cdot 10^5$	31	74
Luft	$4\,N_2 + O_2$ (frei von CO_2)	$1{,}01 \cdot 10^3$	1,40	—210	—193		—141	37
Sauerstoff	O_2	$0{,}917 \cdot 10^3$	1,40	—219	—183	$2{,}1 \cdot 10^5$	—119	50
Schwefeldioxid	SO_2	$0{,}63 \cdot 10^3$	1,28	— 75	— 10	$3{,}9 \cdot 10^5$	158	78
Stickstoff	N_2	$1{,}05 \cdot 10^3$	1,40	—210	—196	$2{,}0 \cdot 10^5$	—147	34
Wasserstoff	H_2	$14{,}3 \cdot 10^3$	1,41	—259	—253	$4{,}6 \cdot 10^5$	—240	13

Raumausdehnungskoeffizient (ideales Gas): $\frac{1}{273{,}15}\,\frac{1}{K} = 0{,}003\,661\,\frac{1}{K}$

*) Sublimationstemperatur bei 1 013 mbar

Siedetemperatur des Wassers zwischen 96 °C und 101 °C

p in mbar	906	920	933	946	960	973	986	1 000	**1 013**	1 026	1 040	1 053	1 066
ϑ in °C	96,9	97,3	97,7	98,1	98,5	98,9	99,3	99,6	**100**	100,4	100,7	101,1	101,4

Verdampfungswärme des Wassers

Wassertemperatur	in °C	0	30	50	80	**100**	150	200	250	300	350	371,1
Verdampf.wärme	in kJ/kg	2 499	2 428	2 382	2 306	**2 258**	2 114	1 942	1 716	1 402	891,6	0

Zustandsgrößen gesättigten Wasserdampfes

Siedetemperatur[1])	in °C	—10	—5	0	5	10	15	20	25	30	35	40
Sättigungsdruck[2])	in mbar	2,59	4,00	6,09	8,70	12,2	17,0	23,3	31,7	42,3	56,1	73,5
Sättigungsdichte	in g/m³	2,1	3,2	4,85	6,80	9,40	12,8	17,3	23,0	30,4	39,6	51,1

Siedetemperatur[1])	in °C	45	50	55	60	65	70	75	80	85	90	95
Sättigungsdruck[2])	in mbar	98,1	128	157	196	255	314	383	471	579	697	844
Sättigungsdichte	in g/m³	65,4	83,0	104	130	161	198	242	293	353	424	504

Siedetemperatur[1])	in °C	**100**	110	120	130	140	150	200	250	300	350	371,1
Sättigungsdruck[2])	in bar	**1,01**	1,43	1,98	2,70	3,61	4,76	15,6	39,8	85,9	166	222
Sättigungsdichte	in kg/m³	**0,60**	0,83	1,12	1,50	1,97	2,55	7,86	20,0	46,2	114	315

[1]) Siedetemperatur des Wassers bei dem angegebenen Druck.

[2]) Dampfdruck des Wassers bzw. Eises.

Dichte trockener Luft

Temperatur	Dichte in g/dm³								
	933 mbar	946 mbar	960 mbar	973 mbar	986 mbar	1 000 mbar	1 013 mbar	1 026 mbar	1 040 mbar
15 °C	1,129	1,145	1,161	1,177	1,193	1,210	1,226	1,242	1,258
20 °C	1,110	1,126	1,141	1,157	1,173	1,189	1,205	1,221	1,236
25 °C	1,091	1,107	1,122	1,138	1,153	1,169	1,185	1,200	1,216

Barometrische Höhenmessung

Der Höhenunterschied zweier Orte mit den Barometerständen b_1 und b_2 beträgt

$$\Delta h = 18\,400\ \text{m} \cdot \frac{T}{273\ \text{K}} \lg (b_1 : b_2); \qquad (T \text{ ist die mittlere thermodynamische Temperatur})$$

Ist in Meereshöhe (Normalnull, d. h. $h = 0$ m) der Luftdruck 1 013 mbar, so ist bei 15 °C der Luftdruck p in

Höhe über NN	**0 m**	100 m	200 m	300 m	400 m	500 m	800 m	1 000 m	1 500 m	2 000 m	3 000 m	10 000 m
p in mbar	**1013**	1001	989	977	965	955	921	899	842	795	701	264

Heizwerte Mittelwerte (Kondensationswärme nicht eingeschlossen; bei Gasen für 0 °C und 1 013 mbar)

Anthrazit	34 MJ/kg	Benzin	44 MJ/kg	Azetylen	57 MJ/m³
Braunk.-Brikett	20 MJ/kg	Benzol	40 MJ/kg	Erdgas	32 MJ/m³
Holz, frisch	8,2 MJ/kg	Heizöl	41 MJ/kg	Propangas	94 MJ/m³
trocken	16 MJ/kg	Spiritus (90%)	24 MJ/kg	Stadtgas	18 MJ/m³

Elektrochemische Äquivalente

Ein Gleichstrom mit der Stromstärke 1 A scheidet in 1 s aus:

Wasserstoff	Sauerstoff	Silber	Kupfer	Quecksilber	Nickel	Aluminium	Chlor
1,00797 **H**	15,999 **O**	107,87 **Ag**	63,54 **Cu**	200,59 **Hg**	58,71 **Ni**	26,982 **Al**	35,453 **Cl**
0,01045 mg	0,0829 mg	1,118 mg	0,3294 mg	1,0395 mg	0,305 mg	0,0932 mg	0,367 mg

(Wasserstoff und Sauerstoff zusammen:) oder 0,174 cm³ Knallgas bei 0 °C und 1013 mbar

Spezifischer Widerstand bei 18 °C

	Ω mm²/m	Legierungen	Ω mm²/m	Isolatoren	Ω mm²/m
Aluminium	0,027	Manganin	0,43	Bernstein	$> 10^{22}$
Eisen, Stahl	0,1...0,5	(84 Cu, 4 Ni, 12 Mn)		Glas	$10^{16}...10^{19}$
Kohle	50...100	Messing	0,08	Glimmer	$10^{19}...10^{21}$
Kupfer	0,017	(66 Cu, 34 Zn)		Hartgummi	$10^{19}...10^{21}$
Nickel	0,07	Nickelin	0,42	Paraffin	$10^{20}...10^{22}$
Quecksilber	0,958	(58 Cu, 41 Ni, 1 Mn)		Porzellan	$5 \cdot 10^{18}$
Silber	0,016	Konstantan	0,49	Siegellack	$10^{19}...10^{20}$
Wolfram	0,049	(60 Cu, 40 Ni)		Trolitul	10^{22}

Leitfähigkeit wäßriger Lösungen bei 18 °C

	Leitfähigkeit in 1/Ωcm für nachstehenden Massegehalt in Prozent: 5%	10%	15%	20%	25%	30%	40%
Schwefelsäure	0,209	0,392	0,543	0,653	0,717	0,740	0,680
Salzsäure	0,395	0,630	0,745	0,762	0,723	0,662	0,515
Natronlauge	0,195	0,309	0,349	0,328	0,272	0,207	0,121
Kalilauge	0,172	0,315	0,425	0,499	0,540	0,542	0,450
Silbernitrat	0,0256	0,0476	0,068	0,087	0,106	0,124	0,157
Kupfersulfat	0,0189	0,0320	0,0421				
Kochsalz	0,067	0,121	0,164	0,196	0,214		

Dielektrizitätszahlen bei 20 °C

Äthylalkohol	25	Glas	5 ... 12	Luft (0 °C, 981 mbar)	1,0006	Petroleum	2
Benzol	2,3	Glimmer	6 ... 8	Nitrobenzol	36	Porzellan	≈ 6
Bernstein	2,8	Hartgummi	≈ 3	Paraffin	2	Wasser	81

Permeabilitätszahlen in Abhängigkeit von der magnetischen Feldstärke

Feldstärke	*H* in A/m	400	1 200	4 000	8 000	12 000
Gußeisen	*B* in Vs/m²	0,04	0,27	0,65	0,85	0,98
	μ_r	81	181	129	85	65
Dynamoblech	*B* in Vs/m²	1,03	1,42	1,62	1,72	1,80
	μ_r	2060	942	323	172	120

Optik

Fraunhofersche Linien

Linie	A (rot)	B (rot)	C (orange)	D (gelb)	E (grün)	F (blau)	G (blau)	H (violett)
λ in nm	761	687	656	589	527	486	431	397
Herkunft	O	O	H_α	Na	Fe	H_β	Fe	Ca

Haupt-Spektrallinien Wellenlängen in nm

Natrium			590	589								
Wasserstoff		656			486		434	410				
Helium	707	668	588	502	492	471	447					
Kadmium		644		509	468	466					326	
Quecksilber			578	546	492		435	408	405	365	334	313

Brechungszahlen für B-Linie (rot), D-Linie (gelb) und G-Linie (blau)

Wellenlänge	Äthyl-alkohol	Wasser	Schwefel-kohlenstoff	Flintglas	Quarzglas	Kalkspat (o)	Kalkspat (ao)
687 nm (rot)	1,358	1,330	1,62	1,60	1,45	1,65	1,48
589 nm (gelb)	1,361	1,333	1,63	1,61	1,46	1,66	1,49
431 nm (blau)	1,370	1,341	1,68	1,63	1,47	1,68	1,50

Strahlung und Materie

Elektromagnetisches Spektrum

Wellen in der Kosmischen Strahlung	10^{-6} … 10^{-4} nm
γ-Strahlen	$5 \cdot 10^{-4}$ … $3 \cdot 10^{-2}$ nm
Röntgenstrahlen:	
harte	$6 \cdot 10^{-3}$ … $8 \cdot 10^{-2}$ nm
weiche	$8 \cdot 10^{-2}$ … 10 nm
Ultraviolett	10 … 390 nm

Sichtbares Licht:	
violett	390 … 430 nm
blau	430 … 490 nm
grün	490 … 560 nm
gelb	560 … 600 nm
orange	600 … 640 nm
rot	640 … 750 nm

Ultrarot	750 nm … 0,4 mm
Rundfunkwellen:	
Mikrowellen	0,1 … 100 cm
Ultrakurzw.	1 … 10 m
Kurzwellen	10 … 100 m
Mittelwellen	100 … 1000 m
Langwellen	1 … 10 km

Photoeffekt

Element		Cäsium	Rubidium	Kalium	Natrium	Magnesium	Zink
Austrittsarbeit	in eV	1,94	2,13	2,25	2,28	3,70	4,27
Grenzwellenlänge	in nm	639	582	551	543	335	290

Atomare Teilchen

Teilchen	Zeichen	Ladung	Ruhmasse	Weitere Angaben
Elektron	$-{}^{0}_{1}e$	$-e$	$m_e = 9{,}109 \cdot 10^{-31}$ kg	$e = 1{,}602 \cdot 10^{-19}$ C
Positron	${}^{0}_{1}e$	$+e$	$9{,}109 \cdot 10^{-31}$ kg	$e/m_e = 1{,}759 \cdot 10^{11}$ C/kg
Proton	$p = {}^{1}_{1}H^{+}$	$+e$	$m_p = 1{,}6725 \cdot 10^{-27}$ kg	$e/m_p = 9{,}579 \cdot 10^{7}$ C/kg
Neutron	$n = {}^{1}_{0}n$	0	$m_n = 1{,}6748 \cdot 10^{-27}$ kg	$m_p = 1836\, m_e$
Deuteron	$d = {}^{2}_{1}H^{+}$	$+e$	1 u = 1,660 $\cdot 10^{-27}$ kg = 1/12 der Masse von 1 Atom ^{12}C	
α-Teilchen	$\alpha = {}^{4}_{2}He^{++}$	$+2e$	Atomare Masseneinheit 1 u oder Atommassenkonstante m_u	

Energie und Reichweite von α-Strahlen in Luft von 1013 mbar und 15 °C

Energie	in eV	$1 \cdot 10^6$	$2 \cdot 10^6$	$3 \cdot 10^6$	$5 \cdot 10^6$	$7{,}5 \cdot 10^6$	$10 \cdot 10^6$
Reichweite	in cm	0,55	1,07	1,71	3,45	6,53	10,55

Physikalische Größen und ihre Einheiten im internationalen Einheitensystem

Bezeichnung der physikalischen Größe	Formelbuchstabe	Definitionsgleichung, Zusammenhang	Einheit	
Länge (Radius; Weglänge)	l (r; s)	Basisgröße	1 m	(Meter)
Flächeninhalt	A	$A = l^2$ (Quadrat)	1 m^2	
Volumen	V	$V = l^3$ (Würfel)	1 m^3	
Ebener Winkel	φ	$\varphi = l/r$	1 m/m = 1 rad	(Radiant)
Räumlicher Winkel	Ω	$\Omega = A/r^2$	1 m^2/m^2 = 1 sr	(Steradiant)
Masse	m	Basisgröße	1 kg	(Kilogramm)
Dichte	ϱ	$\varrho = m/V$	1 kg/m^3	
Zeit (Periodendauer; Zeitkonstante)	t (T; τ)	Basisgröße	1 s	(Sekunde)
Geschwindigkeit	v	$v = s/t$	1 m/s	
Beschleunigung (Fallbeschleunigung)	a (g)	$a = v/t$	1 m/s^2	
Frequenz	f	$f = 1/T$	1 1/s = 1 Hz	(Hertz)
Winkelgeschwindigkeit (Kreisfrequenz)	ω	$\omega = \varphi/t = 2\pi/T = 2\pi f$	1 1/s	
Kraft (Gewichtskraft)	F (G)	$F = m \cdot a$; $G = m \cdot g$	1 kg m/s^2 = 1 N	(Newton)
Wichte	γ	$\gamma = G/V$	1 N/m^3	
Druck	p	$p = F/A$	1 N/m^2 = 1 Pa	(Pascal)
Richtgröße	D	$D = F/\Delta l$	1 N/m	
Elastizitätsmodul	E	$E = (F/A) : (\Delta l/l)$	1 N/m^2	
Impuls	p	$p = m \cdot v = F \cdot t$	1 kg m/s	
Drehmoment	M	$M = r \cdot F$	1 Nm	
Trägheitsmoment	J	$J = \Sigma r_i^2 \cdot m_i$	1 kg m^2	
Drehimpuls	L	$L = J \cdot \omega = M \cdot t = p \cdot r$	1 kg m^2/s	
Arbeit, Energie	W	$W = F \cdot s$	1 Nm = 1 J	(Joule)
Leistung	P	$P = W/t$	1 J/s = 1 W	(Watt)
Thermodyn. Temperatur	T	Basisgröße	1 K	(Kelvin)
Celsiustemperatur	ϑ	$\vartheta = T - 273{,}15$ K	1 K	
Längenausdehn.-koeffizient	α	$\alpha = (\Delta l/\Delta T) : l_0$	1 /K	
Wärmemenge	Q	$Q = W$	1 J	
Spezifische Wärmekapazität	c, c_p, c_v	$c = (\Delta Q/\Delta T) : m$	1 J/(kg K)	
Stoffmenge	ν	Basisgröße	1 mol	(Mol)
El. Stromstärke	I	Basisgröße	1 A	(Ampere)
Ladung	Q	$Q = I \cdot t$	1 As = 1 C	(Coulomb)
Spannung	U	$U = W/Q$	1 J/C = 1 V	(Volt)
Widerstand	R	$R = U/I$	1 V/A = 1 Ω	(Ohm)
Leitwert	G	$G = 1/R = I/U$	1 1/Ω = 1 S	(Siemens)
Spezifischer Widerstand	ϱ	$\varrho = R \cdot A/l$	1 Ω mm^2/m	
Stromarbeit	W	$W = U \cdot Q = U \cdot I \cdot t$	1 J = 1 Ws	
Stromleistung	P	$P = U \cdot I$	1 W = 1 VA	
Verschiebungsdichte	D	$D = Q/A = \varepsilon_r \cdot \varepsilon_0 \cdot E$	1 C/m^2	
Kapazität	C	$C = Q/U$	1 C/V = 1 F	(Farad)
Elektrische Feldstärke	E	$E = F/Q = \Delta U/\Delta s$	1 N/C = 1 V/m	
Magnetische Flußdichte	B	$B = F/(I \cdot l) = F/(Q \cdot v)$	1 N/Am = 1 Vs/m^2 = 1T (Tesla)	
Magnetische Feldstärke	H	$H = w \cdot I/l = B/\mu_r \cdot \mu_0$	1 A/m	
Magnetischer Fluß	Φ	$\Phi = B \cdot A$; $\Delta\Phi = - U \cdot \Delta t$	1 Vs = 1 Wb	(Weber)
Induktivität	L	$L = - U : (\Delta I/\Delta t) = \Delta\Phi/\Delta I$	1 Vs/A = 1 H	(Henry)
Lichtstärke	I	Basisgröße	1 cd	(Candela)
Lichtstrom	Φ	$\Phi = I \cdot \Omega$	1 cd · sr = 1 lm	(Lumen)
Beleuchtungsstärke	E	$E = \Phi/A$; $E = I \cdot \cos\alpha/r^2$	1 lm/m^2 = 1 lx	(Lux)
Aktivität	A	$A = \Delta N/\Delta t$	1 1/s;	
Ionendosis (in Luft)	I	$I = \Delta Q/\Delta m$	1 C/kg	
Energiedosis	K	$K = \Delta W/\Delta m$	1 J/kg	